"十四五"时期国家重点出版物出版专项规划项目

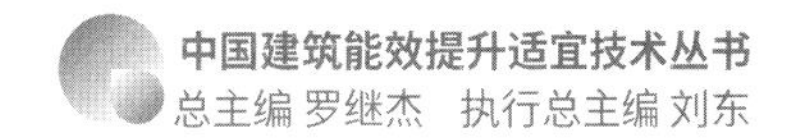

数据中心能效提升适宜技术

黄 贇　等主编

Sustainable Energy Efficiency Improving Technologies for Data Center

同济大学出版社
TONGJI UNIVERSITY PRESS
·上海·

图书在版编目(CIP)数据

数据中心能效提升适宜技术 / 黄䝺等主编. —上海：同济大学出版社，2023.3

（中国建筑能效提升适宜技术丛书 / 罗继杰总主编）

“十四五”时期国家重点出版物出版专项规划项目

ISBN 978-7-5765-0465-1

Ⅰ.①数… Ⅱ.①黄… Ⅲ.①数据处理中心—节能 Ⅳ.①TP308

中国版本图书馆 CIP 数据核字(2022)第 211474 号

“十四五”时期国家重点出版物出版专项规划项目

中国建筑能效提升适宜技术丛书

数据中心能效提升适宜技术

Sustainable Energy Efficiency Improving Technologies for Data Center

黄　䝺　等 主编

出 品 人：金英伟

策划编辑：吕　炜

责任编辑：吕　炜

助理编辑：邢宜君

责任校对：徐春莲

封面设计：唐思雯

出版发行　同济大学出版社　www.tongjipress.com.cn

（地址：上海市四平路 1239 号　邮编：200092　电话：021-65985622）

经　　销　全国各地新华书店、建筑书店、网络书店

排版制作　南京文脉图文设计制作有限公司

印　　刷　上海安枫印务有限公司

开　　本　787mm×1092mm　1/16

印　　张　12.75

字　　数　318 000

版　　次　2023 年 3 月第 1 版

印　　次　2023 年 3 月第 1 次印刷

书　　号　ISBN 978-7-5765-0465-1

定　　价　98.00 元

内容提要

INTRODUCTION

在东数西算新基建浪潮下，我国数据中心大量建设，数据中心整体能耗成为政府、业界关注的重要议题。为了更好地促进数据中心综合能效提升，同济大学出版社组织上海建科节能技术有限公司、同济大学、华建集团华东建筑设计研究院有限公司、上海邮电设计咨询研究院有限公司、上海计算机软件技术开发中心与上海市能效中心（上海市产业绿色发展促进中心）等机构联合编撰推出"中国建筑能效提升适宜技术丛书"之《数据中心能效提升适宜技术》。

本书编写出发点是针对当前及未来数据中心中有助于能效提升的先进或有特色的技术进行总结、推广。全书共八个章节，从数据中心能效评价指标解析入手，基于数据中心规划全局优化，在高能效供配电系统架构、高能效冷却系统架构分类等方面设计数据中心机电系统最佳耦合方案；结合当前高能效算力与存储软硬件技术最佳实践与发展预测，通过运用各类数字化、智能化、标准化、模块化、预制化技术综合提升数据中心全流程能效，详细介绍数据中心规划设计、建设测试与运维保障中科学可行、节能高效、适宜稳定的各类技术与系统，以供数据中心相关类似项目借鉴与参考。

中国建筑能效提升适宜技术丛书

本书编写人员与分工

主　编　黄　赟

副主编　郑竺凌　丁　聪　陆琼文　刘　东　孙海峰

参编人员

黄冬梅　陈　强　姜　鎏　侯震寰　张云燕
王　斌　方　勇　沈　佳　黄　璜　朱东亮
周　青　戚亥腾　周慧文　宋勤锋　惠广海
王新芳　王晓腾　刘　飘　郑品迪

主要编写单位

上海建科节能技术有限公司
华建集团华东建筑设计研究院有限公司
上海邮电设计咨询研究院有限公司
中国移动通信集团设计院有限公司上海分公司
同济大学
中国移动通信集团上海有限公司
中国电信上海分公司
上海市能效中心(上海市产业绿色发展促进中心)
上海计算机软件技术开发中心
3M(中国)有限公司
霍尼韦尔自动化控制(中国)有限公司
上海德衡数据科技有限公司
上海蓝色帛缔智能工程有限公司
上海振能信息科技有限公司
克莱门特捷联制冷设备(上海)有限公司
艾蒙斯特朗流体系统(上海)有限公司
杭州华电华源环境工程有限公司
宁波维诚科技股份有限公司
广州尤尼瓦斯能源科技有限公司
北京瑞思博创科技有限公司
南京佳力图机房环境技术股份有限公司

总序

FOREWORD

党的十八大以来，习近平总书记多次在各种重大场合阐释中国的可持续发展主张。2020年9月22日，习近平总书记向世界宣示，“中国将采取更加有力的政策和措施，二氧化碳排放力争于2030年前达到峰值，努力争取2060年前实现碳中和”，彰显中国作为大国的责任担当。习近平总书记指出：坚持绿色发展，就是要坚持节约资源和保护环境的基本国策；坚持可持续发展，形成人与自然和谐发展的现代化建设新格局，为全球生态安全作出新贡献。当下，通过节能减排应对能源、环境、气候变化等制约人类社会可持续发展的重大问题和挑战，已经成为世界各国的基本共识。

中国正处于经济高速发展阶段，能源和环境问题正在逐渐成为影响我国未来经济、社会可持续发展的最重要因素。直面严峻的能源和环境形势，回应国际社会对中国日益强大的全球影响力所承担责任的期待，我国越来越重视节能环保工作，为全力推进能效提升事业的发展，正在逐步通过法律法规的完善、技术的进步和管理水平的提高等综合措施来提高能源利用效率，减少污染物的排放；以创新的技术和思想实现绿色可持续发展，引领人民创造美好生活，构建人与自然和谐共处的美丽家园。

目前我国建筑用能的总量及占比在稳步上升，其中公共建筑的用能增量尤为明显。全国公共建筑的环境营造和能源应用水平参差不齐；公共建筑的总体能效水平与发达国家水平相比，差距仍然明显，存在可观的节能潜力。中共中央国务院发布的《关于完整准确全面贯彻新发展理念做好碳达峰碳中和工作的意见》明确要求：“大力推进城镇既有建筑和市政基础设施节能改造，提升建筑节能低碳水平。”国务院印发的《2030年前碳达峰行动方案的通知》明确要求：“加快提升建筑能效水平。加快更新建筑节能、市政基础设施等标准，提高节能降碳要求，逐步开展公共建筑能耗限额管理。”“工欲善其事，必先利其器”。我们须对公共建筑的能效水平提升予以充分重视，通过技术进步管控公共建筑使用过程中的能耗，不断提高建筑类技术人员在能源应用方面的专业化素质。对建筑能效提升的专业知识学习是促进从业人员水平不断提高的有效手段。为了在公共建筑能源系统中有效、持续地实施节能措施，建筑能源管理人员需要学习和掌握与能效提升相关的专业知识、方法和思想，并通过积极的应用来提高能源利用效率和降低能源成本。

建筑能效提升也是可持续建筑研究的重要方向之一，作为公共建筑耗能权重最大的暖通专业需要有责任意识和担当。我们发起编著的这套“中国建筑能效提升适宜技术丛书”拟通过梳理基本的专业概念，分析设备性能、系统优化、运维管理等因素对能效的影响，构建各类公共建筑能效提升适宜技术体系。这套丛书共讨论了四个方面的问题：一是我国各类公共建筑的发展及能源消耗现状、建筑节能工作成效等；二是国内外先进的建筑节能技术对我国建筑能效提升工作的借鉴作用；三是探讨针对不同的公共建筑适宜的能效提升技术路线和工作方法；四是参照国内外先进的案例，分析研究这些能效提升技术在公共建筑中的适宜性。相信这套基本覆盖主要公共建筑领域的系列丛书能够为我国的建筑节能减排和双碳工作提供强有力的技术支撑。

丛书共5本，涉及的领域包括室内环境的营造、能源系统能效的提升以及环境和能源系统的检测与评估等方面，每本都具有独立性，同时也具有相互关联性，有前沿的理论和一定深度的实践，对业界具有很高的参考价值。读者不必为参阅某一问题而通读全套，可以有的放矢、触类旁通。疑义相与析，我们热忱欢迎读者朋友们提出宝贵的改进意见与建议。

2022年10月8日

前言

PREFACE

随着5G、云计算、人工智能等新一代信息技术快速发展，信息技术与传统产业加速融合，数字经济蓬勃发展。数据中心作为各个行业信息系统运行的物理载体，已成为社会、经济运行不可或缺的关键基础设施，在数字经济发展中扮演至关重要的角色。国家高度重视数据中心产业发展。2020年3月，中共中央政治局常务委员会明确提出“加快5G网络、数据中心等新型基础设施建设进度”。国家发展和改革委员会将数据中心列入新型基础设施建设范畴，数据中心作为算力基础设施，成为信息基础设施的重要组成部分。据中国信息通信研究院统计，全球数据中心规模总体平稳增长，截至2019年，全球数据中心机架数量达750万架，安装服务器6 300万台，预计未来几年总体规模仍将平稳增长，平均单机架功率持续提高。至2019年年底，我国在用数据中心机架总规模达315万架，近5年年均增速超过30%，大型以上数据中心数量增长较快，已超过250个，机架规模达237万架，占全国在用数据中心机架总规模比例70%以上，规划在建大型以上数据中心数量超过180个，机架规模超过300万架，保持持续增长势头。

数据中心能效管理从粗犷发展进入精细管理，2014年以来，全球数据中心电能使用效率(Power Usage Effectiveness, PUE)呈现小幅波动、总体缓慢下降的趋势。一方面，数据中心节能改造与建设的边际效益逐步降低，进一步提高能效需要投入更多成本；另一方面，部分传统数据中心负载率不高、绿色管理不到位等造成数据中心能效改善效果不明显，2020年全球数据中心平均 *PUE* 约为1.65。我国工业和信息化部以及各级地方政府陆续出台数据中心相关政策，优化产业发展环境。我国数据中心的能效水平得到总体提升，2013年以前，我国超大型数据中心的平均 *PUE* 超过1.7，至2019年年底，我国超大型数据中心平均 *PUE* 为1.46，运行能效实现大幅度提升。

中国信息通信研究院的《数据中心白皮书(2022年)》提及，我国近年数据中心产业保持快速增长，产业布局持续优化，边缘数据中心、液冷、预制化、定制化、数网协同、可编程网络等新技术创新不断涌现，数据中心大型化、智能化、绿色化发展加快，部分优秀的低碳绿色数据中心已达世界先进水平。从行业应用来看，除了通信、互联网、金融等，制造、电力、煤炭等行业也在加快数据中心的布局研究，大量资本不断涌入，加速了数据中心的建设和应用，掀起了新一波数据中心的建设热潮。当今数据中心市场竞争日趋激烈，第三方服务商差异化服务增强竞争优势，构建产业生态。未来，我国数据中心产业仍将高速增长，多层次产业布局将进一步优化，技术创新将引领产业高质量发展，推进我国“新基建”建设进度。

“建筑能效提升适宜技术丛书”中《数据中心能效提升适宜技术》展现了认识数据中心的新视角，梳理全球数据中心产业发展状况，归纳各类常用能效统计指标，总结数据中心基础设施、信息通信技术（Information and Communication Technology，ICT）设备等方面的规划、设计、建设、运维特点和发展趋势，分析数据中心多项低碳节能技术应用案例，结合数据中心实际运营经验，基于全生命周期理论，最大限度地节约资源（土地、能源、水资源），以适应当前我国实际国情，满足现有老旧数据中心和改建、扩建以及新建数据中心的发展需求。

本书主要从数据中心基础设施规划设计建设、数据中心智慧运行维护两大方面入手，内容涉及数据中心模块化技术、高压直流技术、蒸发冷却技术、液冷技术、虚拟化技术、数字孪生技术、流体力学模拟技术、BIM 技术与应用、精细化管理运行策略的思考与探讨等。本书从多个角度、层次来探讨提升数据中心基础设施综合能效，帮助数据中心从业人员在双碳背景下深入理解数据中心能源指标和能耗管控，推动实现数据中心的可持续发展并助力行业率先实现碳中和。

本书的编写人员涉及多个行业领域，他们主要是工程设计人员、项目管理人员、专业工程技术人员等，本着对新基建事业的热爱及研究精神参与到本书的编写工作中，希望本书能给读者提供工程实际参考价值。鉴于水平有限，本书难免存在疏漏和不足之处，欢迎广大读者朋友们提出宝贵的改进意见与建议。

2022 年 11 月于上海

目录

CONTENTS

1 数据中心能效评价指标

1.1 数据中心的定义

当前国际和国内对数据中心有不同定义。

根据 A. B. Luiz 等的 *The Datacenter as a Computer*，数据中心被定义为：多功能的建筑物，能容纳多个服务器以及通信设备。这些设备被放置在一起是因为它们具有相同的对环境的要求以及物理上的安全需求，这样放置便于维护，“并不仅仅是一些服务器的集合”。

Wikipedia 定义数据中心为：数据中心，或称服务器场（data farm），用于安置计算机系统及相关部件的设施，例如电信和存储系统。它一般包含冗余和备用电源、冗余数据通信连接、环境控制（例如空调、灭火器）和各种安全设备等。

我国现行的国家标准《数据中心设计规范》（GB 50174—2017）[1]中定义：“数据中心（data center）为集中放置并充分利用的电子信息设备提供运行环境的场所，可以是一幢建筑物或建筑物的一部分，包括主机房、辅助区、支持区和行政管理区等。”

我国互联网数据中心（Internet Data Center，IDC）产业发展研究报告对数据中心的主要业务进行了补充，认为数据中心主要分为基础业务和增值业务两大类[2]，应包括主机托管（机位、机架和 VIP 机房出租）、资源出租（例如虚拟主机业务、数据存储服务）、系统维护（系统配置、数据备份与故障排除服务）、管理服务（例如带宽管理、流量分析、负载均衡、入侵检测、系统漏洞诊断），以及其他支撑、运行服务等。2015—2020 年中国 IDC 行业市场研究与发展前景预测报告则指出，数据中心不仅是一个网络概念，还是一个服务概念，它必须具备大规模的场地及机房设施、高速可靠的内外部网络环境、系统化的监控支持手段等一系列条件的主机存放环境。

综上所述，数据中心可以被定义为一种拥有完善的设备（包括高速互联网接入带宽、高性能局域网络、安全可靠的机房环境等）、专业化的管理和完善的应用服务平台。在这个平台基础上，可以为企业和网络服务提供商（Internet Service Provider，ISP）、网络内容服务商（Internet Content Provider，ICP）、应用服务提供商（Application Service Provider，ASP）等客户提供互联网基础平台服务（服务器托管、虚拟主机、邮件缓存、虚拟邮件等）以及各种增值服务（场地的租用服务、域名系统服务、负载均衡系统、数据库系统以及数据备份服务等）[3]。

1.2 数据中心主要特征

1.2.1 数据中心规模分类

国内外对于数据中心的分类依据不同的规则。

根据 DCD(Data Center Dynamics)研究机构发布的数据中心分类规则，数据中心按照规模可分为六类：超大型[hyper scale (cloud operators but also some service providers)]、云服务[cloud (non-hyper scale) and service provider]、第三方服务[colocation (MTDC) and service provider]、企业数据中心[enterprise (dedicated, premium sites and fewer closets/rooms)]、边缘计算数据中心[edge(micro-data centers as well as core sites)]和高性能服务器与其他应用。

图 1-1 Google 位于比利时的超大型数据中心

Synergy 研究集团在 2018 年 12 月发布的超大型数据中心地域分布报告显示，美国超大型数据中心数量独占鳌头，但其超大型数据中心在全球超大型数据中心中的占比份额从 2016 年的 45%，2017 年的 43%逐年下滑至 2018 年的 40%，主要终端用户为 Amazon、Microsoft、Google 和 IBM，每家均有至少 55 个超大型数据中心。图 1-1 所示为 Google 位于比利时的超大型数据中心。中国超大型数据中心的数量位列全球第二，占比份额为 8%，主要终端用户为阿里巴巴。全球未来预计筹建超大型数据中心共 132 个，进一步满足 Google、Amazon、Microsoft 和 Facebook 公司的需求。其中，北美洲地区数据中心业务仍处于高速增长阶段，欧洲、大洋洲、亚洲等地区数据中心业务呈现出蓬勃发展态势，中南美洲和非洲地区数据中心业务发展最缓。

在中国大陆，工业和信息化部、国家发展和改革委员会、国土资源部、国家电力监管委员会和国家能源局于 2013 年联合发布的《关于数据中心建设布局的指导意见》中提出，数据中心按照机架数量规模划分，其中，超大型数据中心指拥有大于或等于 10 000 个标准机架的数据中心；大型数据中心指拥有大于或等于 3 000 个标准机架、小于 10 000 个标准机架的数据中心；中小型数据中心指拥有小于 3 000 个标准机架的数据中心，而且补充说明了标准机架的换算单位，以功率 2.5 kW 为一个标准机架。

工业和信息化部信息通信发展司于 2021 年 1 月发布的《全国数据中心应用发展指引(2020)》有关内容如下[4]：

(1) 在数据中心数量规模上，截至 2019 年年底，我国在用超大型、大型数据中心数量为 312 个，排名前五位的分别是广东(51 个)、上海(34 个)、江苏(30 个)、北京(29 个)、河北(25 个)，这五个地区的数据中心数量超过全国数据中心总数的一半，占比达到 54%。规划建设中的超大型、大型数据中心数量为 196 个。

(2) 在数据中心机架规模上，截至 2019 年年底，我国在用数据中心机架总规模达 314.5 万架，与 2018 年年底相比，同比增长 39%。超大型数据中心机架规模约 117.9 万架，大型数据中心机架规模约 119.4 万架，与 2018 年年底相比，超大型、大型数据中心的规模增速为 41.7%。在建标准机架规模总数为 363.7 万架，其中超大型数据中心 297.4 万架，大型数据中心 58.4 万架。

(3) 在利用率方面，截至 2019 年年底，全国数据中心总体平均上架率为 53.2%。全国超大型数据中心的上架率为 45.4%，大型数据中心的上架率为 59.8%，中小型数据中心的上架率为 56.4%，超大型数据中心的上架率与 2018 年相比，提升了 17 个百分点。

(4) 在能效方面，截至 2019 年年底，全国超大型数据中心平均电能使用效率(Power Usage Effectiveness，PUE)为 1.46，大型数据中心平均 *PUE* 为 1.55，与前两年相比，水平相当，最优水平达 1.15。全国规划在建数据中心平均设计 *PUE* 约为 1.41。超大型、大型数据中心平均设计 *PUE* 分别为 1.36 和 1.39。

具体如表 1-1 所列。

表 1-1 2019 年我国在用、规划在建的数据中心概况

规模分类		在用	在建
标准机架规模/万架	超大型	117.9	297.4
	大型	119.4	58.4
	中小型	77.2	7.9
	总数	314.5	363.7
上架率/%	超大型	45.4	—
	大型	59.8	
	中小型	56.4	
	平均	53.2	
直连骨干网比例/%	平均	55.5	69.9
平均电能使用效率 *PUE*	超大型	1.46	1.36
	大型	1.55	1.39

1.2.2 数据中心地域分布

工业和信息化部信息通信发展司 2021 年 1 月发布的《全国数据中心应用发展指引(2020)》指出,“从全国分区域情况来看,北京市、上海市、广州市、深圳市等一线城市的数据中心资源增速放缓,周边地区新建的数据中心快速增长,网络质量、建设等级和运维水平较高,能提供大量可用资源,并逐步承接一线城市的部分应用需求,可有效缓解一线城市数据中心资源紧张的局面。中西部地区数据中心网络、运维在不断完善,业务定位逐步清晰,数据中心利用率正在不断提高,中部地区、东北地区、西部地区数据中心总体协同发展。”我国在用和规划在建的超大型、大型数据中心分布见表 1-2。

表 1-2　2019 年我国在用和规划在建的超大型、大型数据中心分布

省(自治区、直辖市)	在用个数	现规划在建个数
安徽省	2	2
北京市	29	2
福建省	5	5
甘肃省	11	3
广东省	51	14
广西壮族自治区	2	6
贵州省	11	17
海南省	2	0
河北省	25	28
河南省	4	3
黑龙江省	3	3
湖北省	7	3
湖南省	6	7
吉林省	2	2
江苏省	30	20
江西省	4	6
辽宁省	2	2
内蒙古自治区	10	4
宁夏回族自治区	2	3
青海省	2	1

续表

省(自治区、直辖市)	在用个数	现规划在建个数
山东省	8	3
山西省	5	8
陕西省	7	3
上海市	34	13
四川省	9	6
天津市	6	3
西藏自治区	0	2
新疆维吾尔自治区	4	6
云南省	1	2
浙江省	19	13
重庆市	9	6
总计	312	196

北京市的机架供应存在一定的缺口,而北京市周边的河北省、内蒙古自治区、天津市的机架数较多。北京市周边地区的网络质量较好,大部分直连或经一次跳转到北京骨干节点,50%以上的机架为多线网络接入,基本按照较高可用等级建设,在规模和能力上具备承接北京外溢需求的条件。

上海市的机架供应存在一定的缺口,而上海市周边的江苏省、浙江省等机架数较多。上海周边地区的网络质量较好,大部分直连上海市、杭州市或南京市骨干节点,50%以上的机架为多线网络接入,基本按照较高可用等级建设,在规模和能力上具备承接上海市外溢需求的条件,特别是对时延要求不高的业务需求。

广州市、深圳市的机架存在一定的供应缺口,而广东省其他地区、福建省周边地区的机架数尚可,网络质量较好,大部分直连骨干节点,且按照较高可用等级建设,在规模和能力上具备承接广州市、深圳市外溢需求的条件。

陕西省、安徽省、河南省、湖北省、湖南省、山东省等地区机架供给余量较大,如果网络基础较好,可承接北京市、上海市、广州市、深圳市对时延要求中等的应用需求。

贵州省、宁夏回族自治区、新疆维吾尔自治区、甘肃省、四川省、云南省等西部地区的机架供给余量较大,且超大型、大型数据中心主要分布在贵州省、宁夏回族自治区、四川省、甘肃省等地,在能效及能源供给方面具有优势,价格较低,具备承接北京市、上海市、广州市、深圳市对时延要求较低的应用需求的条件。

东北地区受地理位置因素影响,数据中心主要用于承载本地应用需求,新建数据中心体量较小，总体上供需平衡。

1.2.3 数据中心等级分类

除了机房规模和地域，还可根据数据中心基础设施的特点进行分类。对此，国内外有不同的分类标准。

在 Uptime Institute 发布的白皮书 *Tier Classifications Define Site Infrastructure Performance* 中，数据中心根据其容量组件和配电路径等基础设备是否存在冗余以及整个系统是否具有容错能力共被分为四个等级。其中，Tier Ⅰ级数据中心无冗余的容量组件，且仅有单一的配电路径为计算机设备服务；Tier Ⅱ级数据中心有冗余的容量组件，但仅有单一的配电路径为计算机设备服务；Tier Ⅲ级数据中心[图 1-2(a)]既存在冗余的容量组件，又有多个独立的配电路径为计算机设备服务，但通常任一时间仅有一条配电路径服务于计算机设备；Tier Ⅳ级数据中心[图 1-2(b)]则是由多个物理上隔离的独立子系统构成，每个子系统中包含冗余的容量组件和多个独立的配电路径，从而保证数据中心具有容错能力。

图 1-2　Uptime Institute 认证

Uptime Institute 的关注点更多聚焦在数据中心的功能性上，考察对象也更多地针对数据中心的基础设备性能。在评价数据中心的功能性时，平均故障间隔时间(Mean Time Between Failure, MTBF)和平均恢复时间(Mean Time To Restoration, MTTR)则是必须被引入的两个重要参数。MTBF 是指两次故障间的平均工作时间；而 MTTR 是指从故障发生到系统恢复所需的平均时间[5]。这两项参数更具体地体现了数据中心运行过程中的系统可靠性和维护时效性，在 Tier 等级的基础上进一步提高了数据中心功能性评价的准确性。

《数据中心电信基础设施标准》(TIA-942-B—2017)针对数据中心基础设施业务弹性的情况，根据电信、建筑和结构、电气和制冷划分出 4 个等级，并颁发相应的等级认证(图 1-3)，同时明确说明了较高等级不仅意味着较高的业务弹性，还需要较高的建设成本，同一数据中心的不同基础设施部分可以具备不同等级。

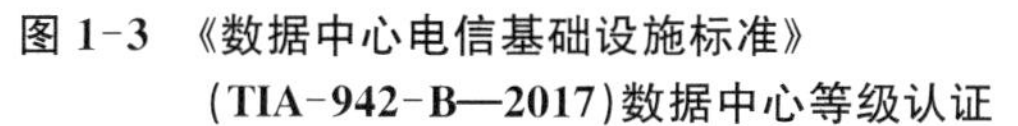
图 1-3 《数据中心电信基础设施标准》（TIA-942-B—2017）数据中心等级认证

图 1-4 《数据中心设计规范》（GB 50174—2017）数据中心等级认证

根据《数据中心设计规范》（GB 50174—2017），数据中心还可根据机房的使用性质、管理要求及其在经济和社会中的重要性，分为 A 级、B 级和 C 级（图 1-4），并给予相应认证。电子信息系统运行中断将造成重大的经济损失或公共场所秩序严重混乱的，数据中心应为 A 级；电子信息系统运行中断将造成较大的经济损失或公共场所秩序混乱的，数据中心应为 B 级；电子信息系统运行中断将造成一定经济损失或公共场所秩序稍有混乱的，数据中心应为 C 级。

另外，条文中还特别规定了如下两种情况，即“在同城或异地建立的灾备数据中心，设计时应与主用数据中心等级相同”，以及“同一个机房内的不同部分可根据实际情况，按不同的标准进行设计”。上述规定主要基于数据中心重要性的高低对数据中心的分级作出具体要求，简单而不粗略，具有较高的指导意义。

此外，国际建筑咨询服务行业针对数据中心运维可用性也有 F0～F4 五种等级划分原则。

诸多等级划分为强化数据中心系统安全设计提供了思路和方法，但是由于冗余和容错的系统设计往往会使设备与系统运行效率较差，如何在保证安全性能的前提下，通过系统设计与技术优化来提升能效，已成为数据中心从业人员面临的主要问题。

1.3 数据中心能效指标

数据中心能耗较高，因此国内外对数据中心的能效类指标较为关注。自 2007 年以来，数据中心相关性能指标已经相继推出数十项，基本覆盖数据中心所有的性能。

数据中心的能效指标，是评价数据中心资源利用程度、能耗高低的重要参数。主要能效指标包括 PUE 和 EEUE 等，前者在国际上通用性较高，而后者是我国特有的一项能效指标。

PUE 作为一个基于实测的评价指标具有许多缺陷。因此，包括我国现行的国家标准《数据中心资源利用 第 3 部分：电能能效要求和测量方法》（GB/T 32910.3—2016）等许多标准文件和白皮书中，都对 PUE 进行了修正和补充，提出了许多新的数据中心能效指标。

1.3.1 电能使用效率指标

1. 电能使用效率系列指标

1）电能使用效率

电能使用效率 PUE，全称为 Power Usage Effectiveness，是国际上广为应用的数据中心能效评价指标。根据美国绿色网格组织（The Green Grid，TGG）和美国采暖、制冷与空调工程师学会（American Society of Heating，Refrigerating and Air-Conditioning Engineers，ASHRAE）给出的定义，其物理含义为数据中心总能耗与数据中心 IT 设备能耗的比值，在数值上恰好等于数据中心基础设施效率（Data Center Infrastructure Effectiveness，DCIE）的反比。可表示为

$$PUE=\frac{E_1}{E_{IT}}=\frac{1}{DCIE} \tag{1-1}$$

式中 E_1——数据中心总能耗；

E_{IT}——数据中心 IT 设备能耗。

PUE 数值越接近 1，则表明数据中心能效水平越好。

ISO 的 PUE 定义为：计算、测量和评估在同一时期数据中心总能耗与 IT 设备能耗之比。这一定义更强调时效性，将数据中心的 PUE 视为一个与时间相关的变化量，更为科学严谨，但无疑也增加了 PUE 测算的难度。

2）部分电能使用效率

TGG 和 ASHARAE 将部分电能使用效率（pPUE）定义为：某区间内数据中心总能耗与该区间内 IT 设备能耗之比，如式（1-2）所示。

$$pPUE_i=\frac{E_{1i}}{E_{ITi}} \tag{1-2}$$

式中 $pPUE_i$——i 区间数据中心的部分电能使用效率；

E_{1i}——i 区间数据中心总能耗；

E_{ITi}——i 区间 IT 设备能耗。

需要说明的是，i 区间可以是实体，例如房间、模块或建筑物等，也可以是逻辑上的区间，如在某设备或者对数据中心有实际意义的边界范围内。

在 ISO 相关标准中，对 pPUE 的定义是：某子系统内数据中心总能耗与 IT 设备总能耗之比。这里的“子系统”往往指配电系统、网络系统和供冷系统，具体的计算式表示为

$$pPUE_{sub}=\frac{E_{sub}+E_{IT}}{E_{IT}} \tag{1-3}$$

式中，下标 sub 为某子系统。

因此，相对于 ISO 对 pPUE 的定义，TGG 和 ASHRAE 显然更为宽泛和灵活一些，在

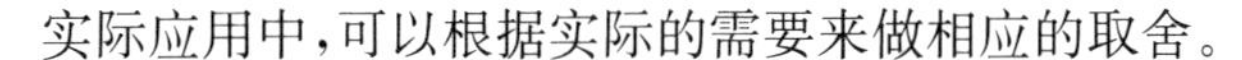
实际应用中，可以根据实际的需要来做相应的取舍。

3）设计电能使用效率

PUE 作为一个面向建成数据中心进行能效评估的指标，是基于实际的测试计算而得到的，而这也导致了它的局限性，即在数据中心设计阶段不具备适用条件。针对这一问题，ISO 提出了设计电能使用效率（dPUE），其定义为：由数据中心设计目标确定的预期 PUE。

数据中心能源效率的预测主要由两个方面来决定：其一是用户的增长趋势和期望值；其二是能耗变化的时间表。当然，因数据中心所在地理位置而决定的气象参数也存在较大的影响，需要设计者综合考虑后得到最适宜的运行模式，以推算出 dPUE 来指导设计和施工。

4）期间电能使用效率

期间电能使用效率（iPUE）由 ISO 提出，其定义为：在指定时间内测得的 PUE，而非全年平均值。这一指标很好地体现了 PUE 与时间的关联，使测试数据更具有代表性和说服力。

虽然 PUE 作为被广泛应用的数据中心能效指标，但是 PUE 的应用中还是存在着许多的问题。例如，国内外大大小小的数据中心在运营过程中受到短期负荷率的影响，其 PUE 值往往相较于公开的数据更大，其数据的可靠性有待商榷；再如，PUE 在测算过程中，其各项数据的测试位置对 PUE 计算值有很大影响等。

因此，在考察数据中心的能效情况时，可将 PUE 作为主要测算指标，但不应是唯一测算指标，在进行 PUE 比较时，需全面考虑数据中心设备的使用时间、地理位置、恢复能力、服务器可用性和基础设施规模等。

2. 电能使用效率指标

我国现行的国家标准《数据中心资源利用 第 3 部分：电能能效要求和测量方法》（GB/T 32910.3—2016）中，给出了电能使用效率（Electric Energy Usage Effectiveness，EEUE）这一指标，其定义为：数据中心总电能消耗与信息设备电能消耗之间的比值。

值得注意的是，EEUE 也具有多项细分指标，包括 EEUE-R、EEUE-X 等，其具体定义如下。

1）电能使用效率实测值

《数据中心资源利用 第 3 部分：电能能效要求和测量方法》（GB/T 32910.3—2016）给出的电能使用效率实测值（EEUE-R）的定义为：根据数据中心各组成部分电能消耗测量值直接得出的数据中心电能使用效率。同时，使用 EEUE-R 时应注明覆盖的时间周期 a，建议可以是年、月、周，表示为 $EEUE\text{-}Ra$。

2）电能使用效率调整值

《数据中心资源利用 第 3 部分：电能能效要求和测量方法》（GB/T 32910.3—2016）给

出的电能使用效率修正值(EEUE-X)的定义为:考虑采用的制冷技术、负荷使用率、数据中心等级、所处地域气候环境不同产生的差异,用于调整电能使用率实测值以补偿其系统差异的数值。

《数据中心资源利用 第3部分:电能能效要求和测量方法》(GB/T 32910.3—2016)中对 *EEUE* 调整值的规定如表1-3所示。

表1-3 《数据中心资源利用 第3部分:电能能效要求和测量方法》(GB/T 32910.3—2016)中对 *EEUE* 调整值的规定

调整因素		压缩机调整值	加湿调整值	新风调整值	不间断电源调整值	供电调整值	照明调整值	其他调整值	单一条件变化的 *EEUE* 调整值
气候环境(水冷)	严寒、水冷	−0.13			0	0	0	0	−0.13
	寒冷、水冷	−0.11			0	0	0	0	−0.11
	夏热冬冷、水冷	−0.04			0	0	0	0	−0.04
	夏热冬暖、水冷	0.03			0	0	0	0	0.03
	温和、水冷	−0.05			0	0	0	0	−0.05
	严寒、风冷	−0.03			0	0	0	0	−0.03
	寒冷、风冷	0			0	0	0	0	0
	夏热冬冷、风冷	0.04			0	0	0	0	0.04
	夏热冬暖、风冷	0.07			0	0	0	0	0.07
	温和、风冷	0.03			0	0	0	0	0.03
信息设备负荷使用率	25%	0	0.18	0.38	0.7	0.06	0.06	0.06	1.44
	50%	0	0.06	0.1	0.22	0.02	0.02	0.02	0.44
	75%	0	0.02	0.03	0.09	0.007	0.007	0.007	0.161
	100%	0	0	0	0	0	0	0	0

3. 综合电能使用效率指标

PUE 和 EEUE 能耗测量和统计的对象都是电力,然而,冷水、热水、蒸汽、燃气等能源都可能成为数据中心所采用的能源,所以其他能源向电能转换的转换系数 *CF* 便尤为重要。不同国家、不同地区,能源转换系数有所不同。

上海市地方标准《数据中心能源消耗限额》(DB 31/652—2020)提出了综合电能利用效率(Comprehensive Power Usage Effectiveness, CPUE)和电能利用效率 PUE_{EE}。其中,PUE_{EE} 为统计期内数据中心全年能源消耗量(按等效电计算)与实测 IT 设备全年消耗电量的比值。此指标综合考虑了各类其他能源,如柴油、冷水、蒸汽等供入数据中心的能源对整体效率计算的影响。

综合电能利用效率则在电能利用效率基础上，考虑了数据中心通过调峰作用对城市整体电能系统能效提升的贡献，以及对少量鼓励性技术领域的引导。对应用了光伏等可再生能源和峰谷蓄电、错峰蓄冷等技术给予系数扣减，CPUE 更偏向城市管理需求，而不仅仅是对数据中心单体的评价。

《数据中心能源消耗限额》(DB 31/652—2020)对电能利用效率调节因子的规定如表 1-4 所列。

表 1-4 《数据中心能源消耗限额》(DB 31/652—2020)对电能利用效率调节因子的规定

调节因素			调节因子
可再生能源	统计期内可再生能源累计发电量达到总用电量的比例(X_T)	$0.005\% \leqslant X_T < 0.0075\%$	0.005
		$0.0075\% \leqslant X_T < 0.01\%$	0.01
		$X_T \geqslant 0.01\%$	0.02
峰谷蓄电	统计期内蓄能放电量达到总用电量的比例(X_P)	$0.5\% \leqslant X_P < 0.75\%$	0.005
		$0.75\% \leqslant X_P < 1\%$	0.01
		$X_P \geqslant 1\%$	0.015
错峰蓄冷	统计期内累计总放冷量达到总用冷量的比例(X_C)	$0.2\% \leqslant X_C < 0.4\%$	0.005
		$0.4\% \leqslant X_C < 0.6\%$	0.01
		$X_C \geqslant 0.6\%$	0.015
液冷	采用液冷方式运行的机架功率占实际运行机架总功率的比例(X_L)	$5\% \leqslant X_L < 10\%$	0.003
		$10\% \leqslant X_L < 15\%$	0.005
		$15\% \leqslant X_L < 20\%$	0.01
		$X_L \geqslant 20\%$	0.02
重要性	重要数据中心	扩建、改建和新建数据中心	0.1
		已建成运营数据中心	0.15
	一般数据中心		0
IT 设备负荷使用率	≤75%		0.1
	100%		0

1.3.2 暖通空调负载系数

ASHRAE 90.4-2016 中提出 2 项新的能效指标，包括暖通空调负载系数(Mechanical Load Component，MLC)和供电损失系数。

由条文可知，MLC 的定义为：暖通空调设备(包括制冷、空调、风机、水泵和冷却相关的所有设备)年总耗电量与 IT 设备年耗电量之比。

MLC 又分为设计最大 *MLC* 和全年最大 *MLC*，且全年最大 *MLC* 可表示为

$$MLC_a = \frac{E_C + E_P + E_{CF} + E_{AF}}{E_{IT}} \tag{1-4}$$

式中 MLC_a——全年最大 MLC；

E_C——制冷设备能耗；

E_P——冷水泵和冷却水泵能耗；

E_{CF}——冷却设备风机(包括冷却塔等)能耗；

E_{AF}——空调机组风机能耗。

同时，考虑到不同气候区各项能耗的合理值范围存在一定的差异，ASHRAE 90.4-2016 标准根据 ASHRAE Standard 169 划分的 19 个气象分区分别给出了各自的 MLC_a 限值。

表 1-5　ASHRAE 90.4-2016 标准对 MLC_a 限值的规定

ASHRAE Standard 169 划分的气象分区	干球温度 /℉(℃)	湿球温度(平均一致干球温度) /℉(℃)	MLC 设计值，在 100% 和 50%IT 负载下
0A	96.9 (36.1)	82.5 (28.1)/90.2 (32.3)	0.48
0B	109.2 (42.9)	86.6 (30.3)/95 (35.0)	0.52
1A	91.8 (33.2)	79.5 (26.4)/86.8 (30.4)	0.46
2A	97.2 (36.2)	79.3 (26.3)/88.2 (31.2)	0.48
3A	93.9 (34.4)	76.2 (24.6)/86.5 (30.3)	0.45
4A	94.0 (34.4)	76.8 (24.9)/86.5 (30.3)	0.45
5A	91.4 (33.0)	76.1 (24.5)/85.2 (29.6)	0.44
6A	90.9 (32.7)	74.9 (23.8)/84.3 (29.1)	0.43
1B	112.5 (44.7)	70.1 (21.2)/99.3 (37.4)	0.55
2B	110.3 (43.5)	75.2 (24.0)/95.8 (35.4)	0.53
3B	108.4 (42.4)	71.2 (21.8)/94.7 (34.8)	0.51
4B	95.3 (35.2)	64.5 (18.1)/81.3 (27.4)	0.46
5B	98.6 (37.0)	65.0 (18.3)/90.0 (32.2)	0.48
6B	92.9 (33.8)	59.2 (15.1)/77.5 (25.3)	0.41
3C	82.8 (28.2)	64.0 (17.8)/74.9 (23.8)	0.38
4C	85.3 (29.6)	64.8 (18.2)/78.8 (26.0)	0.40
5C	77.3 (25.2)	66.3 (19.1)/75.2 (24.0)	0.38
7	84.3 (29.1)	70.3 (21.3)/78.4 (25.8)	0.40
8	81.3 (27.4)	61.5 (16.4)/73.9 (23.3)	0.38

1.3.3 供电损失系数

由 ASHRAE 90.4-2016 标准中的条文可知，供电损失系数(Electrical Loss Componet, ELC)被定义为：所有的供电设备[包括不间断电源(Uninterrupted Power Supply, UPS)、变压器、电源分配单元、布线系统等]的总损失。计算主要包括：从电网入户点中选取损失最大的电力链路至服务器端，分段计算各段损失和效率，并汇总计算出总损失率和效率。当数据中心 IT 设备功率<100 kW 时，其最大限值应查阅规范原文。

ASHRAE 90.4-2016 标准指出几点 ELC 设计值，计算原则如下：

(1) 当配电系统的任何部分有多条路径时，计算选用路径为损失总和最大或效率最低者，以体现整体合规性。

(2) ELC 设计值的计算应当使用每个组件的最小运行效率或最大运行损失，除非特定的操作方式(更高的效率或降低损失)在设计文件中是被指定的。

(3) 应允许根据实际情况对每个部件的损失和效率进行修正，前提是这些条件能够得到验证，并且这些调整应符合适用的规范和标准(如导线电阻随实际工作温度变化的修正)。

(4) 对于设计电损元件的进线电气服务段应计算段损值。该值应基于所有设备的效率以及在设计负荷下所有下游设备的损失。例外情况是应急或备用电力系统不被认为是进入电气服务的一部分，除了个别元件(如相关转换开关、变压器或其他设备)外，也包括在设计 ELC 分界线和不间断电源之间。

1.3.4 绩效指标

TGG 在白皮书 68 号文件《性能指标评估和可视化数据中心冷却性能》中提出了三个新的能源效率指标，即 PUE_{ratio}、IT 设备热一致性(Internet Technology Thermal Conformance, ITTC)和 IT 设备热容错性(Internet Technology Thermal Resilience, ITTR)，统称为绩效指标。

1. PUE_{ratio}

PUE_{ratio} 在 TGG 白皮书 68 号文件《性能指标评估和可视化数据中心冷却性能》中被定义为：预期的 PUE(按 TGG 的 PUE 等级选择)与实测的 PUE 之比。

$$PUE_{\text{ratio}}=\frac{PUE_{\text{预期}}}{PUE_{\text{实测}}} \tag{1-5}$$

2. IT 设备热一致性

ITTC 在 TGG 白皮书 68 号文件《性能指标评估和可视化数据中心冷却性能》中被定义为：IT 设备在 ASHRAE 推荐的环境参数内运行的比例。

$$ITTC=\frac{E_{\text{TC}}}{E_{\text{IT}}} \tag{1-6}$$

式中,E_{TC} 为按照 ASHRAE 规定的服务器进风温度低于 27 ℃时的 IT 负荷。

服务器的进风温度是指,可使服务器安全运行的进风温度,一般按照 ASHRAE 规定的 18～27 ℃设计,也可根据实际情况做出相应调整。IT 设备 *ITTC* 表示在一定服务器进风温度下,IT 负荷的大小及其在总 IT 负荷中所占的百分比。

IT 设备的 ITTC 是一项 IT 设备温度在正常运行情况下可接受波动范围内的能源效率指标。然而,在实际应用中,IT 设备 ITTC 的测算存在两个较大问题,即服务器进风温度范围的确定和进风温度测点位置的选取。为保证服务器进风温度范围具有较高的可靠性,需要收集整个数据中心服务器各点的进风温度,这将导致较大工作量,使得该指标的可操作性大幅降低。

3. IT 设备热容错性

ITTR 在 TGG 白皮书 68 号文件《性能指标评估和可视化数据中心冷却性能》中被定义为:当冗余制冷设备停机、出现故障或正常维修时,有多少 IT 设备在 ASHRAE 允许的或建议的进风温度低于 32 ℃下进风。

$$ITTR = \frac{E_{TR}}{E_{IT}} \tag{1-7}$$

式中,E_{TR} 为按照 ASHRAE 规定的服务器进风温度低于 32 ℃的 IT 设备总负荷。

ITTR 是一项 IT 设备温度在冷却故障和正常维修运行情况下可接受波动范围内的能源效率指标。然而,在实际应用中,维护人员在突发故障期间对系统的操作将会对该指标的测算产生较大影响。

1.3.5 其他评价指标

由于 PUE 的不完善,部分国家、诸多相关行业的机构组织以及跨国公司都提出了许多补充性的数据中心能效指标,其中较为主流的便有数据中心平均效率(Corporate Average Data Efficiency, CADE)、IT 电能使用效率(Internet Technology Usage Efficiency, ITUE)、总电能使用效率(Total Usage Efficiency, TUE)、单位能源数据中心效率(Datacenter Performance Per Energy, DPPE)、水利用效率(Water Usage Effectiveness, WUE)和碳使用效率(Carbon Usage Effectiveness, CUE)等。

1. 数据中心平均效率

CADE 是由麦肯锡公司提出后又被 Uptime Institute 所采用的一种能源效率指标,其计算见式(1-8)—式(1-10)。

$$CADE = FE \cdot ITAE \tag{1-8}$$

$$FE = FEE \cdot FU \tag{1-9}$$

$$ITAE = ITU \cdot ITEE \tag{1-10}$$

式中 FE——设备效率；

$ITAE$——IT 资产效率；

FEE——设备能源效率，等于 IT 设备负载除以数据中心总能耗；

FU——IT 设备实际负载与设备总功率之比；

ITU——CPU 平均利用率；

$ITEE$——IT 设备未来能源效率期望值。

这一指标在测算过程中，存在着 IT 资产效率测量的问题，其提出者只是建议 $ITAE$ 的默认值取 5%，而这也导致了 CADE 迄今为止未能得到推广应用。

2. IT 电能使用效率和总电能使用效率

ITUE 和 TUE 于 2013 年由美国多个国家级实验室提出，这两个能效指标对 PUE 具有修正和补充作用，在一定程度上使得测算得到的数据中心能效情况更为可靠。

$$TUE = PUE \cdot ITUE \tag{1-11}$$

$$ITUE = \frac{E_{\mathrm{IT}}}{E_{\mathrm{CC}}} \tag{1-12}$$

式中，E_{CC} 为数据中心计算机配件（指中央处理器、内存、存储器、网络系统，但不包括 IT 设备中的电源、变压器和机柜风机）的能耗。

ITUE 和 TUE 的提出，是为了解决在计算机技术发展过程中，E_{CC} 减小而 PUE 反而增大的矛盾。

3. 单位能源数据中心效率

DPPE 是日本绿色 IT 促进协会、美国能源部、美国环保协会、TGG、欧盟、欧共体和英国计算机协会共同提出的一项数据中心性能指标，即单位能源数据中心效率，其具体计算方式如式（1-13）—式（1-17）所示：

$$DPPE = ITEU \cdot ITEE \cdot \frac{1}{PUE} \cdot \frac{1}{1 - GEC} \tag{1-13}$$

$$ITEU = \frac{E_{\mathrm{IT}}}{E_{\mathrm{RIT}}} \tag{1-14}$$

$$ITEE = \frac{W_{\mathrm{IT}}}{E_{\mathrm{PIT}}} \tag{1-15}$$

$$W_{\mathrm{IT}} = \alpha \sum W_{\mathrm{S}} + \beta \sum W_{\mathrm{SU}} + \gamma \sum W_{\mathrm{NW}} \tag{1-16}$$

$$GEC=\frac{E_{GE}}{E_{IT}} \tag{1-17}$$

式中 $ITEU$——IT 设备利用率；

GEC——绿色能源效率；

E_{RIT}——IT 设备额定工况下总能耗；

W_{IT}——IT 设备总容量；

E_{PIT}——IT 设备总功率；

α——服务器系数；

W_{S}——服务器容量；

β——存储器系数；

W_{SU}——存储器容量；

γ——网络装置系数；

W_{NW}——网络装置容量；

E_{GE}——绿色能源(太阳能、风能等)产生和使用的能量。

需要注意的是，$DPPE$ 是按 1 个月的累计值进行计算的。

4. 水利用效率

TGG 提出的 WUE 的定义为：数据中心总的用水量与数据中心 IT 设备能耗之比。

$$WUE=\frac{W}{E_{IT}} \tag{1-18}$$

式中，W 为数据中心全年总的用水量。

数据中心的用水包括：冷却塔补水、加湿耗水和机房日常用水。根据 ASHRAE 的调查结果，数据中心基本无需加湿，所以数据中心的用水主要为冷却塔补水。由于数据中心全年制冷，因此全年的耗水量居高不下，这已经引起国内外尤其是水资源贫乏的国家和地区的高度重视。若采用江河水或海水作为自然冷却冷源，由于只是取冷而未消耗水，可以不予考虑。

5. 碳使用效率

TGG 提出的 CUE 的定义为：数据中心总的碳排放量与数据中心 IT 设备能耗之比。

$$CUE=\frac{E_{CO_2}}{E_{IT}} \tag{1-19}$$

式中，E_{CO_2} 为数据中心全年总的碳排放量，其值应严格按照联合国气象组织颁布的计算方法进行计算统计。

2 数据中心规划布局优化技术

2.1 数据中心规划要点

2.1.1 规划原则

规划是数据中心基础设施全生命周期的起点，对其建设和运营至关重要。数据中心的规划应考虑建设期和运营期的特性，确保未来建成后符合数据中心的高可靠性、安全、经济、节能等要求。数据中心的规划应遵循以下五项原则。

1. 适用性原则

在规划初期，应尽可能地明确建设规模、参照标准、建设等级和未来实际运营等需求，对工艺架构和各系统方案的设计，应优先考虑高可用性，贴近实际需求进行配置。

高可靠性的数据中心规划方案不一定是最合适、最经济的方案，贴近实际需求的方案才是最合适的，且其配置是最经济的。高可靠性的数据中心建设需要花费大量的投资，应避免过分地追求高可靠性和安全性，在考虑方案经济性的同时，也应避免过分追求低成本。

2. 安全性原则

在工艺平面布局规划中，应考虑单独设置人员出入口和货物出入口，分别设置人流和物流通道，使得人流与物流分离，避免人流物流交叉，提高数据中心的安全性，并减少灰尘被带入主机房的概率。

数据中心里所有的设备对水都很敏感，一旦有漏水事故发生，淋到或者积水淹到设备，很可能造成设备损坏，引发业务故障或中断，给数据中心带来巨大的经济损失。为了避免水灾、水患对数据中心的潜在危害，数据中心在选址、建筑及配套设计和建设时，均应采取有效措施以防止水对机房和设备产生危害。主机房内一般采用气体消防灭火，主机房外的楼层和其他配套设施房间一般采用水喷淋消防灭火。设计应对水喷淋系统启动后的排水做充分考虑，防止消防排水渗漏威胁机房设备的安全。

数据中心应确保核心数据和信息数据资产的安全，既要重视通过选址、建筑围护、门禁监控、出入控制、防入侵和电子锁等实现物理安全，又要重视网络架构、防火墙配置、访问控制权限、防攻击和防病毒等网络安全，并考虑通过信息技术、综合管理、远程监控等手段使物理安全与网络安全实现融合联动。数据中心机房的重要性随业务内容的不同而定，从目前趋势来看，数据中心对社会的影响日渐增大，数据中心的安全性要求应与其重要性相匹配。

3. 智能性原则

数据中心的建设规模呈不断增大的趋势，各类系统多而复杂，不同系统之间差异较大。人工管理无法满足当下的管理需求，其管理必须依靠自动化监控管理系统。

数据中心的智能化运营和管理，依赖于智能建筑的各个子系统、安防监控系统、数据中心基础设施的动力环境监控系统、数据中心主机房 3D 视图的监控系统、网络流量监控系统、访客管理系统、工单系统，以及近年来行业内兴起的数据中心基础设施管理(Data Center Infrastructure Management，DCIM)系统。这些系统可以自动监测机房运行环境的情况和各系统设施、设备的运行状况，及时地发现每一个隐患点位或者故障点位，极大地提高了运营和管理的效率。

4. 节能性原则

数据中心规划应充分利用建筑空间，尽可能地提高机柜安装率，进而提高运营期的生产能力和营收水平。数据中心建设应最大限度地节约资源，贯彻节能、节地、节水、节材、节碳、保护环境、减少污染的全要素绿色理念，对数据中心进行全生命周期绿色管理，开展循环改进式的绿色维护。

数据中心的运算能力越强，功耗密度越高，能耗总量就越大，节能环保问题就愈发突出。数据中心的节能降耗是未来发展的主要方向。

5. 灵活性原则

数据中心内的 IT 系统更新周期为 5～10 年，基础配套设备更新周期为 10～15 年，而建筑物寿命大约为 50 年[6]。数据中心的规划应考虑在整个生命周期里，由于需求更新或其他原因导致的新建、扩建、改建、拆除等改变，应通过相对独立的、模块化的布局规划保持数据中心更新的灵活性。

2.1.2 规划重点

数据中心的前期规划是全生命周期中最为重要的环节。规划重点包括四个方面，分别是明确需求、机房定位、选址和布局。

1. 明确需求

数据中心规划是为业主和目标客户未来运营的业务服务的，规划应围绕业务的需求

来开展。明确业务需求包括以下五个要点。

(1) 机房的用途。需明确机房的用途是自用还是托管。

(2) 目标客户的行业。不同行业的客户,有不同的行业建设标准和特定的业务流程需求等,规划中需要考虑各行业不同的特点来区别对待。

(3) 机房运行的模式。明确未来运营业务的 IT 系统运行特性,是否有高耗电、高带宽、高安全性等方面的特殊需求。

(4) 未来预期收入。应进行经济评估,包括业主未来预期机柜出租价格水平和未来预期每年的营业收入等。为了满足业主未来预期的投资回收期、投资回报水平等,需要反推计算出建设期的造价成本范围,从而在规划中确定数据中心的建设档次、建设等级、主要设备的品牌配置档次以及系统冗余程度等。

(5) 预期投产时间。规划需要合理推测从立项手续办理、购置土地开始,到土建装修、机电配套设备安装、IT 机房安装、验收交付、业务上线、投产使用的时间周期,并应明确目标客户要求的进场部署 IT 设备的时间、机房正式投产使用的时间。规划还需考虑建设实施技术方案,例如是否采用预制化、快速部署的建设方式,使规划建设周期与目标客户要求的投产期相匹配。

2. 机房定位

数据中心规划的起点是数据中心的定位,即将前端业务需求与后端规划建设定位进行一一映射和匹配。机房定位关注以下三个维度。

(1) 建设规模:重点关注总建筑面积和总机柜数量这两个指标。

(2) 功率密度:重点关注主机房和核心网络机房内机柜的单机柜平均功率密度与最高功率密度。

(3) 建设等级:数据中心的建设等级,需要考虑以下问题。依据我国国家标准《数据中心设计规范》(GB 50174—2017),设计采用 A 级、B 级或 C 级中的哪一个等级?是否需要同时对标国际标准或者国外的规划建设指南(例如 TIA-942-B—2017、UL3223、Uptime TIER),且参照它们的哪一个等级开展设计、建造?未来是否需要申报其中的某一个或某几个标准体系的认证?

这三个维度都需要在规划之初就予以明确。精确的机房定位,是决定一个优秀的数据中心规划、设计、建设、运营等全生命周期成败的关键。精确的机房定位,可以保证将建设投资用在刀刃上。

3. 选址

数据中心选址需要考虑诸多要素,主要分为以下三类。

(1) 可用资源:选址过程中,应考察周边可实现的配套资源,包括供电、供水、供油、供气、通信网络线路、运维人力资源的条件是否具备并能达到建设和运营的需求。

（2）周边环境：选址过程中，应考察地块的纬度、海拔、地质、空气质量、周边强震源和强噪声源、周边强电磁场、交通设施以及住宅区与商业区分布等条件，是否满足国家标准《数据中心设计规范》（GB 50174—2017）中第4.1.1条关于选址的要求，是否有助于节能技术和节能措施的应用。

（3）市场环境：选址过程中，为了能实现较好的投资回报和持续稳定的盈利，应考察当地的市场需求环境、政策环境、能源价格等，以及建成后的销售情况、营业收入。

4. 布局

数据中心的园区总图布局、机楼平面布局和功能分区等，应重点关注以下四个要点。

（1）面积分配：数据中心的组成应根据系统运行特点及设备具体要求确定，由主机房、辅助区、支持区、行政管理区、限制区和普通区等功能分区组成。主机房的使用面积应根据IT业务的部署需求和IT设备的运行环境需求来确定，并考虑预留未来业务发展的扩容面积。辅助区、支持区的面积按配套设备的部署和设备尺寸等确定。行政管理区的面积应按人均工位使用面积来确定。限制区、普通区的面积应根据使用功能和人员管理的安全需求来确定[7]。

（2）管线流向：支撑数据中心运行的各系统之间、设备之间、功能分区之间，有大量的管线，管线是电力、电信、液流的通路，例如强电管线、弱电管线、给排水管线、供回油管线等，管线在建筑空间中的流向路由应符合相关标准和业务使用的需求。

（3）贴近与隔离：数据中心在进行各功能分区的平面布局规划时，有的功能分区适合相邻设置，有的功能分区适合靠近建筑外墙设置，有的功能分区不适合相邻设置或在垂直方向的上下层设置。有些功能分区不同的建设等级对关键系统设备配置可能要求进行物理隔离，例如冗余型、可在线维护型和容错型等。

（4）人员控制：数据中心园区和机楼的通道、出入口、接待大厅的规划，应考虑针对不同的人群，例如常驻运维人员、常驻安保人员、临时来访人员、参观人员以及客户维护人员等，配合工单系统和门禁系统，设置不同的出入口和通道区域的访问权限控制。

2.2　优化选址提升能效

2013年工业和信息化部、发展和改革委员会、国土资源部、电力监管委员会、能源局发布的《关于数据中心建设布局的指导意见》提出，数据中心的建设和布局应以科学发展为主题，以加快转变发展方式为主线，以提升可持续发展能力为目标，以市场为导向，以节约资源和保障安全为着力点，遵循产业发展规律，发挥区域比较优势，引导市场主体合理选址、长远规划、按需设计、按标建设，逐渐形成技术先进、结构合理、协调发展的数据中心新格局。

同时提出的布局导向涵盖新建和已建的数据中心，并结合市场应用需求和不同规模体量，依据我国建筑热工设计分区，以划分数据中心建设选址区域。

通过建立数据中心典型模型进行分析计算，可得到采用不同模块设计、不同规模数据中心的用能特点，进而估算出其能效范围。可近似估算 PUE 如下：

$$PUE=\frac{E_{\mathrm{total}}}{E_{\mathrm{IT}}}=\frac{E_{\mathrm{IT}}+E_{\mathrm{loss}}+E_{\mathrm{AC}}+E_{\mathrm{ES}}}{E_{\mathrm{IT}}}=1+\frac{E_{\mathrm{loss}}}{E_{\mathrm{IT}}}+\frac{E_{\mathrm{AC}}}{E_{\mathrm{IT}}}+\frac{E_{\mathrm{ES}}}{E_{\mathrm{IT}}} \tag{2-1}$$

式中 E_{total}——数据中心总能耗；

E_{IT}——数据中心 IT 设备能耗；

E_{loss}——供电系统损耗；

$\frac{E_{\mathrm{loss}}}{E_{\mathrm{IT}}}$——供电系统损耗与数据中心 IT 设备能耗之比，按供电系统效率 92%估算，通常取值 0.09；

E_{AC}——空调系统能耗；

E_{ES}——建筑电气能耗。

其中，E_{ES} 包括变压器损耗和照明、消防、安防、电梯等设备的功耗；建议$\frac{E_{\mathrm{ES}}}{E_{\mathrm{IT}}}=0.05\sim0.08$。

(1) 当空调系统为水冷时：

$$\frac{E_{\mathrm{AC}}}{E_{\mathrm{IT}}}=\frac{\text{冷源能耗(含自然冷却组件)}}{E_{\mathrm{IT}}}+\frac{\text{末端能耗}}{E_{\mathrm{IT}}}=0.2+0.12=0.32$$

(2) 当空调系统为风冷时：$\frac{E_{\mathrm{AC}}}{E_{\mathrm{IT}}}=0.5$。

通过不同数据中心规模等级与基础设施优化配置方案，提供设计阶段 PUE 的测算值作为方案选择的参考。对 IT 负载率在 85%以上的特定地域场景(夏热冬冷区域)进行测算，可得表 2-1。

表 2-1　不同数据中心的 *PUE* 范围

机房类型	类　别	*PUE*	备注
大型 IDC	水冷模块 *PUE*(不含冷源)	1.21～1.25	根据密度不同，IT 负荷达到设计值时
	水冷模块 *PUE*(含冷源)	1.41～1.45	
	水冷 IDC 总体 *PUE*	1.46～1.52	
中小型 IDC	风冷模块 *PUE*	1.53～1.59	—
	风冷 IDC 总体 *PUE*	1.58～1.67	

如果参考中国热工设计分区并假定基础设施产品选型和运行参数，可以通过以上模型测算典型城市(呼和浩特、济南、成都、广州、昆明)数据中心 PUE 设计值(表 2-2)。

表 2-2　典型城市(呼和浩特、济南、成都、广州、昆明)数据中心 *PUE* 设计值

PUE 因子	严寒地区(呼和浩特)	寒冷地区(济南)	夏热冬冷地区(成都)	夏热冬暖地区(广州)	温和地区(昆明)
IT 设备	1	1	1	1	1
空调冷源	0.136	0.175	0.224	0.252	0.202
空调末端	0.04～0.12	0.04～0.12	0.04～0.12	0.04～0.12	0.04～0.12
电　源	0.063～0.12	0.063～0.12	0.063～0.12	0.063～0.12	0.063～0.12
建筑照明及其他	0.02	0.02	0.02	0.02	0.02
PUE 合计	1.259～1.396	1.298～1.435	1.347～1.484	1.375～1.512	1.325～1.462

注:1. 空调冷源:按照冷水机组+板换+冷却塔组成的冷冻水系统,冷冻水供回水温度 14 ℃/19 ℃,严寒地区、寒冷地区、夏热冬冷地区、温和地区利用自然冷源。
2. 空调末端:*PUE* 因子 0.04 为主要采用新型空调末端(含电力用房空调)的情况。
3. 电源:*PUE* 因子 0.063 为考虑市电直供的情况。

参照《数据中心资源利用 第 3 部分:电能能效要求和测量方法》(GB/T 32910.3—2016)中 *EEUE* 调整值,可以依照上述模型测算得到不同 IT 负荷率下全国数据中心 *EEUE* 值分布情况,如图 2-1—图 2-4 所示。

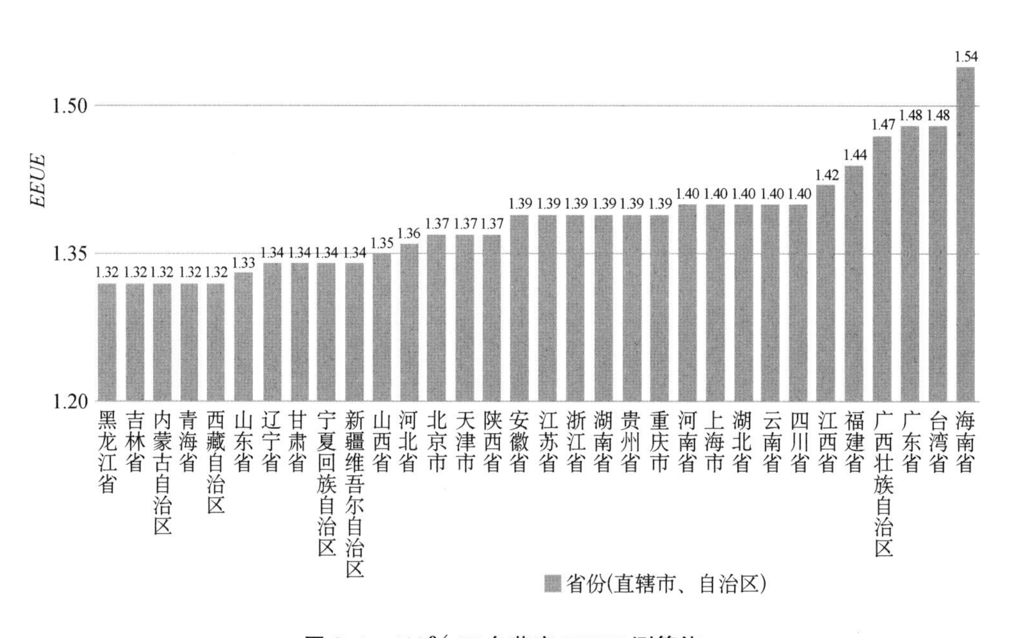

图 2-1　100% IT 负荷率 *EEUE* 测算值

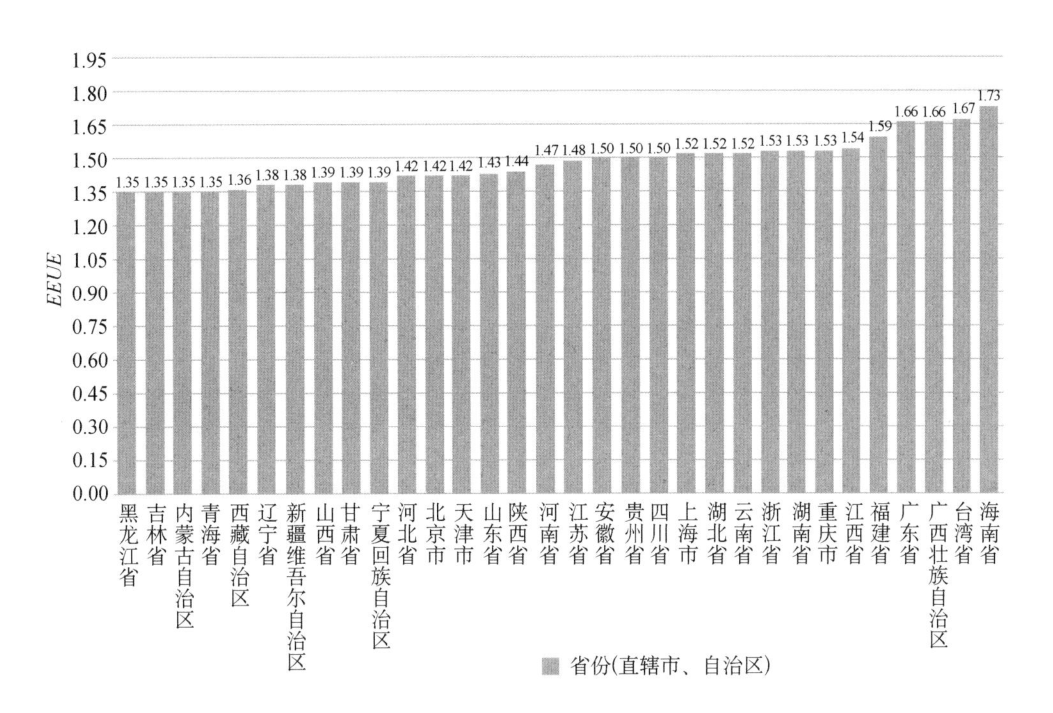

图 2-2　75% IT 负荷率 *EEUE* 测算值

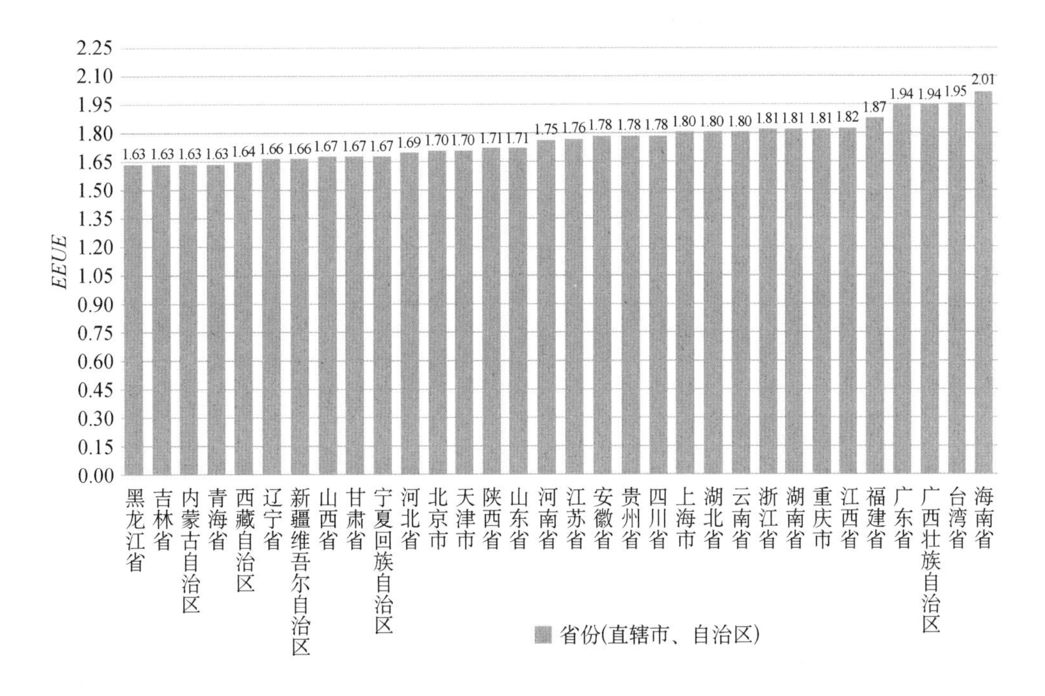

图 2-3　50% IT 负荷率 *EEUE* 测算值

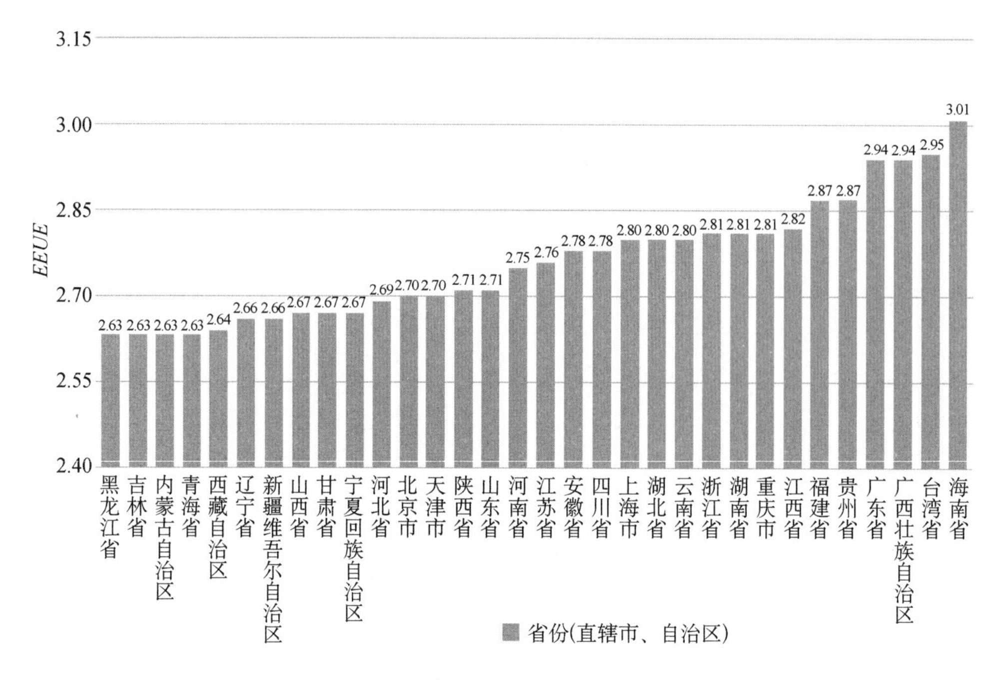

图 2-4　25% IT 负荷率 *EEUE* 测算值

2.3　一体化布局与模块化布局比较分析

数据中心在建筑布局上有一体化布局与模块化布局两种模式。

一体化布局将可共用的机电系统如配电、蓄电和冷站等合并在一起，能减少占地面积，增大单设备容量，从而降低造价，部分一体化系统还可提升能效。模块化布局则将各机电系统分散为一个个模块，在模块内实现对 IT 设备的全面支撑，从而提升模块内的使用效率。两种布局模式在实际工程中往往兼容实施，例如可在整体的一体化布局中实现部分的模块化布局。

2.3.1　一体化建设布局

1. 一体化建设布局的功能区

一体化建设的数据中心往往分为以下几个功能区：主机房区、辅助区、支持区和行政管理区，在规划中通常利用人工河周界（可防车辆冲撞）和双层围栏（快速巡逻通道）使数据机房区与办公区域分离。超大型数据中心还会设置能源中心，集中向四周的数据机房供电供冷。相关各功能区定义如下。

主机房区：主要用于数据处理设备安装和运行的建筑空间，包括服务器机房、网络机房、存储机房等功能区域。

支持区:为主机房、辅助区提供动力支持和安全保障的区域,包括变配电室、柴油发电机房、电池室、空调机房、动力站房、不间断电源系统用房、消防设施用房等。

辅助区:用于电子信息设备和软件的安装、调试、维护、运行监控和管理的场所,包括进线间、测试机房、总控中心、消防和安防控制室、拆包区、备件库、打印室、维修室等区域。

行政管理区:用于日常行政管理及客户对托管设备进行管理的场所,包括办公室、门厅、值班室、盥洗室、更衣间和用户工作室等。

下面将对主机房区、支持区、辅助区展开介绍,具体见表 2-3。

表 2-3　　数据中心平面功能区分类

分区	功能分类	主要功能
主机房区	IT 机房	安装数据机柜、头柜等设备和风冷空调末端
	网络机房	安装网络同心锁设备或监控设备
支持区	变配电室	安装变压器、高低配电设备
	油机房	安装柴油发电机组
	电力室	安装交流配电屏、UPS、−48 V 或 240 V 直流设备
	电池室	安装蓄电池组
	冷冻机房	安装冷冻机组、水泵等设备
	空调机房	安装水冷空调末端设备
	空调室外设备区	安装冷却塔、空调室外机等设备
	消防用房	安装气体灭火钢瓶、消防水泵、泡沫消防、细水雾消防等设备
辅助区	进线室	光电缆进楼的场所
	运维网管室	网络监控管理与基础设施运维值班的办公场所
	中控室	部署消防中控设备,消防监控与物业管理的场所
	用户操作室	用户进行测试操作的办公场所
	会议、休息室	IDC 内部人员与用户办公、开会和休息场所
	门厅	进门登记安检、门卫值班的区域
	拆箱测试间	用户设备进楼后拆箱检查测试中转的场所
	备件室	安放备品备件的场所

2. 一体化建设模式的痛点

1）整体建设周期长

建设周期与商务周期不匹配。无论是自建机房还是合作机房,大型数据中心从立项到交付通常都需要 3 年以上的时间,如果分阶段建设的话,周期将会更长。而一个数据中心的需求提出往往是非常紧迫的，使用方对建设数据中心的等待时长的期望通常不超过半年。

2）一次性投资大

投资节奏与使用节奏不匹配。数据中心建成后常处于较长时间的低负载、低使用率的阶段，导致投资效率较低。这个问题会使得数据中心的经济效益与立项初期的设想存在较大的偏差，同时也会使得数据中心的机电设备无法快速进入稳定的低故障期，磨合时间拉长。

3）建设应变性差

在建设期间，客户需求发生变化比较常见，需要投入大量的人力财力进行建设变更。主要原因是目前国内数据中心行业的建设、运维、市场往往是分开的，项目的规划立项、设计审批等是由投资决策部门负责；寻找目标客户、明确客户业务需求和建设要求则由市场客户部门负责。出于对商业机密方面的考虑，与目标客户的接洽则由客户部售前客户经理负责，售前人员对数据中心技术细节不甚了解，需求谈判过程又往往缺少规划、设计、建设、运维等专业的售后技术人员参与，难以将所有需求细节落实到建设任务中，在初始规划阶段就存在建设方案与需求的差异。一旦后续客户需求发生改变，售前人员难以敏锐地发现，故而无法及时向审批部门汇报改变后的需求，所以难以协调多个部门处理设计、建设的中途变更。

2.3.2 微模块技术

1. 微模块技术的提出

在2005年前后，APC英飞公司推出的模块化数据中心是国内微模块建设方式的原型，在这之后微模块技术在国内得到了迅速发展。尤其是在腾讯公司对微模块技术大规模应用后，国内形成了成熟的微模块产业链。2010年前后，腾讯公司逐渐推广微模块数据中心，将大型数据中心进行整体精简化、集成化，并以10～20个机柜为一个单元，匹配相应的电力、网络和制冷单元，从而形成一个相对独立的微小数据中心。

在开放数据中心委员会（Open Data Center Committee，ODCC）的微模块产品白皮书中定义的微模块(Micro Module)，是指以若干IT机柜、配电单元、冷却单元和水分配单元等功能机柜为基本单位，包含网络、布线、监控、消防等功能在内的独立运行单元。该模块内的全部组件可在工厂进行预制，并且可灵活拆卸、搬运，到现场快速组装后即可投入使用[8]。

2. 微模块的组成

在结构组成方面，微模块数据中心通常由底座、框架、机柜、封闭通道、模块化不间断电源设备、近端制冷设备以及弱电监控设备组成，并将强弱电桥架与模块框架进行集成，微模块为服务器提供了完整的数据中心环境，如图 2-5 所示。微模块数据中心只需要建筑物能够提供基本的密闭空间，对微模块进行现场拼装即可。

图 2-5 微模块数据中心

数据中心需要按照行业标准对数据中心场地进行微模块划分，即把整个数据中心分为若干个独立区域，将每个区域的规模、功率负载、配置等按照统一标准进行设计。

微模块是基于大型数据中心基础上的一种小型模块化的解决方案。传统大型数据中心模块是房间级的，一般将 UPS 间、电池间、机房、空调间规划成一个单元模块，在需要进行扩容时，至少在空间上要考虑 4 个功能房间。但当客户需求较小时，房间级配置会造成空间上和费用上的浪费，而微模块则能很好地解决此种矛盾。客户可以根据建筑空间的形状灵活布置机柜数量，也可以根据客户需求变化模块化地进行相应扩容。

3. 微模块技术的演化

随着各地对机房的能效要求不断提高，大量采用侧送风的机房不能完全应用微模块技术，所以机架通道封闭结合机房桥架、装饰集成的产品应运而生。这种方式可以将机房内的机电、装饰和建筑进行解耦，并进行定制化生产，现场拼接式安装的方式极大地减少了与土建相关的打孔吊挂等工作，实现了机房空间的快速部署。

基于热(冷)通道的预制化数据中心的集成预制是工厂预制模块化数据中心不断演化进步的新形式。它以热(冷)通道封闭为主框架，同时高度集成气流封闭、吊顶、照明、桥架、各类温湿度传感器、烟雾传感器、消防应急灯、逃生指示、监控摄像头等设备，并取消吊杆与龙骨，将传统机房内部从上而下的施工模式改变成为预制化的组件装配。

这种方式彻底避免了传统建设方式所遇到的交叉施工、二次施工、各类接口难以配合、工期长等问题，同时大大降低了对装修的要求，因而可以适用于各类型的传统建筑，大幅度降低相关建设成本。此外，机房空间预制定制性更强(图 2-6)，可以支持多种送风方式，有利于机房内无尘施工，灵活扩容。

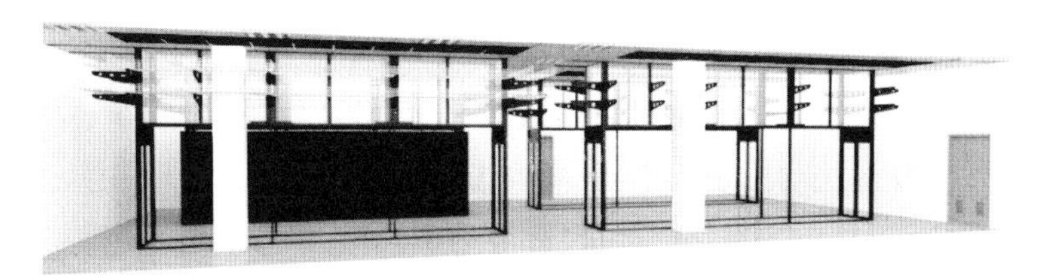

图 2-6 部分安装机柜的机房预制空间

2.3.3 集装箱式数据中心

集装箱式数据中心(图 2-7 和图 2-8)是指将机架、空调、配电柜、消防、安防和监控,甚至 UPS、发电机等数据中心基础设施部分或全部设备集成安装到一个标准货运集装箱(20 ft 或 40 ft,1 ft≈30.48 cm)内,从而构建一个高度集成、灵活扩建、满足多种功能用途的数据中心。根据功能类型不同,集装箱式数据中心既可以独立运行,也可以通过"搭积木"的方式,灵活建造各种规模的数据中心[9]。由于采用模块化的建设思路,集装箱式数据中心很容易实现各种规模的扩展。

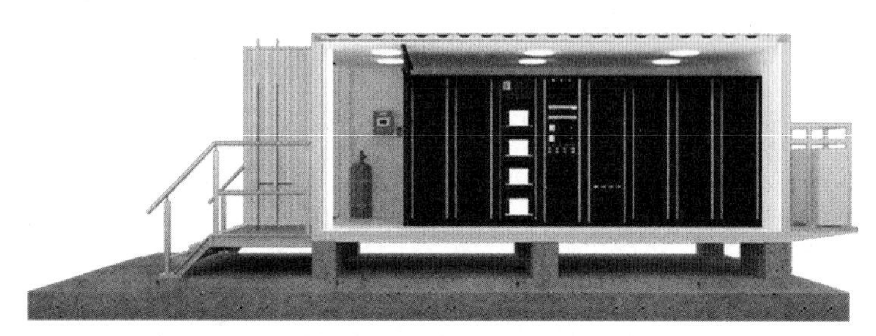

图 2-7　20 ft 集装箱式数据中心模型

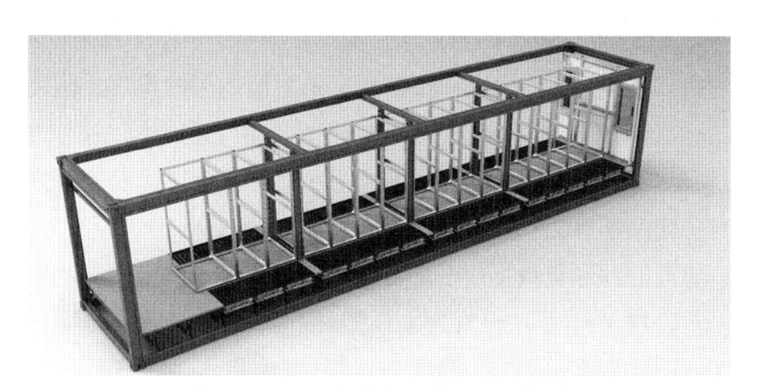

图 2-8　40 ft 集装箱式数据中心模型

集装箱式数据中心是数据中心模块化的极致体现,其以一个集装箱模块为单元进行扩展,具有动态扩展的能力。集装箱数据中心需要考虑系统级别的模块化解决方案,包括外部环境、基础、冷源、备用电源和网络等,可以总结为一种小型系统级别的预制化解决方案。

集装箱式数据中心采用工厂进行预制,并可通过公路或者海上运输至用户场地,在现场安装完成之后,就可以投入使用。集装箱式数据中心改变了以传统土建为主的建设模式,从而大幅减少了现场施工的工程量,降低施工难度,缩短建设周期。更为重要的是,数据中心施工现场能够更加整齐有序,施工过程更易于管理,工程质量也更有保障。

除了单个集装箱组成的数据中心外,还有一种由集装箱拼接成的数据中心(图 2-9)。其将若干个拆除侧板的集装箱进行拼接,形成更大的空间。利用集装箱对外接口的标准化，大规模进行拼装对接，通过集装箱拼箱的模式从而获得更大的数据中心空间。这样的拼接方式的目的除了能够实现更多机柜的部署，更重要的是能够解决较大系统的电力和制冷模块化的相关问题。

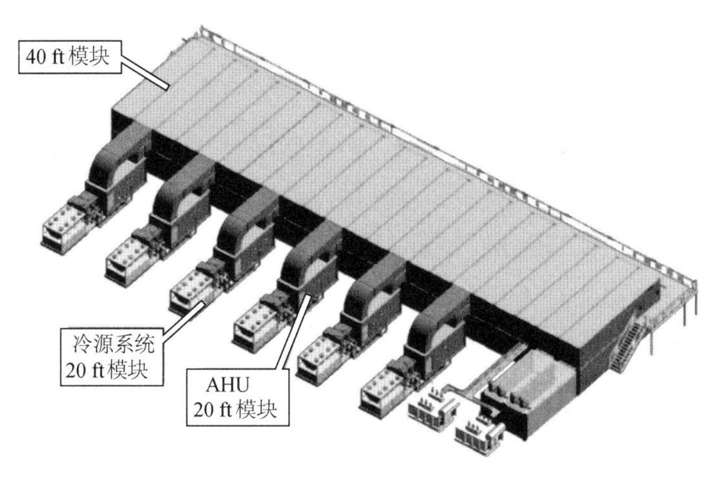

图 2-9　集装箱拼接数据中心 BIM 模型

集装箱式数据中心主要是其结构体系连接件采用了集装箱体系，但随着集装箱式数据中心的发展，为了追求数据中心内部空间的集约化，平衡造价，在不考虑海运这种需要标准化运输的情况下，如果仅仅采用陆运的方式，会在运输条件允许的情况下采用非标准尺寸的集装箱体来建造数据中心。

3　高能效供配电系统架构及电源

本章描述的供配电系统主要指从电源（线路进用户或发电机）开始，经过高/低压供配电设备，到负载结束的整个电路系统，一般包括：高压变配电系统、柴油发电机系统、自动转换开关系统（Automatic Transfer Switching Equipment，ATS）、输入低压配电系统、不间断电源系统（将在第4章详细介绍）、列头柜配电系统和机架配电系统、电气照明、防雷及接地系统。供配电系统是数据中心能源系统的主干，承担了电能供给、电压转换、电能输送、电能保障和电能分配的功能。在传统数据中心中，供配电系统的损耗相对较低，但在目前数据中心整体 *PUE* 不断下降甚至逼近1.1的趋势下，控制供配电系统的损耗则非常重要。

3.1　供配电系统架构

供配电系统是数据中心运行的基础保障，因此，对供配电系统安全稳定运行的要求最为重要。供配电系统不可中断供电的特性会要求系统长时间运行，导致长时间的电能损耗较多。在常规的供配电系统架构下，可采取改变系统架构模式、更换高效设备等方式实现能效提升，同时也可以通过进一步精简架构（如巴拿马电源系统架构）或改变供电电压（如中压交流和低压直流等）等参数的方式降低转换损耗。

3.1.1　供配电系统常规架构

常规数据中心供配电系统的各部分包括高压变配电系统（简称市电）、柴油发电机系统等电源系统及各配电系统。

1. 常规数据中心供配电系统介绍

（1）高压变配电系统：主要是将市电（6 kV/10 kV/35 kV，三相）通过变压器转换成（380 V/400 V，三相）可供后级低压设备的用电。

（2）柴油发电机系统：主要是作为后备电源，一旦市电失电，迅速启动为后级低压设备提供备用电源。

(3) 自动转换开关系统：主要是自动完成市电与市电或市电与柴油发电机之间的备用切换。

(4) 输入低压配电系统：主要作用是电能分配，将前级的电能按照要求、标准和规范分配给各种类型的用电设备，如 UPS、空调和照明设备等。

(5) UPS 系统：主要作用是在电源中断时保障末端负载的正常供电，直至电源恢复正常。此部分内容将在第 4 章详细介绍。

(6) 列头柜配电系统：主要作用是 UPS 输出电能分配，将电能按照要求与标准分配给各种类型的 IT 设备。

(7) 机架配电系统：主要作用是机架内的电能分配。

此外，数据中心的供配电系统负责为空调系统、UPS 系统及其他系统提供电能的分配与输入，从而保证数据中心正常运营。具体如图 3-1 所示。

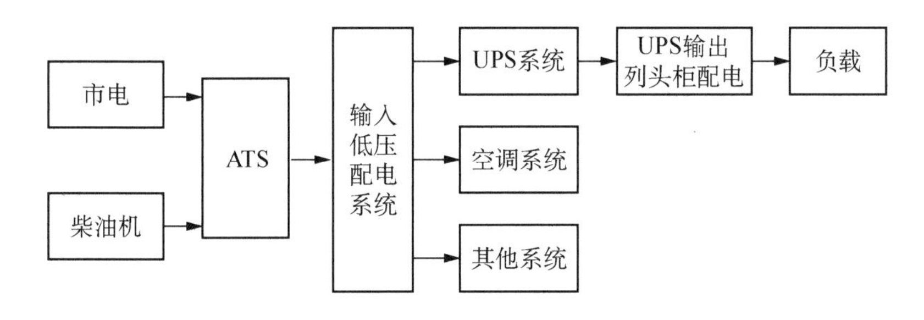

图 3-1　常规数据中心供配电系统示意图

数据中心供电系统服务的对象是 IT 设备，供电系统围绕其工作特性与负载特征来提供 UPS 系统。因此数据中心供电系统应与 IT 负载需求特性相适宜。作为数据中心关键基础设施的供电系统，因其投资额度大、占地面积大以及运行效率直接关系运营成本而受到诸多的关注，这也对其可用性和能效性提出了更高的要求。

2. A 级数据中心供配电方式介绍

A 级数据中心目前主要有三种供配电方式，分别为双母线供电(2N)、分布冗余(Distribution Redundancy，DR)和后备冗余(Reserve Redundancy，RR)，下文将详细展开。

(1) 2N 系统由两个供配电单元组成，每个单元均能满足全部负载的用电需要，两个单元同时工作，互为备用。当正常运行时，每个单元向负载提供 50%的电能；当一个单元故障停止运行时，另一个单元则向负载提供 100%的电能。2N 供配电系统架构见图 3-2。

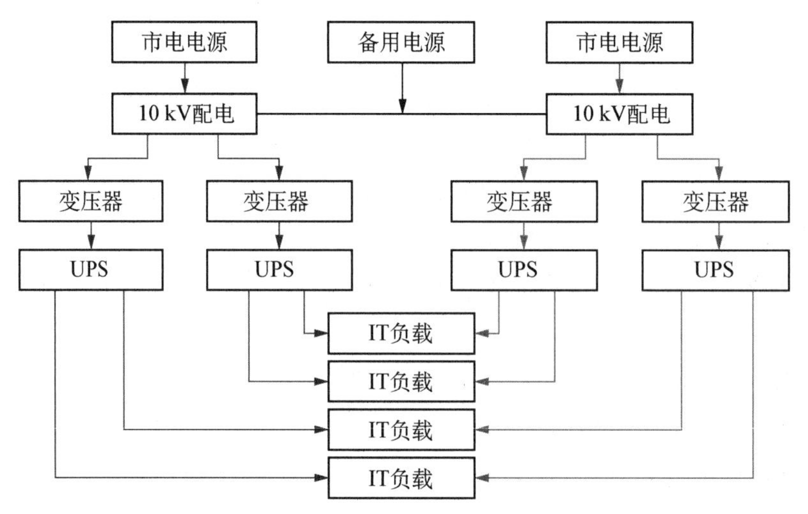

图 3-2　2N 供配电系统架构

(2) DR 系统由 $N(N\geqslant3)$个配置相同的供配电单元组成 N 个单元同时工作。将负载均分为 N 组,每个供配电单元为本组负载和相邻负载供电,形成"手拉手"供电方式。正常运行情况下,每个供配电单元的负荷率为 66%。当一个供配电系统发生故障时,其对应负载由相邻供配电单元继续供电[10]。DR 供配电系统架构见图 3-3。

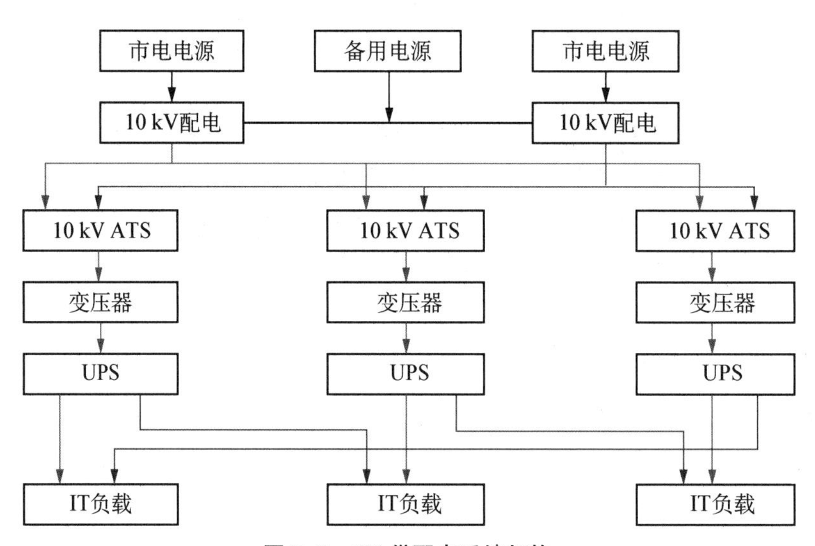

图 3-3　DR 供配电系统架构

(3) RR 系统由多个供配电单元组成,其中一个单元作为其他运行单元的备用。当一个运行单元发生故障时,通过电源切换装置,使备用单元继续为负载供电。正常情况下,变压器负荷率可达 100%。RR 供配电系统架构如图 3-4 所示。

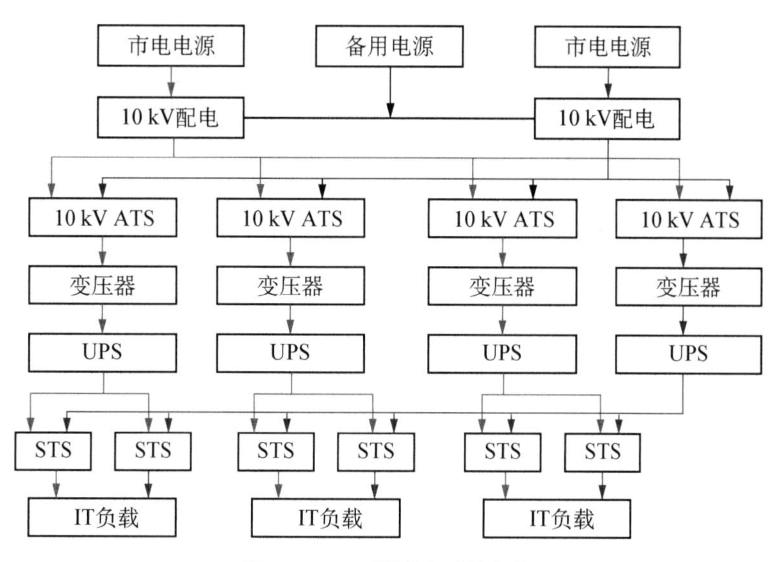

图 3-4 RR 供配电系统架构

注:STS 为静态转换开关(Static Transfer Switch)。

三种系统中,2N 系统架构简单明了,容易实现物理隔离,日常运行维护难度最低;DR 系统架构建设成本和运行成本较低,但这种架构较为复杂,难以实现物理隔离,运维难度较高;RR 系统架构最复杂,日常运行维护难度很高,设备切换需要依靠自动控制系统完成,手动控制难度大,需要强大的运行维护团队进行运维保障。三种系统优、劣势如下。

(1) 2N 系统的优势:可用性高,系统架构简单,设备和线路容易实现物理隔离,运行成本适中,运维难度最低。劣势:建设成本偏高。

(2) DR 系统的优势:建设成本最低,可用性、系统架构复杂程度、运维难度及运行成本在三种系统中均处于中间水平。劣势:设备和线路难以实现物理隔离。

(3) RR 系统的优势:建设成本较低,可靠性满足基本要求,设备和线路可以实现物理隔离。劣势:系统架构复杂,运行成本和运维难度偏高。

综合比较参考表 3-1 所列。

表 3-1 2N 系统、DR 系统及 RR 系统特点比较

内容	2N 系统	DR 系统	RR 系统
设备占用空间	多	少	较多
日常运行效率	低	较高	较高
初始投资	多	少	较多
操作维护复杂性	简单	较复杂	复杂
风险点	无	电缆路径的物理隔离较困难	用大量的 STS
优点	结构简单,易于维护	运行效率较高,节约投资	运行效率较高,投资较少
缺点	投资相对高	电缆路径的物理隔离较困难	不易维护

从表3-1分析可以看出，2N系统优点最明显，国内数据中心采用2N系统居多。《数据中心设计规范》(GB 50174—2017)推荐供配电系统采用2N架构，但也允许采用其他避免单点故障的系统架构[11]。

3.1.2 巴拿马电源系统架构

1. 巴拿马电源的原理和架构

早期数据中心供配电方案采用UPS供电方案，方案由10 kV变压器、低压开关柜(开关柜、母联柜和补偿柜等)、UPS(包括整流、逆变、静态开关、蓄电池和输出转换开关等)、输出配电柜以及列头柜等组成。为了解决可靠性问题，常用的$N+1$，$2N$，DR，RR等供电架构具有架构冗余环节多、系统复杂、效率低等缺点，整体系统效率为92.7%。随着数据中心以通信行业为主要增长市场的发展，2011年开始探讨高压直流输电(High Voltage Direct Current，HVDC)的解决方案，因HVDC采用模块化设计、电池直挂负载前端和减少电池逆变环节等，采用的HVDC方案具有模块化、效率高、可靠性高、成本更低等优势，替换UPS也成了一股新的热潮，整体系统效率达94.7%。随着时间的推移，互联网公司的数据中心开始崛起，系统的简化与减少辅助支持设备的空间等是IDC行业的趋势，互联网公司开始相继规划属于自己的核心竞争力的方案，2016年开始研发的巴拿马电源方案研发了更加简洁的系统架构，使得整体系统效率为97%～97.5%。

巴拿马电源供电原理是指10 kV市电进入巴拿马电源内的变压器后变压器采用多绕组设计，能将10 kV市电移相后进行整流，输出240 V或336 V直流电。巴拿马电源系统架构是在传统供电架构的基础上简化、优化形成的。

巴拿马电源颠覆了传统IDC供电架构，采用系统综合式设计，用移相变压器取代工频变压器，整流模块取消功率因数校正电路(Power Factor Correction，PFC)，使AC 10 kV到DC 240 V/336 V的整个供电链路极致优化。

从传统供电方案到巴拿马电源方案架构演变过程，如图3-5所示。

从整体架构来看，整个巴拿马电源由10 kV进线柜、隔离柜、整流输出柜和交流分配柜组成。巴拿马电源方案的实物柜体组成单元，如图3-6所示。

巴拿马电源将传统供电系统进行变化的原理框图如图3-7所示。图3-7中左边电源系统效率是95%，变化成图3-7中右边电源系统效率为97%～97.5%。

巴拿马电源基于传统IDC供电系统，进行了一定的优化。传统IDC供电架构中变压器在无法取消的情况下，采用系统综合式设计，如用移相变压器取代工频变压器，移相变压器采用多脉冲设计，分为6绕组(36脉冲)、12绕组(72脉冲)、16绕组(96脉冲)以及多绕组设计。这大大减少了变压器副边绕组的短路电流，降低了下游开关的短路电流容量

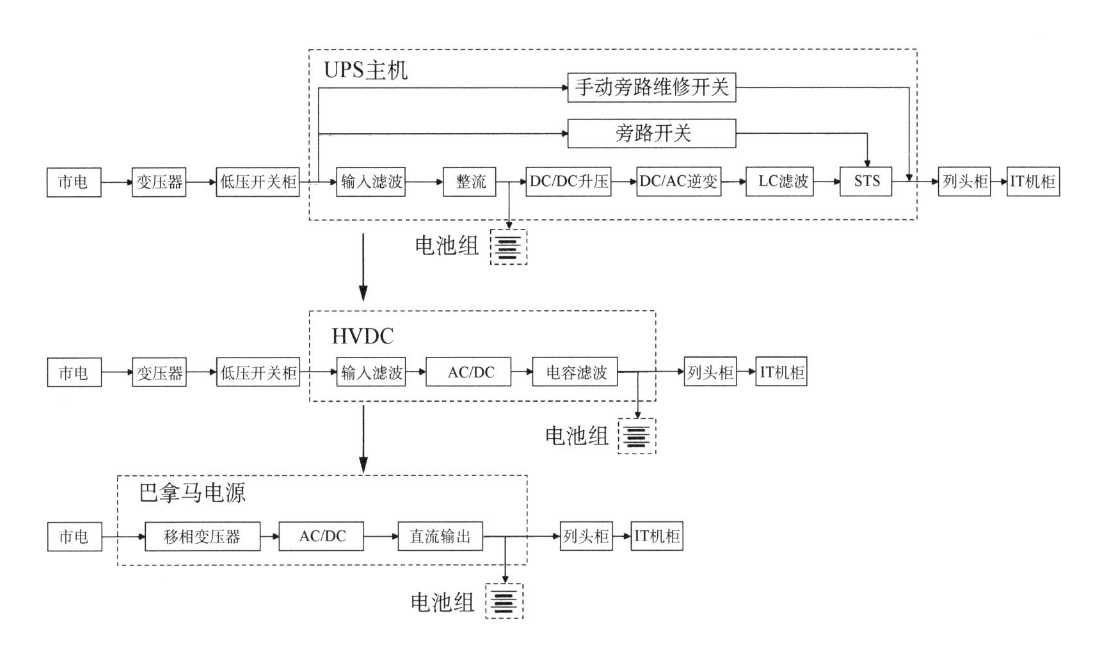

图 3-5 从传统供电方案到巴拿马电源方案架构演变过程

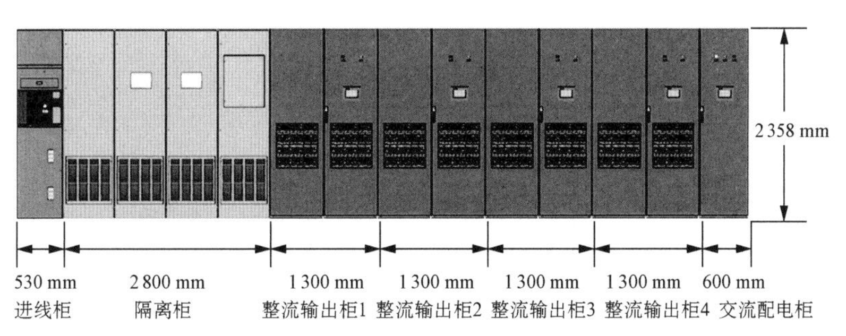

图 3-6 巴拿马电源方案组成单元

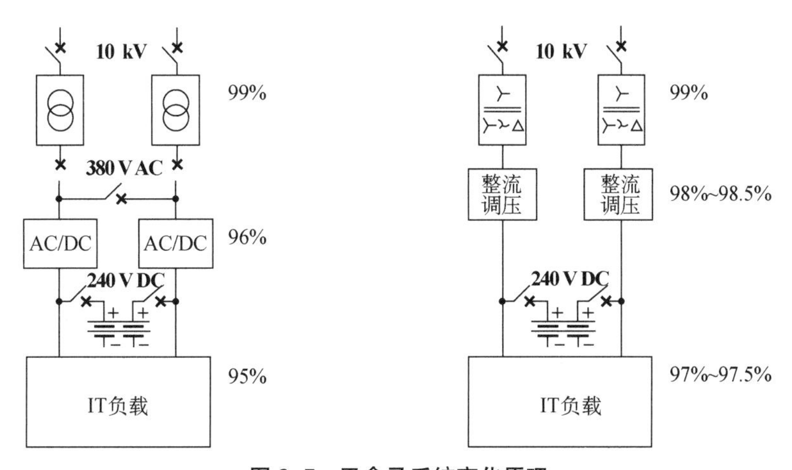

图 3-7 巴拿马系统变化原理

和原来输入柜的开关容量。脉冲数越高，对电网功率因数和电流谐波总畸变率（Total Harmonic Current Distortion，THDi）改善则越好，将传统供电架构里的无功补偿柜取消，使用多脉冲移相变压器实现了低 THDi 和高功率因数，从而可以减少整流电源模块内部 PFC 和滤波回路，将整流电源模块进行优化，使模块效率从 96%提升到 98.5%，系统效率提升 2%以上，从 AC 10 kV 到输出 DC 240 V/336 V 的整个供电链路做到优化集成。相比传统数据中心的供电方案，巴拿马电源设备和工程施工量可节省 40%，占地面积减少 50%。蓄电池单独安装，使系统容量可以根据需求进行灵活配置。巴拿马电源的设计，实现了供电架构的减法，颠覆了传统的供配电架构。

巴拿马电源将传统供电系统进行实物变化的原理见图 3-8。

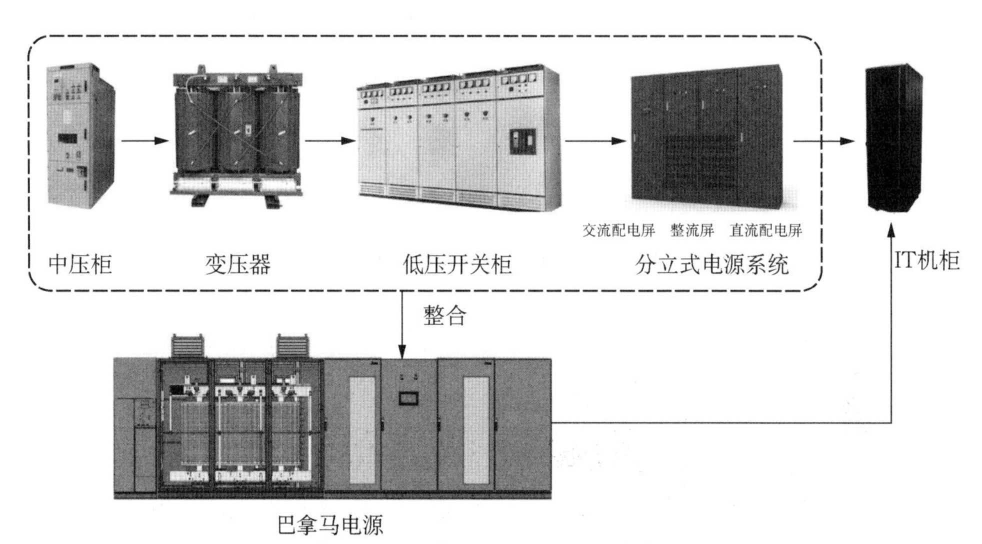

图 3-8　巴拿马实物变化原理

巴拿马电源内部架构组成，如图 3-9 和图 3-10 所示。

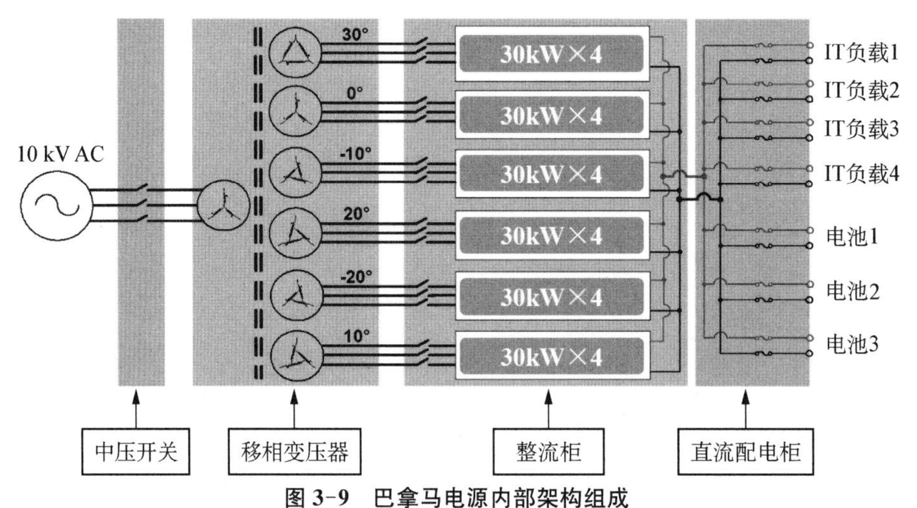

图 3-9　巴拿马电源内部架构组成

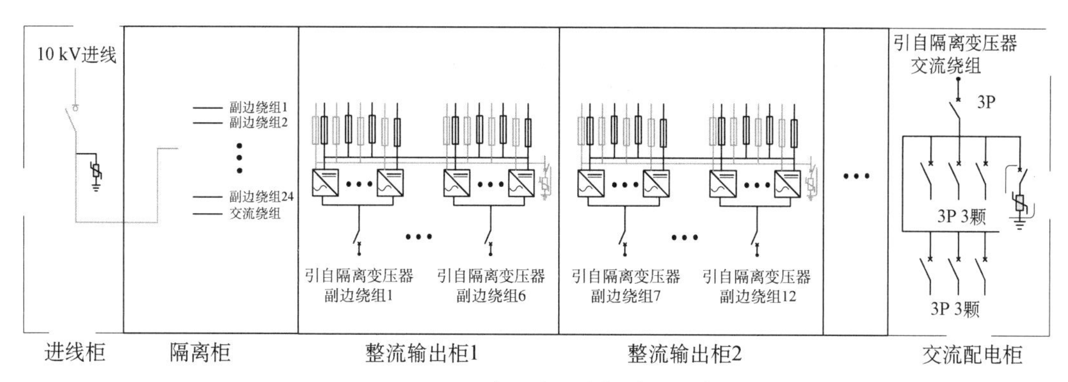

图 3-10 巴拿马电源各柜功能示意

1）巴拿马移相变压器与传统变压器的区别

巴拿马移相变压器通常应用于电网侧与电力电子器件（例如整流器）之间，避免电网侧受到谐波的干扰污染，因此在设计上巴拿马移相变压器与常规普通的电力变压器有较大不同。巴拿马移相变压器的次级绕组（整流器端）由多个相互电隔离的绕组组成，相互间有 $60/n$（n 为次级绕组个数）电角度，也可以称作 6Xn 脉冲移相变压器。巴拿马移相变压器的次级绕组承受了较大的低次谐波，这对于次级绕组在设计上相较于常规普通变压器来说会有两点较大的不同：第一，次级绕组发热方面需要考虑谐波电流的影响，因此次级绕组的发热和散热需要特殊的考虑。第二，次级绕组需要考虑各类绝缘承受这些谐波的能力，因此绕组的匝绝缘和层间绝缘需要得到增强。巴拿马移相变压器在中压电机驱动和地铁供电等领域中有的应用案例，证明其可靠性是满足使用要求的。

在数据中心设计采用巴拿马电源的情况下，需要对巴拿马电源的布局、承重、选型计算、配套要求以及方案组合等进行重点讨论分析。

2）典型配置规格尺寸

根据目前数据中心项目的需求，巴拿马电源有几种不同容量的配置，例如 600 kW，1.2 MW，1.6 MW，1.8 MW，2.2 MW，2.4 MW 等，其规格尺寸如表 3-2 所列。

表 3-2　　不同容量配置的规格尺寸

容量配置	进线柜		隔离柜		整流输出柜		交流柜	
	尺寸/mm（宽×深×高）	质量/kg	尺寸/mm（宽×深×高）	质量/kg	尺寸/mm（宽×深×高）	质量/kg	尺寸/mm（宽×深×高）	质量/kg
600 kW	600×1 200×2 200	600	2 250×1 200×2 200	1 000	1 600×1 200×2 200	1 000	不配置	
1.2 MW	600×1 200×2 200	600	2 400×1 200×2 200	3 200	3 200×1 200×2 200	2 000	300×1 200×2 200	300
1.6 MW	650×1 400×2 350	800	2 800×1 400×2 350	5 000	3 200×1 400×2 200	2 000	300×1 400×2 200	300

续表

容量配置	进线柜		隔离柜		整流输出柜		交流柜	
	尺寸/mm（宽×深×高）	质量/kg	尺寸/mm（宽×深×高）	质量/kg	尺寸/mm（宽×深×高）	质量/kg	尺寸/mm（宽×深×高）	质量/kg
1.8 MW	650×1 400×2 350	800	2 800×1 400×2 350	5 400	5 200×1 400×2 200	2 200	800×1 400×2 350	400
2.2 MW	650×1 400×2 350	800	2 800×1 400×2 350	5 800	5 200×1 400×2 350	4 200	800×1 400×2 350	400
2.4 MW	650×1 400×2 350	800	2 800×1 400×2 350	6 200	6 000×1 400×2 350	4 500	1 600×1 400×2 350	800

3）规格选型与配置

巴拿马电源方案的配置总容量根据数据中心的IT负荷容量、充电容量以及功率模块冗余容量进行计算，变压器容量等于IT负载容量与充电容量之和。

4）整流模块配置

（1）整流模块选择：单体模块功率应根据系统设计容量进行合理选择，模块数量不宜多于90个。

（2）整流模块数量配置按负载电流加上0.1C10的充电电流计算，采用$N+1$配置方式。其中当$N \leqslant 10$时，N个主用整流模块，1个备用整流模块；当$N>10$时，每10个整流模块备用1个整流模块。

（3）系统宜具备模块休眠功能。

5）蓄电池配置

（1）单组电池个数：不同单体电压调节下，要满足同样的电压输出，需要不同数量的蓄电池，具体见表3-3。

表3-3　蓄电池个数

单体电压/V	2	6	12
蓄电池个数/只	120	40	20

（2）蓄电池型号选择：宜选用铅酸蓄电池。

（3）蓄电池单体电压和组数确定：根据系统容量大小，蓄电池单体电压可选2 V、6 V、12 V，每个系统蓄电池组数不得少于2组，最多不宜超过4组。

2. 巴拿马电源设备对建筑的要求

1）对电力室尺寸的要求

巴拿马电源设备安装在电力室内，电力室内各种通道宽度、巴拿马电源设备正面和背面操作通道的净距要求等可参考《工业与民用供配电设计手册》(第四版 上册)“表 3.2-6 低压配电室内各种通道最小宽度(净距)”中“抽屉式屏”的布置要求,如表 3-4 所列。

在数据中心建筑平面规划初期,电力室的平面形状和内径长宽高尺寸等,需参考表 3-2 和表 3-4,并结合巴拿马电源设备、10 kV 开关柜、变压器柜及其他低压配电设备的布置数量、规格尺寸、操作通道/维护通道的最小宽度等进行规划,使得电力室内的设备布置便于安装、操作、搬运、检修、试验和监测。

表 3-4　　低压配电室内各种通道最小宽度(净距)

布置方式	屏前操作通道/mm	屏后操作通道/mm	屏后维护通道/mm
抽屉式屏单列布置	1 800	1 200	1 000
抽屉式屏双列面对面布置	2 300	1 200	1 000
抽屉式屏双列背对背布置	1 800	2 000	1 000
抽屉式屏多排同向布置	屏间 2 300	前排屏前 1 800	后排屏后 1 000

2) 对电力室承重加固的要求

在数据中心建筑结构规划初期,需参考表 3-2,使得电力室的结构设计荷载既满足《数据中心设计规范》(GB 50174—2017)“附录 1 建筑与结构”的要求,又满足巴拿马电源设备布置安装的需求。

在项目实践中,为满足抗震加固和分摊均衡设备承重的需求,巴拿马电源设备一般采用槽钢定制框架式底座。底座有单联、双联以及多联的方式,底座与地面紧密接触并采用螺栓进行固定。巴拿马电源设备底脚采用螺栓固定在底座上,底座应满足巴拿马电源设备以及走线架(承载于设备柜体顶部时)的承重要求,并须符合《电信设备安装抗震设计规范》(YD 5059—2005)中的抗震要求。

3. 巴拿马电源对电力入网的要求

1) 一般原则

通信用交流供电宜使用市电作为主用电源,应根据供电情况配置直流供电后备电池和油机设备。市电和自备油机组成的交流供电系统宜采用集中供电方式供电。

交流电力线宜采用铜芯线,电力线截面积应与负载相适应。室外电力线敷设建议采用直埋或套管埋设,电力线敷设走线应尽量与信号线分开。

2) 配电系统适应性要求

巴拿马电源系统能够适应的配电系统电网形式有 TN-C,TN-S,TN-C-S 和 TT。如需要配套 TI 电网形式的配电系统,需要按照用户具体需求进行单独定制。

在园区型或基地型数据中心中，大部分都自建了 110 kV 变电站，一般无需再向电力公司提供报装资料，对于直接从电力公司引入 10 kV 线路的数据中心，需要在建设初期或中期增容时在《高压报装客户用电需求表》的“主要用电设备”中填写“中压直流不间断电源”；对于部分要求严格的电力公司，还需要给其提供《中压环网柜检验报告》《变压器出厂合格书》《变压器试验报告》等文件，即可完成电网的审查和备案。

4. 巴拿马电源对其他配套设施的要求

巴拿马电源设备的布置和安装，对相关配套设施的要求(例如消防、给排水和走线桥架配置等)与传统供配电系统的设备安装没有太大的差异。以下将从四个方面展开巴拿马电源对其他配套设施的要求。

(1) 在通信方面，巴拿马中压综合保护电源需要连接外部 UPS 电源，巴拿马中压保护跳闸脱扣信号线与巴拿马电源进行联接，蓄电池状态触点需要联接到巴拿马电源进行蓄电池的采集与告警。

(2) 在动环监控方面，通过 MODBUS 或 TCP 采集巴拿马电源相关信息。

(3) 在走线桥架方面，内外部电源通路减少了原来柜间走线桥架，走线桥架主要考虑输入进线、输出线缆和电池线缆的桥架布局。

(4) 在接地系统方面，巴拿马电源系统设计为整体电源，通信机房的接地方式通常按共享接地原则设计：即直流电源系统接地、防雷接地和保护接地共同合用一组接地体，其接地电阻应符合国家相关规定。

5. 巴拿马电源典型架构设计方案

数据中心应用巴拿马电源系统的架构方案主要包括两种：2N 巴拿马电源供电方案和巴拿马电源＋市电方案。

(1) 2N 巴拿马供电方案。A 路巴拿马电源＋B 路巴拿马电源，两路在 IT 侧互为冗余备份关系，负载设计按照 50%进行设计，考虑一定余量，一般实际运行负载为 40%左右。

(2) 巴拿马电源＋市电方案。A 路巴拿马电源＋市电或 B 路巴拿马电源＋市电。将巴拿马电源移相变压器功率分成两部分输出，一部分给整流模块，另一部分给 IT 设备，实现一路巴拿马电源供电，另一路市电的模式，提高系统效率，预计整体效率提升 0.5%。

巴拿马电源从产品推出到案例使用经历了三年多的时间，其采用颠覆传统的创新供电架构，实现了目前全球最高的电源效率(整体系统端到端的效率为 97.5%，其中巴拿马电源效率为 98.5%)，并具有供电链路极致优化、建设周期更快、占地面积更小、投资成本更节省、更贴合客户需求等的明显优势，但其原理结构是否客观科学，产品架构和设计理念是否代表技术先进，产品性能与实际应用是否足够安全可靠，应用场景是否广泛普适值得推广，这些都还需要相当长时间的实践检验。

3.1.3 其他供电架构

1. 10 kV UPS

10 kV UPS(中压 UPS)是可直接输入 10 kV 市电,并向 IT 设备提供 0.4 kV 的稳定电源。

目前大型数据中心园区或大型数据中心的供配电结构一般是引入市电高压(110 kV)或市电中压(35 kV,10 kV)到高压配电室然后再分配给干式变压器(转成 380 V),并配置成套低压配电系统,成套低压配电系统中的馈电柜再通过密集母线或电缆分配电能到每个楼层的低压配电柜,之后再分配到大型的 UPS 中(如 500 kV·A,600 kV·A)。

目前每套低压配电系统一般最大配置到 2 000 kV·A,每套低压系统最多带两套大容量的 1+1 型 UPS 系统或 2N 型 UPS 系统,这种高压配电系统、低压配电系统和 UPS 的结构在早期中小型数据中心中应用广泛,但随着数据中心单 UPS 系统配电容量的加大,这种配电结构存在以下诸多缺陷。

第一,投资浪费严重。单套低压配电系统存在浪费投资、浪费机房空间和浪费密集母线等现象。

第二,提高供配电层级,增加安全隐患。在相同的电源器件环境中,对于配电系统来说,上下游开关越少越安全,配电层级越少可靠性越高,接近负载中心的电压等级越高越节能。常规数据中心的 35 kV 开关站、10 kV 高压配电柜、10 kV 配电柜、变压器、低压配电柜、密集母线、楼层配电柜以及 UPS 系统的 8 个层级的配电结构意味着存在较多故障隐患点。

第三,影响机房可使用面积,增加建筑成本。对于大型数据中心而言,如果每层楼均配置变压器低压配电室和 UPS 系统电源室,相应地,电源区域要预留 40%以上的空间,对于通信机房来说,一般预留 25%~30%空间,且低压配电结构冗余度越大占机房面积就越大。

中压 UPS 系统具有高能效,充分节省运行电费,降低配电系统变换损耗,降低 *PUE*,满足数据中心节能减排的绿色发展趋势等特点。不仅在配电系统建设环节节省了传统配电设施,而且中压 UPS 系统架构减少基础设施的占地面积,节约电力电缆和建设成本。中压 UPS 系统较大容量的特点亦满足大型数据中心的需求,针对制冷系统冷水主机和水泵等高功率感性负载在启动阶段有大电流冲击的特性,也具有较强优势。未来中压 UPS 系统在超大型数据中心、大型数据中心将有广阔的应用前景。

在实现中压 UPS 的同时,可使以下技术得到改变。

1) 低压配电中的计量采用高压端计量

传统数据中心往往在低压配电系统中配置计量柜,但是随着数据中心规模越来越大,高压计量将成为一种趋势。采用高压端计量的同时仍可以通过中压型一体化 UPS 的变压器的数据采集进行自动统计上报。

2）低压配电中的补偿功能可改为高压补偿和负载中心就近补偿

对于数据中心来说，感性负载和容性负载同时存在，感性负载主要为空调主机和风机等电机类设备；整流设备和 IT 设备为容性负载。数据中心感性负载和容性负载是同时存在的，二者相互补充。统计显示，目前大部分通信局楼的低压电容器柜多设置为人工投入，由于感性负载和容性负载同时存在，功率因数通常都在 0.92 以上。采用低压配电系统进行补偿属于后补偿，没有起到有效作用，且在谐波环境下容易引发电容器共振，并存在爆炸风险。因此，未来的数据中心应针对具体机房环境，测试其谐波和无功负载的情况，并进行就近补偿。

3）超大型、大型数据中心采用高压油机

目前超大型、大型数据中心已推广采用高压油机。高压油机为数据中心的建设带来很多优势：①在电缆、上下游开关配置方面，简化了配电结构；②高压油机使用高压电缆传输电力，高压输电电流相当于低压输电电流的 1/26，使上下游开关及电缆投资节省、敷设及施工方便、线损较小、安全性也较高；③便于进行多机并机，形成大容量后备电源，消除传统多台低压油机并机输出中存在线路损耗问题；④高压油机集中布置，可以根据园区功耗发展情况进行分期、逐台投资，无论油机的实际负载率高低，而低压油机则只能与低配模块化相匹配，造成油机投资浪费；⑤推广使用高压油机之后低压配电系统中的自动开关转换柜（ATS 柜）可以减配。

4）离心机组启动电流较大，若采用高压空调必须采用高压电源

如国内部分运营商集团企业标准规定“除变频供电的电动机外，单台额定功率大于 350 kW 的电动机，宜采用 10 kV 电源供电。”采用高压冷水机组供电后，可以相应减少变压器及低压配电系统和密集母线、电缆的投资，综合对比高压冷水机组的价格因素，初步统计可以节省 0.075 万元/kW（制冷量）。

以上分析证明，低压配电系统中的主要功能如计量、电容和 ATS 柜等都可以被高压油机代替，实施高压到负载中心的二级转换比再经过低压侧显然可以节省更多成本，减少中间配电环节，使可靠性大幅提高。

值得一提的是，相比传统低压 UPS，中低压一体化 UPS 在同样的场景下将减少 80% 的投资成本，而之所以能够带来这一改变，主要得益于大幅减少了传统低压配电柜的占地面积，节省了大量的低压配电母线与电缆，同时发电机组采用高压油机也便于分期投资。可以预见，中压 UPS 系统的建设将为数据中心节省大量的供配电成本，未来将进一步提升其在市场的竞争力。

2. 分布式电池

分布式电池（又被称为 12 V 电池）是指模块化地把蓄电池安装在机柜内，或者在集装

箱内形成电池单元，特点是便于迅速安装部署。

Google的12 V带电池分布式小UPS供电方案采用分布式电源结合分布式电池作为掉电备份，其原理是每个服务器带一个电源并配有一个铅酸电池，当市电正常时，市电直接给设备供电并将电池充满电；当市电中断时，电池放电，柴油发电机立刻启动并继续供电。该方案的核心技术是电池的管理及切换控制，可实现供电效率达99.99%。

Microsoft在2010年推出的集装箱式数据中心(IT-Pre-assembled component, IT-PAC)的12 V电池备用单元(Battery Backup Unit, BBU)集中式市电直供方案。机柜采用集中电源供电，在12 V的供电母排上集中并联锂电池。系统分为上半区和下半区单独供电，单机柜功率达到18.6 kW并给96台服务器供电。选用的4.5 kW服务器电源也是高效率的电源模块，通过12 V集中母排给服务器子机节点供电。当市电正常时，直接给设备供电。当市电处于中断情况下，则靠锂电池短时间放电过渡，直至柴油发电机组正常运行后承担起全部负载。

无论是Google的12 V带电池分布式小UPS供电方案，还是Microsoft的12 V电池BBU集中式市电直供方案，都实现了市电直供的高供电效率。但12 V电池一般直接安装在IT设备内，或安装在服务器机柜内。二者相比，Google方案的电源和电池数量大，成本高，且电源负载率低供电效率会偏低；而Microsoft 12 V集中式供电的电源和电池数量少，成本稍低，负载率高电源供电效率高。

3. 48 V全直流电源

48 V全直流电源是IT设备及其配电系统均采用48 V直流的技术路线下的电源系统。在云计算、计算密集型应用程序被广泛应用和更高的机架利用率不断增长的情况下，迫使数据中心重新考虑其他电力传输策略。虽然48 V市电直供方案已经非常成熟，但传统的48 V供电方案是集中式电源系统，而未来发展的48 V市电直供方案是分布式电源和IT融合的方案，电源和电池就近布置在IT机柜附近，甚至置于IT机柜内部，大大减少供电传输损耗及线缆投资等，同时允许48 V电池电压有较宽的波动范围，电池备电时间也可以得到延长。图3-11上部所示为Open Stack 48 V机架，下部所示为整体电源架构。

目前48 V电源方案效率可达97%以上，成本低于12 V电源方案，是一个低成本高效率的解决方案，但部分IT设备需要定制。在数据中心行业，很多IT设备及基础设施都已实现了48 V供电架构，已被较多互联网等公司采用。48 V电源传输系统将帮助数据中心提供商提高*PUE*和总拥有成本(Total Cost of Ownership, TCO)，并能够使用更高密度的解决方案来满足对云计算应用不断增长的需求。与12 V相比，48 V方案具有以下三点优势。

(1) 电源转换效率更佳。与12 V(或更低的电压)相比，转换效率更高，具体见表3-5。

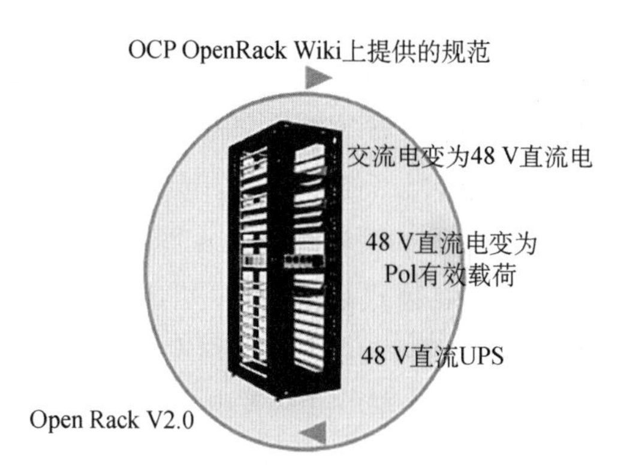

重新审视2阶段48 V-to-Pol架构 (48 V-to-Pol交付的两级架构整合了48 V和12 V生态系统，以满足数据中心未来对高功率的需求。)

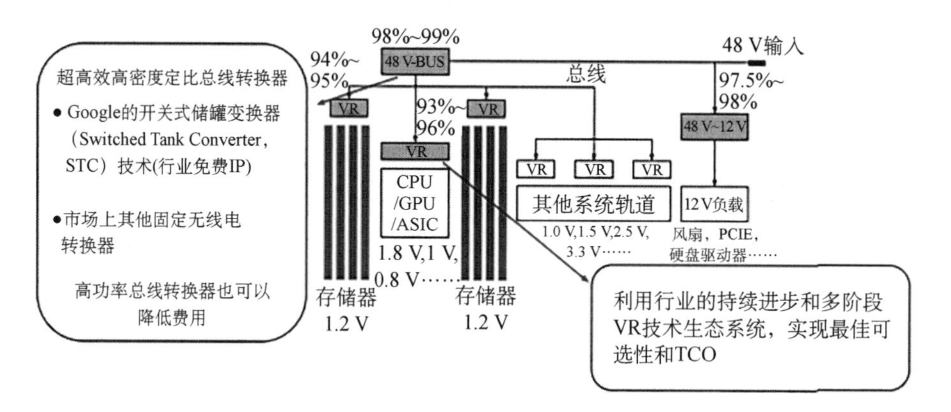

图 3-11　48 V 机架和电源架构

表 3-5　　功率转换效率比较

12 V 和 48 V 供电单元转换效率			
加载	电压类型		效率提升率
	12 V	48 V	
100%	92.49%	95.03%	2.54%
50%	94.54%	95.57%	1.03%
20%	91.73%	94.13%	2.40%
10%	84.23%	87.48%	3.25%

(2) 电源尺寸降低。48 V 系统的用铜量是 12 V 系统的 1/16，AC 电源的尺寸更小。

(3) 安全性较高。相较于 12 V，48 V 安全水平较高，额外安全问题少。

但如果将 48 V 电源直接提供给服务器主板仍存在一定的问题。与传统的 12 V 服务器供电解决方案相比，48 V 电源需要在以下几个方案进一步改进：①提升服务器内电源转换效率;②进一步压缩电源尺寸;③降低系统总成本;④提高瞬态响应性能。

虽然 48 V 电源架构存在以上限制,但仍然是今后发展的趋势。随着数据中心技术的发展,未来的 IT 和 IT 的信息配套基础系统将进一步融合,类似当下的机柜级服务器集成了电源和风扇。服务器会板卡化,支撑的电源和散热组建也会适当集中。分布式供电和散热组件更靠近 IT 负载,可实现就近供电,高效散热。散热系统的供电必然与分布式电源结合。

结合目前主流的末端空调 EC 风机等 48 V 用电设备,分布式电池还可直接对散热系统做持续供电保障。数据中心内部的交换机和防火墙等网络设备都可选配 48 V 电源,其他弱电、监控以及照明等可以很容易地选择适当的 48 V 电源以支持数据中心内的其他部分供电,最终实现 IT 和 IT 的信息配套基础系统 48 V 供电的归一化。除上述应用以外,48 V 电源架构还可成为和铁锂电池、燃料电池、太阳能与风能等结合在一起的直流微网架构。

数据中心供电技术很大程度取决于电池技术的进步和发展,传统的铅酸电池由于功率密度以及安全性等原因不适合直接和 IT 设备放在一起,但锂电池则由于其高功率密度以及高温特性好等优势,未来极有可能会以 BBU 等形态和 IT 设备就近摆放,甚至会放在 IT 设备内部。当电网正常或者新能源供电满足负载需求时,直接给设备供电,电池则作为储能单元充电备份。当供电出现波动或者供电中断时,电池放电承担起负载,其大电流放电能力较适合应对此种情况。

3.2 高能效电源

3.2.1 非晶合金变压器

非晶合金是将铁、硼、硅、镍、钴和碳等为主的材料熔化后,在液态下迅速冷却,从钢液到金属薄片一次成型,其固态合金没有晶格或晶界存在,即非晶态合金,也称作非晶合金。非晶合金分为铁基非晶合金、铁镍基非晶合金和钴基非晶合金三大类。

1. 非晶合金变压器结构

目前非晶合金变压器的铁芯结构有两种形式:三相三柱与三相五柱型。一般非晶合金变压器为三相四框五柱式结构,联接组通常采用 Dyn11,可以减少谐波对电网的影响,改善供电质量。有特殊需求时,也可采用三相三柱式结构和 Yyn0 联接。由于三相负荷不平衡时会引起严重的三相电压失衡,所以三相四框五柱式结构不适于采用 Yyn0 联接方式。

不同的铁芯结构、尺寸、质量、组装和铁损方面有一定的差异。具体见表 3-6。

表 3-6　三柱式、五柱式非晶合金铁芯差异比较

类别	三柱式 非晶合金铁芯	五柱式 非晶合金铁芯
外形结构	三柱式铁芯有两个内铁芯加上外侧一个大铁芯组成，即由三颗铁芯组成	五柱铁芯有两个内铁芯加上外侧两个小铁芯组成，即由四颗铁芯组成
铁芯制造	1. 外侧大铁芯质量重、体积大，不易制造 2. 整体制造所耗工时少	1. 两侧小铁芯质量轻、体积小，易制造，但须制造两颗 2. 整体制造所耗工时较长
铁芯重量	较轻	较三柱式铁芯重 3%～5%
线圈组装	铁芯搭接三处，组装线圈时铁芯需打开三处	铁芯搭接四处，组装线圈时铁芯需打开四处，工时较长
铁损	铁损超低	铁损超低，但较三柱式铁芯略高

2. 非晶合金变压器优势

非晶合金铁芯变压器的最大优点是空载损耗值很低。采用非晶合金材料作为铁芯，电阻率较高，涡流损耗小，单位损耗仅为硅钢片的 20%～30%。以机房常用的 1 600 kVA 变压器为例，对比非晶合金变压器与普通变压器的主要电气性能参数如表 3-7 所列。

表 3-7　普通变压器和非晶合金变压器参数对比

参数项目	普通变压器	非晶合金变压器
空载损耗/W	2 760	760
负载损耗 F 级/W	12 400	11 730
空载电流/%	1	0.6

由于数据机房的变压器在运行中实时存在空载损耗，而非晶合金变压器空载损耗低。采用非晶合金变压器，对高低压配电系统无特殊要求，对相应的维护工作也没有特殊要求，因此，非晶合金变压器适用于数据中心的建设。

3.2.2　动态 UPS 发电机

1. 动态 UPS 发电机功能特性

动态 UPS 发电机是由整流器、电池、直流电动机、柴（汽）油机、飞轮和发电机组成。该系统具有以下功能特性：①把兼具电动机和发电机功能的同步电机作为无功发生源，为负载提供实时的感性和容性的无功调控补偿；②对输出电压进行实时调控，同时具有极低

的次瞬态电抗，能提供多倍的额定电流的抗短路功能和极强的抗冲击功能；③始终保持1 500 r/min 旋转带载，为 IT 负载提供实时的无功补偿；④发动机具有启动稳定性和带载可靠性；⑤系统自带谐波滤除功能；⑥系统自带风扇可实现运行散热。

2. 动态 UPS 发电机优势

动态 UPS 发电机在可靠性、效率和成本以及灵活性方面都具有显著优势，具体表现为：

(1) 可靠性。

不间断发电机系统采用最简单、最可靠的方法，是使用同步电机发电。这一工作原理加上最先进的数字电子控制和用户界面，使其比目前市场上任何单一的 UPS 系统都具有更高的可靠性。

(2) 效率和成本。

不间断发电机采用先进的材料和设计，实现了高达 97%的运行效率，在低负载时效率仍可达 95%。由于低损耗以及坚固耐用的设计，动态 UPS 系统往往不需要任何主动冷却式装置(如空调)，因此在其整个寿命期间，系统运行更具经济性。动态 UPS 系统更为简单的日常维护、更长的使用寿命以及更高的运行效率等优势，将使总持有成本在短短几年时间内即可达到收支平衡点。

(3) 灵活性。

不间断发电机可在低压或中压中使用，系统可使用电池或飞轮作为储能装置，与基于传统铅酸电池的 UPS 系统相比，大大减少了占地空间。

图 3-12 是 DR UPS 在供电系统中的布置，其与传统 UPS 的位置一致，DR UPS 的特点是图 3-13 最左侧的飞轮取代传统 UPS 的蓄电池作为应急后备储能设备。

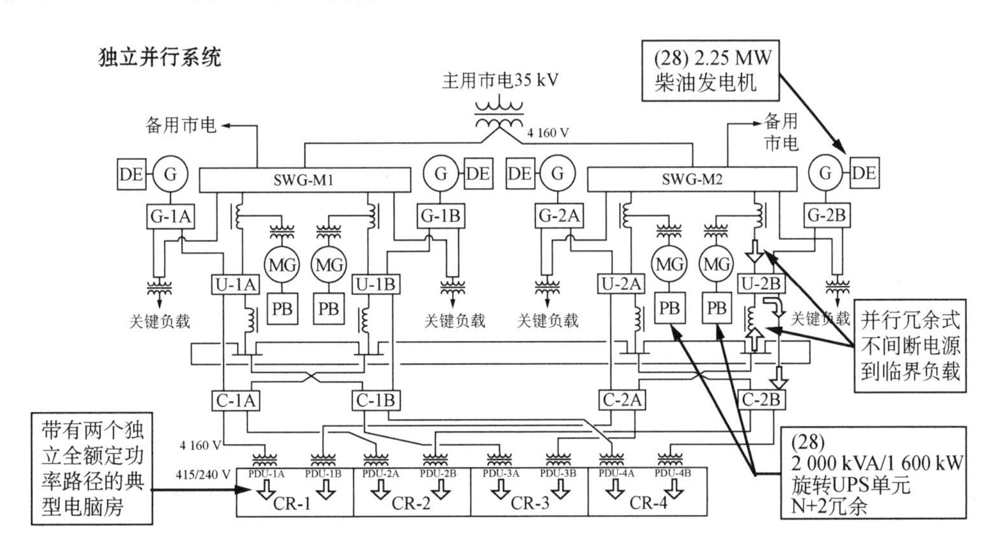

图 3-12　DRT 应用 DR UPS 不间断发电机

图 3-13 DR UPS 不间断发电机

3. 动态 UPS 柴油发电机运行特征

在市电供电情况下，电动机带动飞轮和发电机给负载供电；当断电后，由于飞轮的惯性作用，会继续带动发电机的转子旋转，从而使发电机能持续给负载提供电源，起到缓冲的作用。与此同时，启动柴(汽)油机，当油机转速与发电机转速相同时，油机离合器与发电机相连，完成从飞轮到油机的转换，如图 3-14 所示。

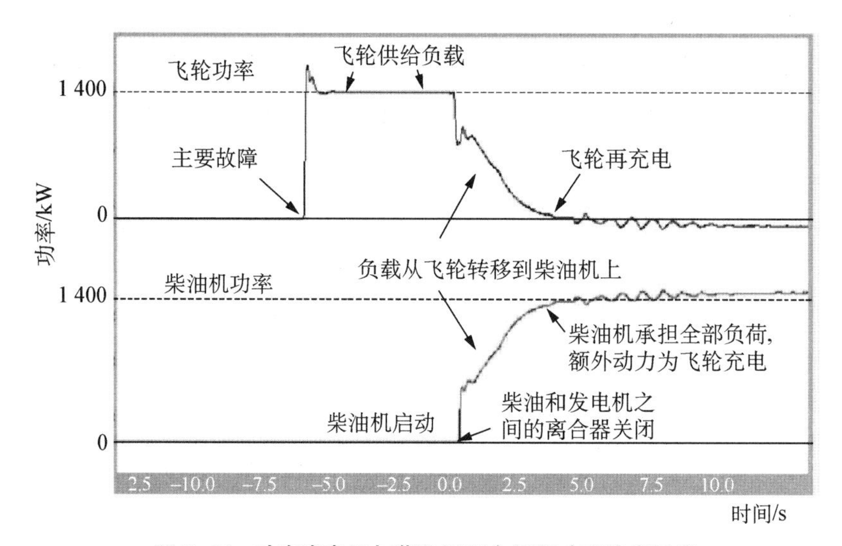

图 3-14 动态发电机与柴油机配合运行功率输出示意

3.2.3 高压柴油发电机组

随着通信设备的集成度增高及数据业务的日益增长，通信枢纽楼的用电量也迅猛增长，数据中心需要采用多台大容量发电机组提供备用电源。传统的 380 V 发电机组供电时，需要耗费大量的电力电缆以及占用大量的电缆通道空间，且多台发电机组难以在枢纽楼内解决其安装位置和进排风、排烟以及消噪等问题，需要在间隔一定距离的配套机房内安装，耗费的电缆量和电缆通道十分庞大。而使用 10 kV 发电机组作为备用电源，较常规 380 V 发电机组能够大幅度节约电力电缆，降低线损，并节省电缆通道和土建费用。在用电量较大的通信枢纽楼或数据中心的建设中，此举可列为一项重要的备用发电机组解决方案。

高压发电机组分为柴油、重油两用，具有调压精度高，动态性能好，电压波形畸变小、效率高，结构紧凑，维修方便，工作可靠，使用寿命长，经济性能好等特点。

在高压柴油发电机组的设计应用中，需注意由于发电机组较重，且运行质量为机组本身质量的 1.5 倍左右，油机基础的承重应按照 1.5 倍机组质量进行设计。油机基础建议主要由钢筋网和砂石混凝土构成，在基础下用 200 mm 厚的卵石粗砂铺垫并夯实。可在挡土墙与基础间设置一条约 60 mm 宽的防震缝，避免与房屋产生共振现象。另外，油机基础可采取防油浸设施，设置排油污沟槽。

在安装发电机组时，要合理安排散热器距通风口的距离和风口底部距地面的距离等，以便对机组检查、维修和保养，采取相应措施保证发动机冷却。空气出入口要满足机组排风量要求，排烟宜采用架空敷设方式，排烟管单独引出室外。油机机房尽量避开建筑物主入口等位置，以免对排烟、排风造成影响。

还需注意的是，发电机容量应满足 IT 设备负载和与 IT 设备运行相关的空调设备负载以及与消防设备负载等；10 kV 应急发电机电源电池与正常电源之间必须采取防止并列运行的措施。若发电机组台数过多时，在经济技术合理的情况下可采用并联运行方式，以便使用电负载的分配以及节省配电导线的投资；当并列运行发动机自动同步控制出现故障时，应用手动控制同步；在选用发电机组时，宜采用环保型发电机机组，具备快速启动、抗谐波等能力，机组还应具备较高的过载能力等。

3.2.4 发电机组复用技术

由不同变电站供电的数据中心可采用一套备用发电机组供电系统作为两个专用变电站的备用电源，使发电机组得以减配，实现节材、节地及节省投资的目的。

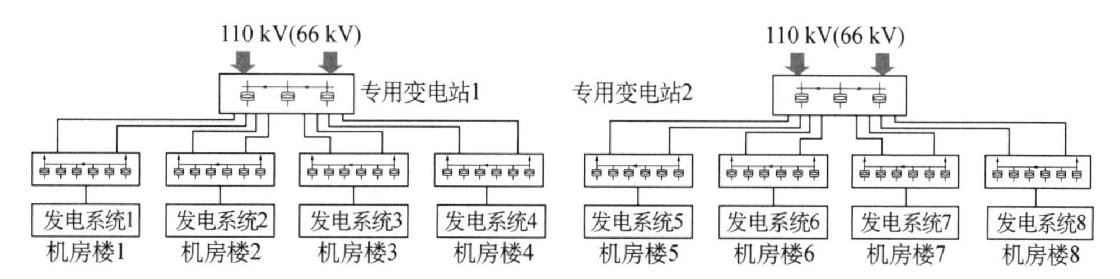

图 3-15 自备发电机组供电系统复用技术原理

自备发电机组供电系统复用技术提高了发电机组利用率，实现资源的动态调配和共享，提高效益的同时降低了土建及设备的建设成本，符合绿色、环保及节能的主题。

3.3 高能效配电

实现高效能配电需要应用各项适用技术。其中，利用滤波技术和补偿技术等，可提高系统整体对外的电能品质，间接提升能效。利用数字供电可有效控制输出电能的品质。机架母线通过放大截面面积以减少电阻，实现机动灵活的配电布置。

3.3.1 动态电压调节器

动态电压调节器(Automatic Voltage Control，AVC)应用在电网质量较差的场合，作为机械制冷负载不间断配电系统，相对于储能式的补偿系统，能效较高。AVC 主要由一个电压源逆变器、旁路和串联在供电电网与负载之间的注入变压器组成。AVC 不需要储能元件，因为它能从电网中吸取所需的额外电量用于补偿骤降的电压。AVC 会持续监测输入侧电源电压，一旦它偏离额定电压水平，AVC 会通过绝缘栅双极型晶体管(Insulated Gate Bipolar Transistor，IGBT)逆变器和串联的注入变压器迅速注入一个适当的补偿电压。AVC 采用了数字信号控制(Digital Signal Processing，DSP)，从监测到电压骤降到开始补偿的过程，全程时间不足 0.25 ms，在 10 ms(半个周波)之内即可完成整个补偿过程，使被保护的设备完全不受电压骤降的影响。最大单机容量在 6 MV·A，满足大型数据中心的需求。

AVC 动态电压调节器功能主要包括修正电压骤降；修正电压升高(仅限 PCS100 AVC)；连续在线调压，电压输出精度为±1%；修正相角误差、三相不平衡等电压扰动问题。即使发生三相平衡电压骤降，当跌至 70%剩余电压的情况时，还可持续 30 s 补偿电压至 100%；当跌至 60%剩余电压时，可持续 20 s 补偿电压至 90%。而发生单相压降事故(D-Y 变压器市电侧测量)时，电压跌至 55%剩余电压，可持续 30 s 补偿电压至 100%。

此外，AVC 动态电压调节器应用领先的电力电子技术，使其成为创新的非储能式在线补偿系统。它具有以下几个优点：不含电池储能元件，无需定期更换电池，免维护；运行效率为 98%～99%，能耗低。

值得注意的是，AVC 在市电电源和被保护的负载之间只需要串联一个绕组，无需串联故障率相对较高的半导体元件，这极大地方便了数据中心全生命周期中施工、维护和维修等工作的进行。AVC 还内置了三重安全旁路，设备本身故障或过载时可在 0.5 ms 内自动切换至旁路供电，不存在因设备本身故障而导致负载掉电的风险。

由于 AVC 可以持续在线调压，正常情况下电压输出精度可以达到±1%，最大程度保证了电压的稳定性，进而保证产品品质不因电压波动而受影响，具有较高的设备加工精度。

3.3.2　主动滤波与被动滤波

数据中心因其负载特性，如 HVDC 整流器、变频器、UPS、节能灯和办公复印设备等为非线性负载，电网中有非线性负载造成的谐波电流注入会对电网的其他用户造成严重的危害。除此之外，谐波还存在如下危害：线损大，电缆过热，绝缘老化，变压器降容；电容器过载发热时，其会加速性能恶化；保护装置误动，区域停电中断事故；电动机寿命缩短；电网中敏感设备损坏；电力系统测量仪表误差；通信、电子类设备干扰运行；中性线电流大、发热、火灾隐患等。因此，主动滤波器和被动滤波器是数据中心电网建设的重要组成部分。

主动滤波器是通过外部电流互感器（Current Transformer，CT），实时监测负载电流，并通过内部 DSP 计算，提取出负载电流的谐波成分。然后通过脉冲宽度调制（Pulse Width Modulation，PWM）信号发送给内部 IGBT，控制逆变器产生一个和负载谐波大小相等、方向相反的电流注入电网中补偿谐波电流，实现滤波功能，其工作原理如图 3-16 所示。

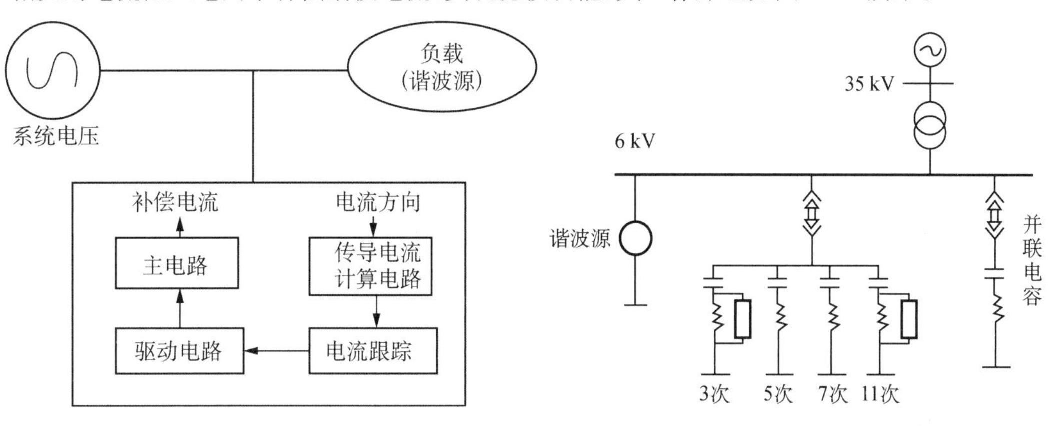

图 3-16　主动滤波器工作原理　　**图 3-17　被动滤波器工作原理**

被动滤波器，又称无源滤波器，是利用电感、电容和电阻的组合设计而成的滤波电路，可滤除某一次或多次谐波。最普通且易于采用的无源滤波器结构是将电感与电容串联，可对主要次谐波构成低阻抗旁路，其工作原理图见图 3-17。

3.3.3　静止无功发生器

静止无功发生器（Static Var Generator，SVG）利用级联方式可关断大功率开关器件，借助电压源型变流器主回路拓扑结构，通过变压器或电抗器耦合系统，将电容器侧电压变成交流电压的设备。其具有输出特性好、动态响应速度快、工作损耗少、不产生谐波等优点，同时满足支撑系统电压、控制系统潮流、动态无功补偿和负荷非线性治理等功能，成为目前先进的柔性交流输电技术的典型代表。

SVG 的原理类似于有源电力滤波器，如图 3-18 所示。当负载产生电感或电容电流时，使负载电流滞后。产生 SVG 监测相位角差，并进入电网的超前或滞后电流，使电流的相位角几乎与变压器侧的电压相位相同，基本功率因数为 1。

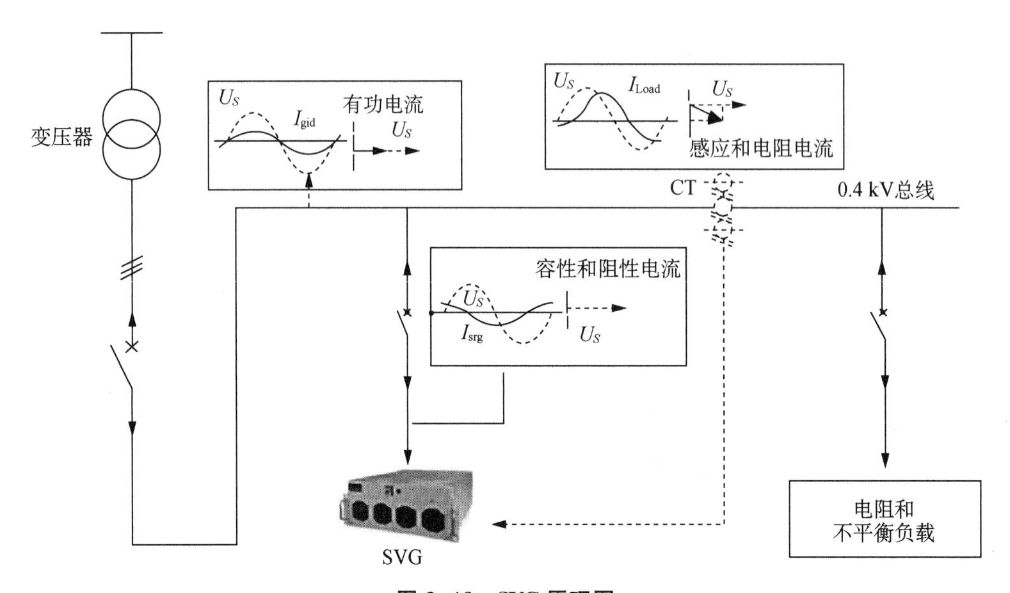

图 3-18　SVG 原理图

SVG 与传统的电容器组相比，可快速、连续、平滑地调节输出无功，实现无功的感性负载与容性负载双相调节。它具有以下主要功能。

（1）动态补偿电网无功功率，提高功率因数。当电网处于感性负载时，SVG 发出容性电流，抵消与之相反的无功电流。而当电网处于容性负载时，SVG 发出感性电流，抵消与之相反的无功电流，如图 3-19 所示。

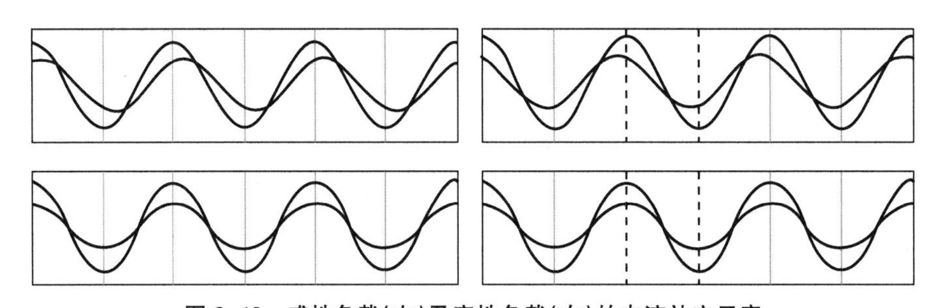

图 3-19　感性负载（左）及容性负载（右）的电流补充示意

（2）动态抑制特定次（3，5，7，11 次）电流谐波。

（3）可以瞬间提供一定有功功率，补偿电网电压跌落和闪变。

（4）抑制电网三相不平衡。

SVG 在不同模式下的补偿效果如表 3-8 所列。

表 3-8　　不同模式的补偿效果

SVG 操作方式	波形
无加载模式	(a) $U_1=U_S$
电容性方式	(b) $U_1>U_S$
感应方式	(c) $U_1<U_S$

无功补偿的需求是和电力系统发展同步的。虽然早期大量使用同步调相机作为无功补偿装置,但是调相机作为旋转机械存在很大问题,如响应速率慢、维护工作量大等。并联电容、电感是第一代的静止无功补偿装置,一般使用机械开关投切,但是机械开关投切的响应速率以秒为计算单位,因此无法跟踪负荷无功电流的变化。随着电力电子技术的发展,晶闸管取代了机械开关,诞生了第二代无功补偿装置,其主要以晶闸管投切电容器(Thyristor Switched Capacitor, TSC)和晶闸管控制电抗器(Thyristor Control Reactor, TCR)为代表。这类装置大大提高了无功调解的响应速率,但其仍属于阻抗型装置,补偿功能受系统参数影响,且 TCR 本身就是谐波源,易产生谐波振荡放大等严重问题。

SVG 属于第三代静止无功补偿技术。基于电压源型逆变器的补偿装置实现了无功补偿功能的质的飞跃。它不再采用大容量的电容、电感器件,而是通过大功率电力电子器件的高频开关实现无功能量的变换。从技术上讲,SVG 较传统的无功补偿装置有如下优势[12]。

(1) 安全可靠性高。SVG 为可控电流源性补偿装置,不会发生谐波放大与谐振情况。在故障条件下,SVG 比静止无功补偿器(Static Var Compensator, SVC)具有更好的控制稳定性。SVC 由电容器及各种电抗元件组成,它能够与系统并联,并向系统供应无功功率或从系统吸收无功功率。但大量使用电容器和电抗器使 SVC 易受到外部系统影响,当外部系统的支撑变弱时,SVC 的性能会变得不稳定,而 SVG 对外部系统运行的条件和结构变化不敏感,安全性与稳定性好。

(2) 响应速率快。传统静补装置响应时间为 60～100 ms,而 SVG 可在 10 ms 内完成从额定容性无功功率到额定感性无功功率(或相反的转换)的转换,这种无可比拟的响应速率完全可以胜任对冲击性负荷的补偿,因此具有很大的动态调节范围。

（3）滤波效果好。SVG采用了高频脉宽调制技术与多电平技术，自身谐波含量极低，装置输出侧无需滤波器，不产生谐波，同时具有谐波补偿功能。SVC中TCR在补偿时则会产生大量谐波，需加装滤波器，使滤波效果受到限制。要考虑避免所有的谐振情况、匹配完全合适的滤波器是非常困难甚至几乎不可能。

（4）能耗低。由于SVG不存在大容量的电容、电感器件，因此采用低损耗的IGBT功率器件，主要是联接电抗器损耗和IGBT损耗，使SVG成套装置的运行损耗约为0.8%。由于模块化设计，SVG的功率调节更灵活，超过调节需求部分的模块可以实现暂时闭锁，处于热备用状态，此时其功耗接近于0。

（5）维护方便、占地面积小。SVG采用模块化设计，功率单元的结构与电气性能完全一致，单元可互换，基本免维护；安装、设定、调试简便，保护功能齐全，人机界面友好、操作简单。SVG使用直流电容器储能，因此无需高压大容量的电容器和电抗器做储能元件，其占地面积通常只有相同容量的SVC的50%。

（6）电压闪变抑制能力倍增。SVC对电压闪变的抑制最大可以达到2∶1，SVG对电压闪变的抑制很容易达到4∶1甚至5∶1。SVC受到响应速率的限制，即使增大装置容量，其抑制电压闪变的能力不会提升；而SVG不受响应速率的限制，增大装置容量可以继续提高抑制电压闪变的能力。

（7）运行范围更宽。SVG通过直接调节无功电流实现无功功率补偿，其输出电流不依赖于电压，表现为恒流源特性；而SVC通过调节等值阻抗实现无功功率补偿，其输出电流和电压呈线性关系。因此，SVG的电压无功特性优于SVC，即当系统电压变低时，同容量的SVG会比SVC提供更大的补偿容量。

3.3.4 数字化电池管理技术

在常规供电系统中，电源系统在数据中心的实际负荷率偏低，且由于用户需求的多样性，导致行业目前无细化的分级标准，同时系统的柔性不足，使供电系统不能有效应对变化的业务需求。而当前所使用的后备电池也存在诸多问题：第一，后备电池为非智能设备，以人工管理为主，数量庞大，维护工作量大；第二，设备长期“浮充”，消耗电能，放大“短板效应”；第三，需定期进行人工充放电试验，每4～6年进行更换电池，运营成本高；第四，在电网供电质量提升的今天，备用电资产严重闲置。

供电设备越贴近信息通信技术（Information and Communication Technology，ICT）设备，供电效率就越高，同时电源设备可实现柔性规划、按需扩容。可软件定义的电池能量管控技术（图3-20）实现了对电池差异性的屏蔽，根据电池的特性和状态对充放电和电池成组进行了动态管理与控制，解决了电池动态成组、新旧电池混用和数字化管控等技术难题，有效降低备用电池建设和运维成本。其技术特点主要体现在以下四点。

（1）寿命长：电池组寿命接近电池单体寿命。

（2）可靠性高：可微秒级隔离故障单体。

（3）兼容性强：各类型电池可集成在一起使用。

（4）智能维护：100％数字化，实现智能巡检维护。

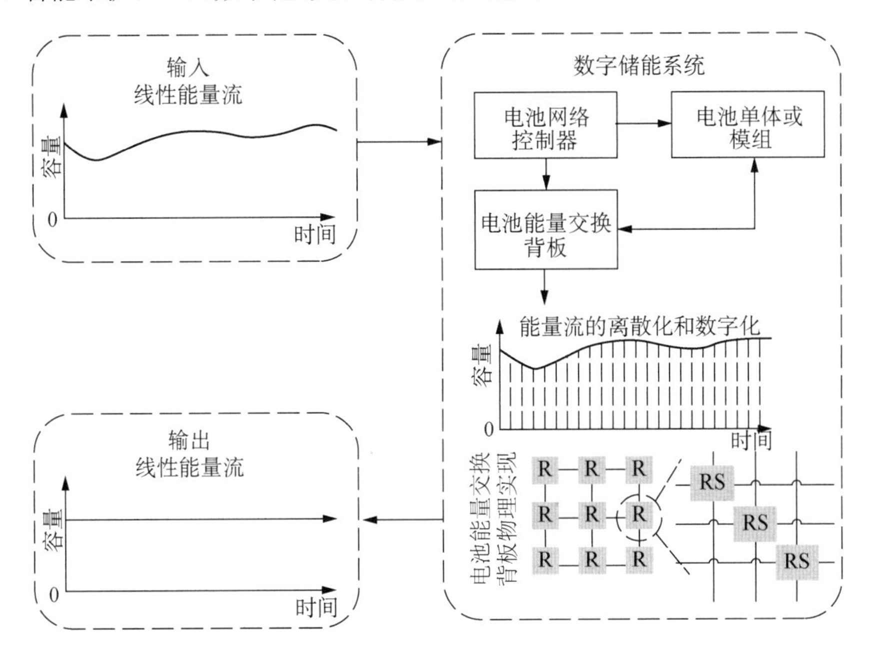

R—Rack 物理机柜；RS—Rack Supply 机柜内置多组电池供电

图 3-20 基于电池可软件定义的数字储能技术图解

应用此技术的数字能源机柜可使供电模式数字化、柔性化，适应不同业务的 ICT 设备的部署。供电系统中无需单独采购和安装 UPS、电池、列头柜和网络机柜等设备。技术具有以下几大优势。

（1）高效：仅一级交直流转换，效率提升 10％～15％。

（2）弹性：模块化设计，即插即用，随需在线扩容。

（3）紧凑：分布式布置，无需电力电池室，装机率提升 30％～40％。

（4）快速：标准机柜设计，快速安装部署。

3.3.5 机架母线配电

近年来，数据中心末端 IT 机架的配电，出现了采用智能末端母线来替代传统的列头柜及电缆的配电方式。

智能末端母线配电系统，采用树干式供配电方式，从总配电柜至各机柜直接采用母线，中间无需配置列头柜。母线由始端箱、插接箱及母线槽组成，安装于 IT 机架上方。

全母线配电即用母线替代机房配电线缆的技术方式，与各配电柜直接以多根线缆与机柜内的配电插座连接不同，全母线配电以母线槽内的母线直接铺设到过道上方的方式，实现了机房内主要供电系统的铺设，以专用开关从母排取电并供电至机柜内。IT 机房全母线配电示意如图 3-21 所示。

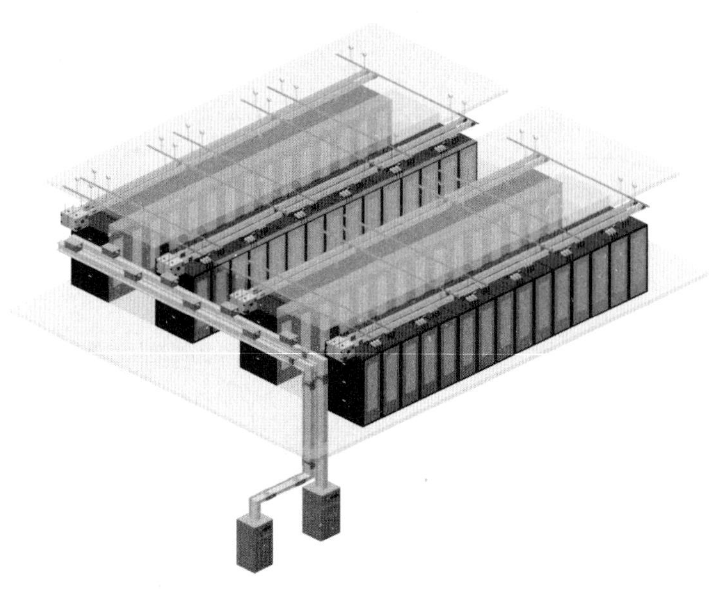

图 3-21　IT 机房全母线配电示意

IT 机架智能末端母线配电示意如图 3-22 所示。

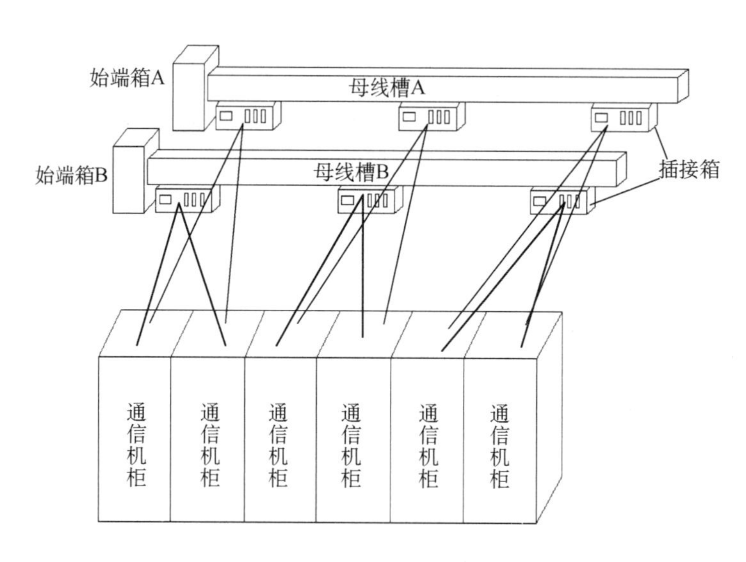

图 3-22　机架母线配电示意

相较于传统列头柜及电缆的配电方式，智能末端母线配电系统可节省列头柜投资及架顶的安装空间，从而增加 IT 机架数量，便于提前预制和现场安装，以及后续维护和灵活扩容改造。随着产品进一步成熟和造价降低，未来应用会越来越广泛。智能末端母线与传统列头柜技术比较详见表 3-8。

表 3-8　　智能末端母线和传统列头柜特点比较

项目	智能末端母线	传统列头柜及电缆
施工周期	较快	较慢
使用寿命	更长，金属外壳及铜排结构，使用年限约 30 年	较短，线缆的使用年限约为 15 年
节能性	更节能，单台母线系统每年耗能约 190 kW·h	单台列头柜系统每年耗能约 300 kW·h
扩容便利性	灵活，母线槽系统预留插接口可灵活满足设备更换位置；更换大容量断路器等保护装置即可满足负载容量增加；母线占用空间小、走线简洁	较困难，列头柜到 IT 机柜之间电缆众多，新增或改造工作量大，质量难以保证；电缆占用空间大，且在机柜进线口大量堆积
初期投资	较高，为 4 000～5 000 元/架（双路供电，材料费＋安装费）	较低，为 2 500～3 500 元/架（双路供电，材料费＋安装费）
投资回收分析	综合考虑智能末端母线比传统列头柜及电缆增加的建设成本，以及节省空间增加 IT 机柜所带来的租金收益，采用智能末端母线的投资回收期约为 2 年	
产品成熟度	逐渐成熟	非常成熟，维护经验丰富
应用情况	已在互联网及金融行业逐步得到推广应用	各行业应用广泛

4　高能效不间断电源系统

不间断电源系统往往是数据中心不可或缺的能源供给组成。目前既有的数据中心的不间断电源系统受设计效率、负载率、工作模式等影响较大，实际运行能效为 40%～90%。在数据中心整体能效不断提升的过程中，此关键系统已经成为关注重点。新型、高效不间断电源系统是实现 *PUE* 低于 1.3 甚至接近 1.1 的重要组成部分。通过减少变换环节、降低线路损耗和提升负载率等方式或应用新型的不间断电源系统技术，可提升不间断电源系统能效。此外，在满足数据中心自身能效的基础上，通过合理应用储能系统的方式，还可以实现峰谷电能的调节，改善电网的平衡，优化电网综合能效。

4.1　不间断电源系统架构

4.1.1　UPS 架构

在 UPS 架构应用中，通常有四种供电方式[13]：单机供电方案、热备份供电方案、并机供电方案和双母线(2N)或三母线(3N)供电方案。

1. 单机供电方案

单机供电方案就是单台 UPS 电源输出直接承担 100%负载的 UPS 供电系统，这是 UPS 供电方案中结构最简单的一种。

单机供电方案的优点是结构简单、经济性好，系统仅由一台 UPS 主机和电池系统组成；缺点是不能解决由于 UPS 自身故障所带来的负载断电问题，供电可靠性较低。因此，这种供电方式一般仅用于小型网络、单独服务器和办公区等重要程度较低的场合。

2. 热备份供电方案

热备份供电方案是由两台或多台 UPS 通过一定的拓扑结构联接在一起，实现主、备机切换工作的 UPS 冗余供电系统。该系统在 UPS 系统正常时，由主机承担 100%的负载，备机始终空载备用，即热备份；当主机故障退出工作时，有间断地(通常小于 5 ms)切换到备机工作，由备机承担 100%的负载。

与单机供电方案相比，串联和并联两种热备份供电方案的共同优点是可以解决由于 UPS 自身故障所引发的供电中断问题；缺点是至少需要增加一台 UPS，主、备机的切换有一定的供电间隙。

热备份技术是一种简单的技术，在并机系统技术成熟以前，它被广泛地应用于各个领域来提高单机 UPS 的可靠性。从当前的应用范围看，热备份供电方案主要可分为串联热备份和隔离冗余两种方案。

1）串联热备份

串联热备份系统是将备机 UPS 的输出端连接到主机 UPS 旁路输入端所构成的冗余供电系统(图 4-1)。在正常运行时，主机承担 100%的负载供电，从机的负载为零；在主机故障时，主机自动切换到旁路工作，由备机的逆变器通过主机的旁路向负载供电。如果备机的逆变器再次出现故障，切换到市电通过备机、主机旁路向负载供电。

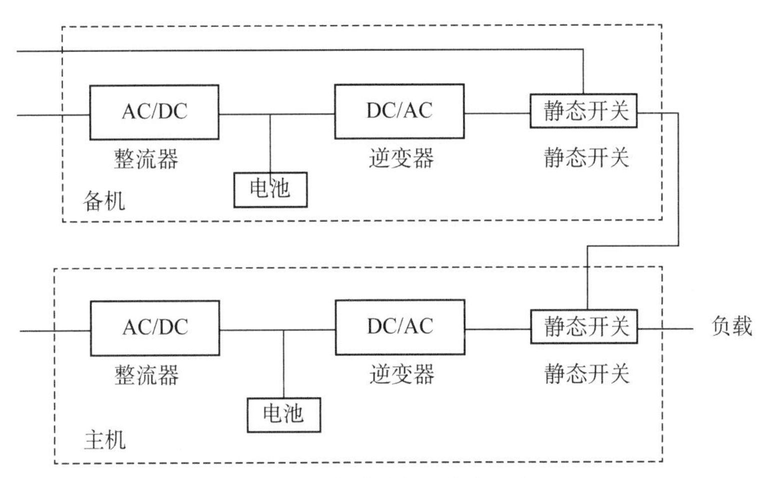

图 4-1 串联热备份方案示意

该方案的主要优点是：与单机供电相比，多了一重主机逆变器故障时的供电保障，除了两台 UPS 以外，不需要其他额外的设备；两台 UPS 除了电源线的连接外不需要其他信号的连接，相互之间没有控制，可以实现不同品牌、不同系列甚至是不同功率 UPS 的串联备份。但要注意的是，当不同功率 UPS 串联时，要确保功率小的 UPS 系统也能够完全承担负载的功率需求。

该方案主要缺点是：在主机故障时，如果其旁路也故障，将导致输出中断，出现"备份级"单点瓶颈故障；因主备机老化状态不一致，从机电池寿命减少；在切换的瞬间，备机将承受全部负载的突加冲击；当负载有短路故障时，从机逆变器容易损坏。目前，也可以通过人工定期设置主备机的状态来尽量弥补主备机老化状态不一致的现象。

2）"隔离冗余"

"隔离冗余"又称借助于静态转换开关(Static Transfer Switch, STS)的并联热备份。在正常运行时，主机承担 100%的负载供电，从机的负载为零；在主机故障时，主机切断输出并退出运行，备机的逆变器输出承担 100%的负载供电，主备机 UPS 的联接与切换是通过外部的 STS 设备来实现的，切换有少于 5 ms 的间隙，每台 UPS 还需要配备状态监测及同步跟踪的通信部件。借助 STS 的并联热备份方案如图 4-2 所示。

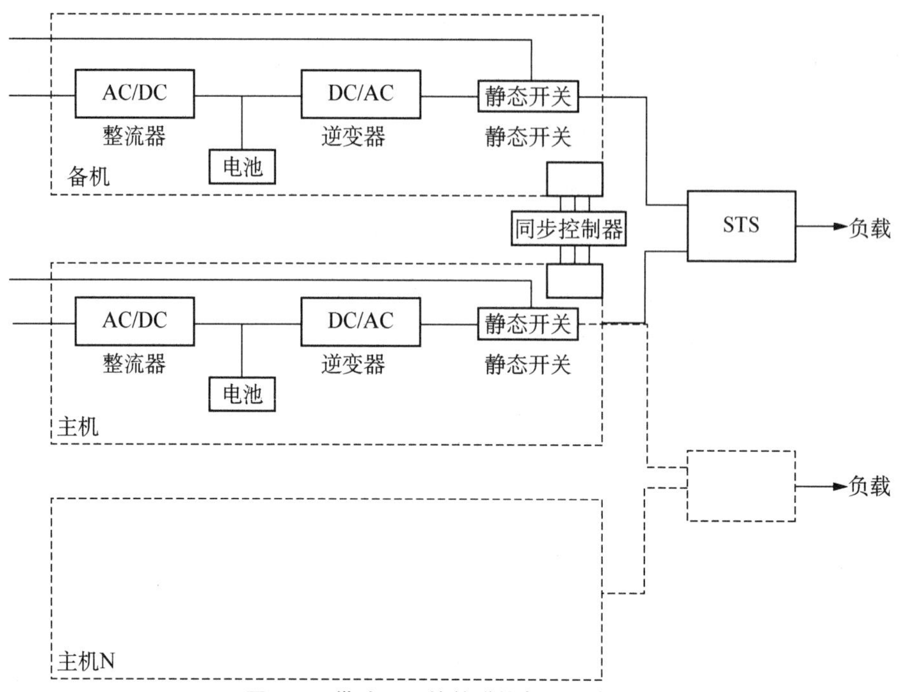

图 4-2　借助 STS 的并联热备份方案示意

STS 是实现二选一的自动电源切换装置，它能够自动或手动地将负载以很短的时间从一路电源（第 1 路电源）切换到另一路电源（第 2 路电源）以及返回切换，其原理如图 4-3 所示。

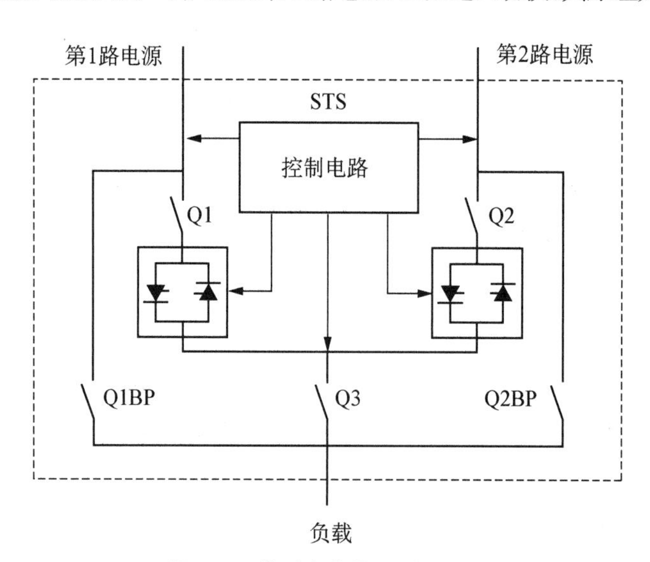

图 4-3　典型大容量 STS 原理图

3）STS 与同步控制器

在正常工作状态下，负载由主电源供电，当主电源发生故障时，STS 将负载自动切换到备用电源。STS采用先断后通(break before make)的快速切换方式，实现IT负载在两个供电电源之间不中断运行的切换。通常单相工作且容量小于32 A以下的STS产品典型切换时间为6～12 ms。而容量较大(通常32 A以上)且三相工作的STS产品典型切换时间少于5 ms。

要保证主机故障时的快速切换，主备机之间还需要外加同步控制器来实现输出的同步控制。同步控制器的作用是保证两套UPS系统输出电压波形的同步，以实现STS能在少于5 ms的间断内完成切换。

同步控制器的工作方式为：同步控制器可以将两套UPS中的任意一套设定为主系统(Master)，另一套自动成为从系统(Non-Master)。同步控制器同时持续监视两套UPS系统输出母线上的频率及相位，一旦发现它们超出同步跟踪范围(如0.1 Hz或10°)时，同步控制器将主系统输出母线的频率与相位信号传递给从系统作为跟踪参考源，使从系统始终与主系统输出母线保持同步。

对于双电源负载，由于其输入端为两路直流电，因此不存在同步问题，但是单电源/三电源负载为了确保在两路电源切换时不发生掉电的情况，则须采用STS及同步控制器。

与串联热备份和并联热备份相比，这一方案的优点是可以实现“一备机，多主机”的热备份；缺点是主、备机的供电与切换都是通过STS来实现的，增加了单点瓶颈故障的风险。

3. 并机供电方案

并机供电方案由两台或多台同品牌、同型号和同功率的UPS组成的，是在输出端并联在一起而构成的UPS冗余供电系统。通过并机通信及控制功能，该系统在正常情况下，所有UPS输出实现严格的锁相同步(同电压、同频率、同相位)，各台UPS的逆变器均分负载；当其中一台UPS故障时，该台UPS从并联系统中自动脱机，剩下的UPS继续保持锁相同步并重新均分全部负载。

与热备份供电方案相比，并机供电方案具有下列技术优势：

(1) 根据负载对可靠性的不同要求，可以实现$N+1$(N台工作，1台冗余)或者$M+N$(M台工作，N台冗余)的冗余配置，可以实现更高和更灵活的冗余度配置。

(2) 热备份系统中的主备机负载率为100%和空载，并机供电方案中所有UPS的负荷完全均分，设备的老化程度与寿命基本一致。

(3) 热备份系统中的主备机切换具有少于5 ms的负载供电间断，而并机UPS冗余供电系统对负载供电而言近乎无间断，提高了供电可靠性。

(4) 热备份系统无法实现系统带载总容量的扩展，而并机供电方案可以通过增加并机UPS的台数来实现系统的扩容，也可以有计划地退出并机的UPS进行维护，使可维护性大幅度提高。

并机供电方案的缺点是：第一，并机供电方案中所有UPS的输出必须严格保持锁相同步，技术复杂度大幅提高；第二，需要增加并机控制部件等额外部件；第三，并机板、通信线故障和并机信号可能会因受到外部干扰等导致并机系统故障。

并机供电方案根据并联 UPS 的装配结构和维护方式，分为直接并机供电方案和模块机并机供电方案。

1）直接并机供电方案

直接并机供电方案指的由两台或多台独立的 UPS 直接联接构成的 UPS 并机供电系统，系统中的每台 UPS 是最小的并机单位，自行安装在机房地面上，通常每台 UPS 的容量都较大，组成的系统容量可高达数千千伏安。

直接并机供电方案可细分为公共静态旁路供电方案和集中静态旁路供电方案两种细分方案，如图 4-4 所示。

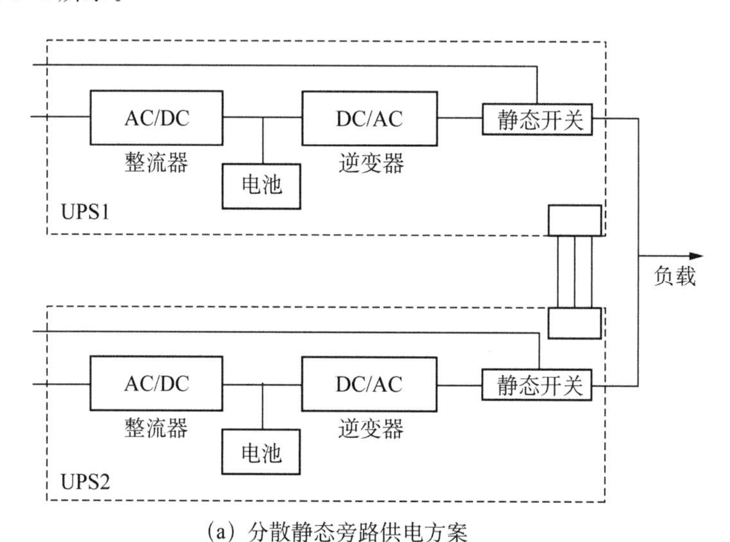

(a) 分散静态旁路供电方案

(b) 集中静态旁路供电方案

图 4-4　并联供电方案

2）模块机并机供电方案

模块机并机供电方案是将两个或多个模块化的可并联 UPS 功率模块（包含整流、逆变和旁路）、充电模块、监控模块和电池模块等安装在标准的机柜内，通过内部并机母线排将输入、输出端分别与连在一起的 UPS 组成并机供电系统，如图 4-5 所示。每个模块通常可进行热插拔维护，机柜内还可集成配电模块等。该系统中，每个 UPS 模块是机柜内部最小的装配单位，机柜则是外部最小的装配单位。

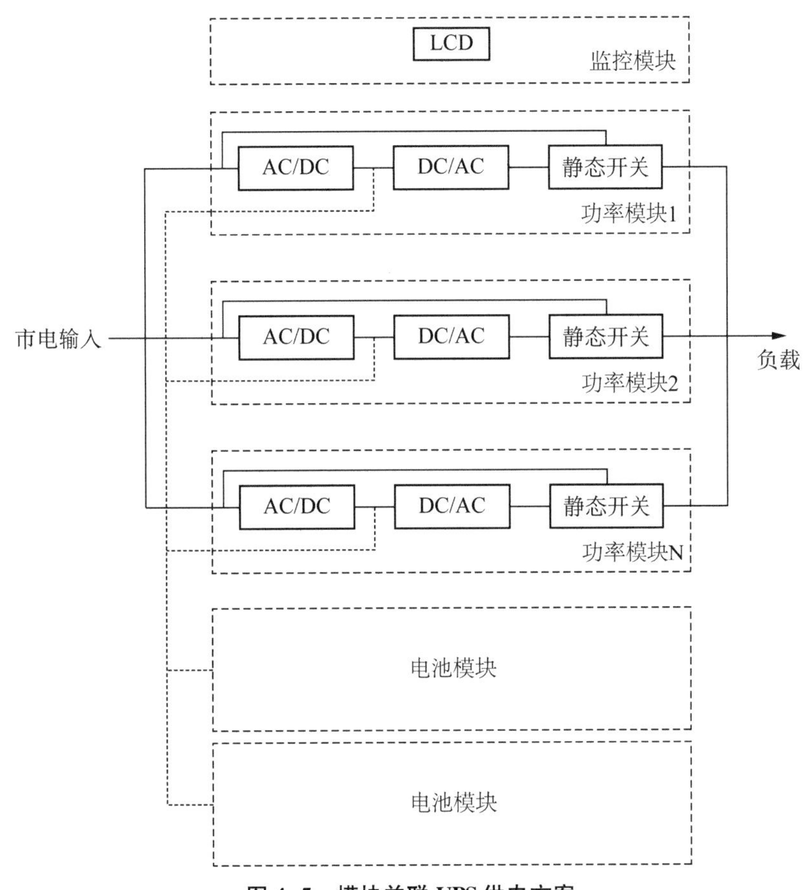

图 4-5 模块并联 UPS 供电方案

与直接并机供电方案一样，UPS 模块并联方案也有分散静态旁路和集中静态旁路并联之分。在同等容量的冗余系统情况下，直接并机与模块机并机各有技术优势：直接并机的 UPS 数量较少，可靠性更高，价格较低，但工程量较大，主要应用在系统容量较大的场合；模块机并机，可以进行热插拔扩容与维护，维护简单便利，还可与机房的 IT 机柜融为一体，系统整齐美观，较多应用在中小规模的场地。

4. 双母线或三母线供电方案

尽管前文介绍的热备份供电方案和并机供电方案可以提高 UPS 自身故障时的供电

可靠性，但是随着数据中心负载规模的扩大和重要性的不断提高，这种单系统供电方案所存在的固有故障风险（如输出母线或支路短路、开关跳闸、保险烧毁、UPS 冗余并机或热备份系统宕机等极端故障情况）都威胁着数据中心重要负载的供电安全。双母线供电方案和三母线供电方案可大大提升供电安全。

1）双母线供电方案

为保证机房 UPS 供电系统的可靠性，以两套独立的 UPS 系统构成的 2λ 或 2(N+1)系统开始在大中型数据中心中得到了规模化的应用，这就是业界常称的双总线或者双母线供电系统。与单机、热备份和并机等单系统供电方案相比，双母线供电方案的优点是显而易见的，它可以在一条母线完全故障或检修的情况下，无间断地继续保证双电源负载的正常供电，在提高供电可靠性和“容错”等级的同时，为在线维护、在线扩容、在线改造与升级带来了极大的便利，但其缺点是需要两套 UPS 系统，这使得电源系统的投资成本成倍增加。

双母线供电方案由两套独立工作的 UPS 系统、同步控制器、STS、输入和输出配电屏组成，如图 4-6 所示。

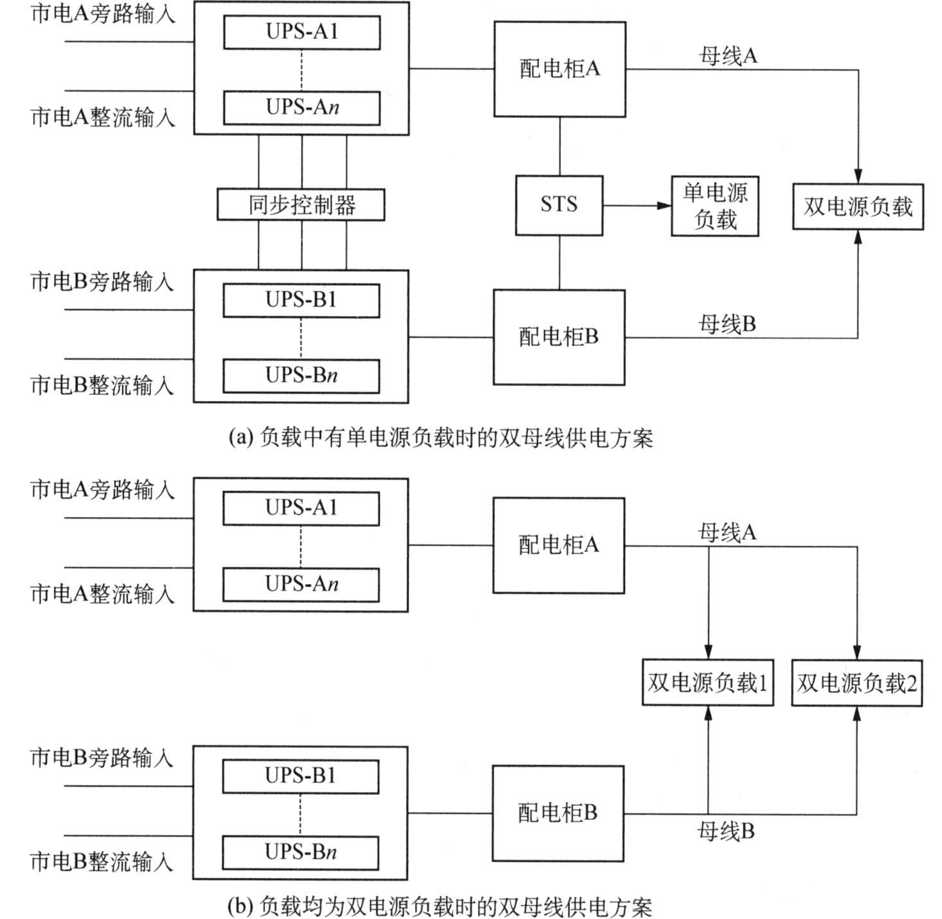

图 4-6 双母线供电方案的两种方式示意

双母线供电方案的工作原理如下：当系统正常时，双电源负载或三电源负载其中的两个输入端通过列头柜直接接入两套 UPS 系统的输出母线，由两套 UPS 系统均分承担所有的负载。设置各双电源负载的主用供电设定为母线 A 或 B，设定的原则是使两套 UPS 供电系统的负载率尽可能相等：即单电源负载通过 STS 接入两套 UPS 系统的输出母线，STS 主用供电源的设定方式与原则与双电源负载相同。当系统正常时，两套母线系统应该各自带 50%的负载；当 2λ 或 2(N+1)系统中的任意一台 UPS 故障时，负载依然维持初始的双母线供电系统不变；但是当其中一条母线系统出现断电事故或需要维护检修时，双电源负载将由余下的一条母线供电，不受影响地继续正常工作，而单电源负载则会通过 STS 切换到余下正常的输出母线上继续工作。若是负载均为双电源负载，或者另有技术手段确保两套 UPS 系统的输出母线保持同步，则同步控制器和 STS 均为可选器件。

2）三母线供电方案

三母线供电系统是双母线供电系统的一种变异形式，其同步关联和无同步关联的三母线供电方案如图 4-7 所示。三母线供电系统基本继承了双母线供电系统的特点，且可以使单条母线最大安全带载率由双总线系统的 50%提升至 66%，但也使供电系统和负载分配等变得更加复杂。

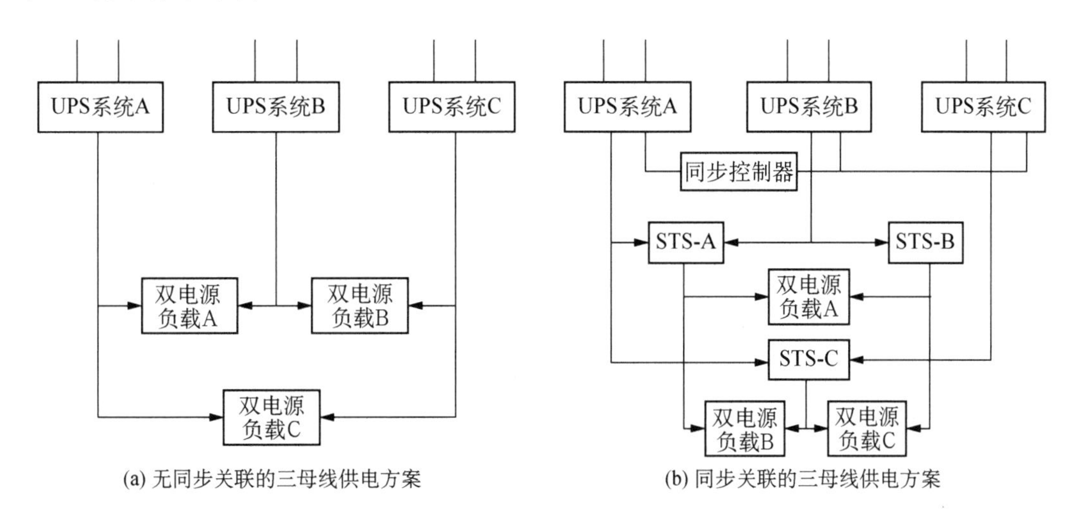

图 4-7 三母线供电方案的两种形式

4.1.2 HVDC 架构

国外 IBM、NTT 等数据中心配电系统都采用 380 V 直流配电方式(图 4-8)。480 V 三相交流电通过 UPS 设备经过整流模式至 380 V 直流电，后通过服务器电源模块(Power Supply Unit, PSU)降压成为 12 V 直流电，供给服务器芯片、内存、硬盘以及主板等使用。

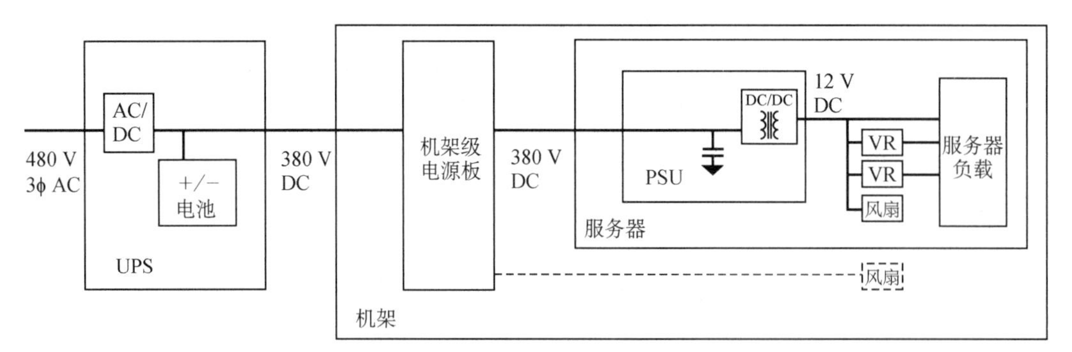

图 4-8　380 V 直流配电方式

1. UPS 的缺陷

在早期数据中心的项目中，多采用交流 UPS 的供电方案。但是，通过大量数据中心的运营，我们发现采用交流 UPS 供电存在较多问题，具体如下。

(1) 系统工作效率较低。采用 AC/DC 整流、DC/AC 逆变的双变换，从 UPS 输入到通信设备的电力变换次数多，每次变换都有能量损耗，降低了系统供电效率。

(2) 系统稳定性不高。因为 UPS 输出的是交流电，其蓄电池不能直接供电给负载，必须通过逆变模块变成交流电输出，所以如果逆变模块出现故障，即使此时蓄电池正常，也无法供电负载。

(3) 并机复杂且负载率较低。为了提高可用度，一般 UPS 采用 $N+1$ 并联冗余或 $2N$ 或 $2(N+1)$系统。而由于并机复杂，正常情况下只有 2～3 台并机。假设 $N=1$，理论上每台 UPS 的最大负载率：$2N$ 系统为 50%，$2(N+1)$系统为 25%。而实际负载率：$2N$ 系统为 30%～50%，$2(N+1)$系统为 15%～25%。在如此低的负载率下，UPS 的系统效率将会进一步下降。

(4) 可维护性较差。交流 UPS 并机系统比较复杂，如果出现故障，往往需要厂家维护人员进行操作，易出现不间断割接困难。

2. HVDC 的优势

从成本以及可靠性的优化角度看，由于 HVDC 结构简单，维护工作容易开展，且支持带电热插拔，可快速更换，HVDC 应运而生。1999 年在哥本哈根举办的第 21 届国际电信能源会议(INTEL-EC)上，法国电信首次提出了高压直流概念。2007 年，国内江苏电信开始试点 240 V(工作电压 204～288 V)高压直流通信电源产品。目前，以腾讯为代表的互联网行业的大部分数据中心均采用了 240 V 高压直流供电系统。

HVDC 主要由交流配电单元、整流模块、蓄电池、直流配电单元、电池管理单元、绝缘监测单元及监控模块组成。在市电正常时，整流模块将交流配电单元输出的 380 V 交流电转换成 240 V 高压直流电，高压直流经直流配电单元给通信设备供电，同时也给蓄电池充电；在市电异常时，由蓄电池给通信设备供电，原理见图 4-9。

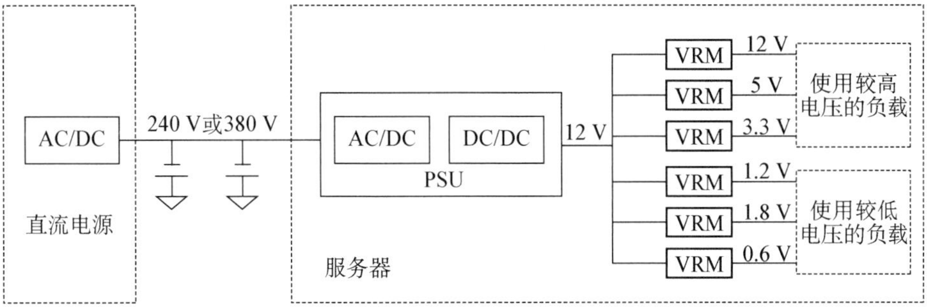

图 4-9 高压直流系统原理

240 V 高压直流技术和传统的 UPS 技术相比，主要优点表现在以下几点[14]。

(1) 系统功率较高。采用功率 MOS 高频软开关技术的 240 V 高压直流可高达 96% 以上的效率，比采用晶闸管或 IGBT 的传统 UPS 效率更高，体积更小。高压直流的输入功率因数高、谐波小，且输出负载率可以比 UPS 高，可降低柴油发电机容量等。节能休眠技术可以大大提升轻载下的系统效率，减少机房初期的运行能耗。

高压直流具有在各负载段整体运行效率高、效率曲线平缓等优点。以 20 kW 整流模块为例，在 35% 负载率下，其效率在 98.17%，在 100% 负载率下，其效率在 97.35%，如图 4-10 所示。

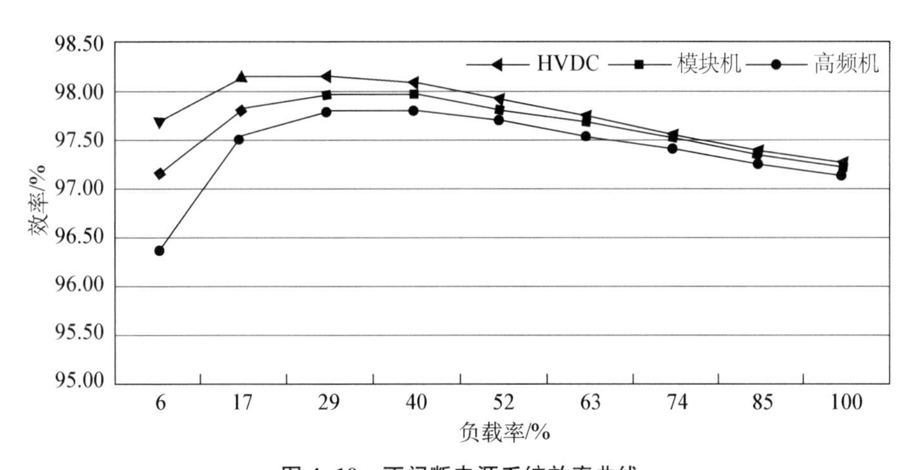

图 4-10 不间断电源系统效率曲线

(2) 系统稳定性高。电池直接挂在输出母线上，可靠性更高，可在线扩容，可不掉电割接。拓扑简单，可靠性高。

(3) 可维护性高。模块化设计，按需配置，仅需要在机房后续不断扩容时增加投资。每个模块可进行热插拔维护，可灵活更换故障模块，减少对厂家维保服务的依赖。

(4) 安全性高。高压直流比传统 UPS 更安全，即便误碰到单极母排电压，触电电压也只有 135 V，比交流电要低近 1 倍，且 220 VAC 的正弦波峰值电压高达 314 V，高于高压直流 270 V 的电压。

（5）易推广应用。240 V 高压直流可以直接使用在绝大多数的标准交流设备上（336 V 高压直流电等其他电压等级则不行），IT 设备不用定制电源及改造设备，易应用推广。

在高压直流供电系统的设计中，会遇到如何选取系统架构的问题，需要在系统的安全性、可靠性与工程建设的经济性之间做出取舍。这里对主流的几种供电系统结构做一个说明，供工程人员根据现场实际情况及负荷情况等诸多因素灵活选取。

（1）高压直流单电源系统双路供电，如图 4-11 所示。这种方式系统结构简单，建设投资小。缺点是由于服务器双路输入均来自同一套高压直流电源系统，系统在电源侧存在单点故障瓶颈。

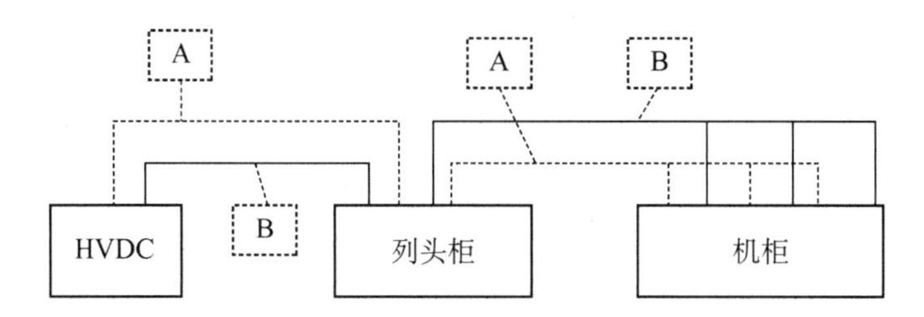

图 4-11　高压直流单电源系统双路供电

（2）高压直流双电源系统双路供电，如图 4-12 所示。与高压直流单电源系统双路供电相比，高压直流双电源系统双路供电中每台列头柜配置的输入电源分别来自两套电源系统，消除了系统的单点故障风险，提高了供电的可靠性，缺点是系统配置采用 2N 方式，系统的冗余度较大，建设投资大。

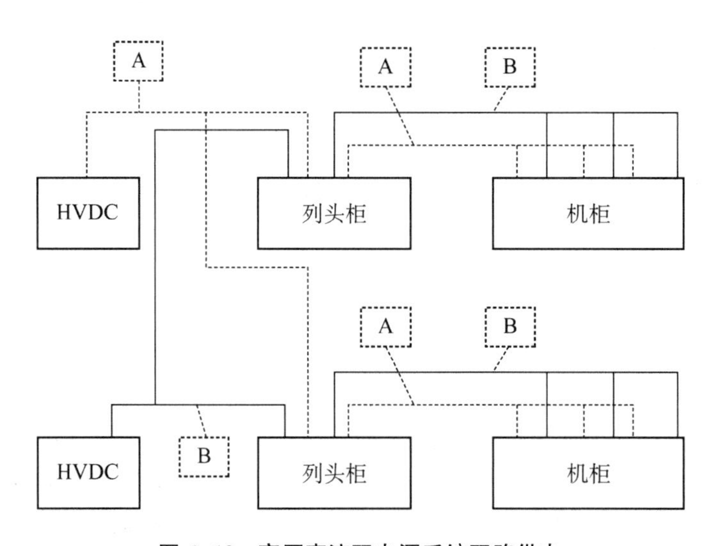

图 4-12　高压直流双电源系统双路供电

(3) 市电＋高压直流双路供电，如图 4-13 所示。这种方式采用一路市电电源，一路高压直流电源的双路供电形式，该供电方式突破了系统的单点故障瓶颈，提高了供电的可靠性，在每个机架内提供了交直流两路电源，且市电路无需电能的转换，可最大程度地提高系统效率。

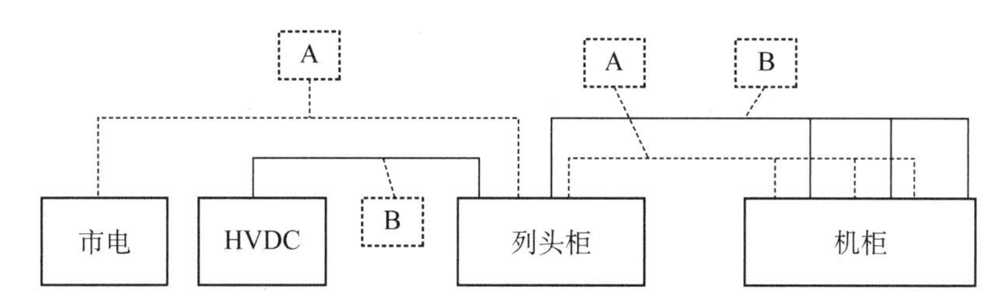

图 4-13　市电＋高压直流双路供电

4.2　高能效不间断电源系统

4.2.1　工频 UPS 和高频 UPS

UPS 按设计电路工作频率的不同，通常分为工频机、高频机两种。工频机采用传统的模拟电路原理进行设计，由 IGBT 逆变器、可控硅整流器(Silicon Controlled Rectifier, SCR)、旁路以及工频升压隔离变压器构成。因其整流器和变压器工作频率均为工频 50 Hz，所以称为工频 UPS。典型的工频 UPS 拓扑如图 4-14 所示。

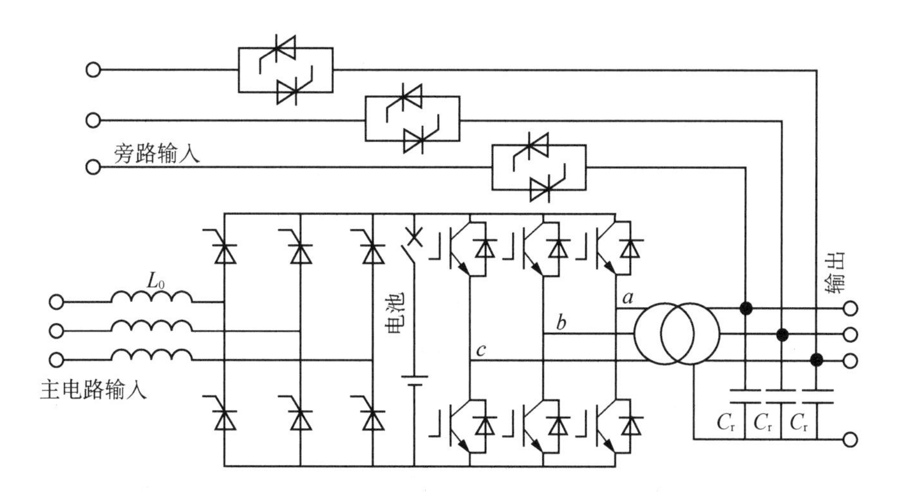

图 4-14　典型工频 UPS 拓扑

高频机通常由电池变换器、IGBT 高频整流器、逆变器和旁路构成。IGBT 可通过控制加在其门极的驱动来控制 IGBT 的开通与关断。IGBT 整流器开关频率通常在几千赫兹至几十千赫兹，甚至高达上百千万赫兹，相对于 50 Hz 工频，称之为高频 UPS。

典型高频 UPS 拓扑图如图 4-15 所示。

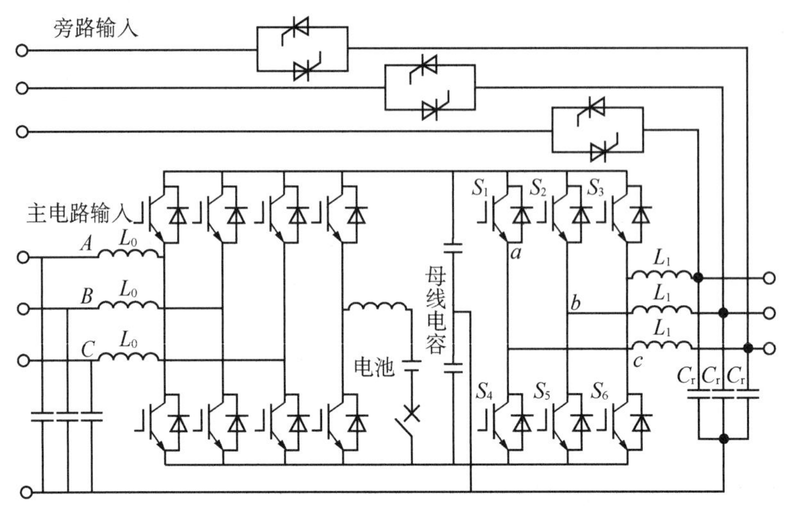

图 4-15 典型高频 UPS 拓扑

模块化 UPS 采用 IGBT 整流和逆变技术，属于高频机。模块化 UPS 电源的系统结构极具弹性，在系统运行时，可随意移除和安装功率模块而不影响系统的运行及输出；当用户负载需要增加时，只需根据规划阶段性的增量来增加功率模块。因此，可有效解决用户前期估测 UPS 容量不准确的问题，帮助用户在未来发展方向尚不明确的情况下分阶段进行建设和投资。

高频机与工频机相比，具有以下不同。

在可靠性方面，工频机要优于高频机。工频机采用 SCR 整流器，该技术经过半个多世纪的发展和革新，已经非常成熟。由于 SCR 属于半控器件，不会出现直通、误触发等故障，其抗电流冲击能力非常强。相比而言，高频机采用的 IGBT 高频整流器虽然开关频率较高，但是 IGBT 工作时有严格的电压和电流工作区域，抗冲击能力较低。因此在总体可靠性方面，IGBT 整流器比 SCR 整流器低。

在环境适应性方面，高频机要优于工频机。高频机是以微处理器作为处理控制中心，将繁杂的硬件模拟电路烧录于微处理器中，以软件程序的方式来控制 UPS 的运行，体积与重量等方面都有明显的降低，噪声较小，对空间和环境影响小，较适合应用于对可靠性要求不太苛刻的办公场所。正因为如此，许多厂家的中小功率 UPS 普遍推出了高频机。

在负载对零地电压的要求方面，工频机要优于高频机。大功率三相高频机零线会引入整流器并作为正负母线的中性点，这种结构不可避免地造成整流器和逆变器高频谐波耦合在零线上，造成负载端零地电压抬高，很难满足 IBM、HP 等服务器厂家对零地电压小于 1 V 的场地需求。另外，在市电机和发电机切换时，高频机往往因零线缺失而必须转旁路工作，在特定工况下可能造成负载闪断的重大故障。工频机因整流器不需要零线参与工作，所以在零线断开时，UPS 仍可以保持正常供电。

4.2.2 UPS 模块智能休眠

新型 UPS 普遍实现了高效设计，即效率最高点在 40%～50%，但在实际使用中，大多数用户负载率还是低于 20%，该负载率下效率很低，因此采用智能休眠技术。通过休眠冗余的模块，在用户低负载率时，可将实际运行模块的负载率提高到 50%左右，使系统工作处于效率较高点，当用户负载率增大或异常时，休眠模块可以自动重新工作。UPS 模块智能休眠如图 4-16 所示。

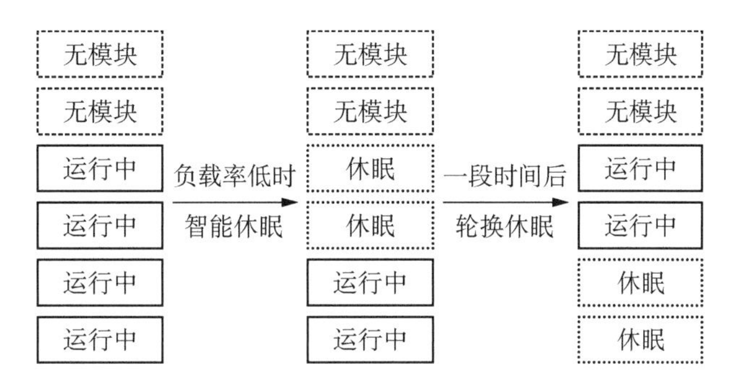

图 4-16 UPS 模块智能休眠示意

通过设定负载率的限值，当负载率小于(大于)某一限值时，系统停止(启动)一台整机或功率模块，如再小于(大于)另一更低(高)限值时，再停止(启动)一台整机或功率模块，直到只剩下一台整机或功率模块运行(全部投入)为止。弹性化的分配使系统中运行的设备总量既能充分保证整个供电的连续性，也可以契合高带载率下效率更高的设备特性。一款 500 kV · A 的新型 UPS 4+1 系统在模块智能休眠模式下不同带载率下的效率如图 4-17 所示。

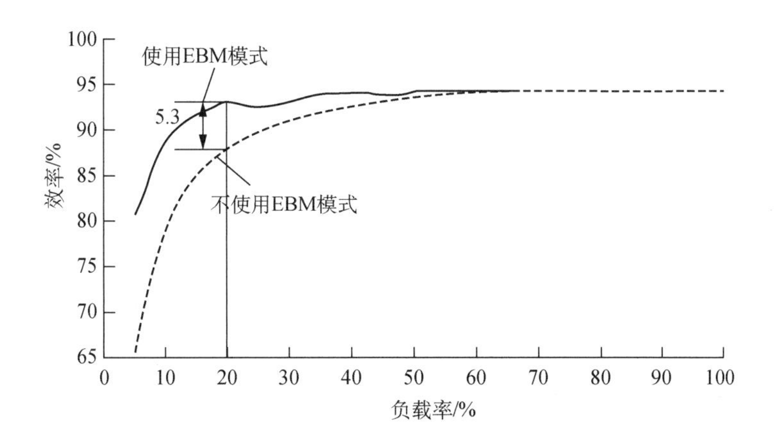

图 4-17 500 kV · A UPS 4+1 系统模块智能休眠模式下效率图

从图中可以看出，在 20%的带载率下，UPS 在模块智能休眠模式下比正常在线运行时总体效率可提高 5.3%。HVDC 在模块智能休眠模式下的低负载条件下的效率也能有所提升，与此图类似，具体不再赘述。

4.2.3 UPS 旁路优先运行模式

早在 2010 年，行业中推出了一种新的运行模式，即经济模式（ECO），也叫作旁路优先运行模式，见图 4-18。在该种模式下，大部分时间 UPS 都是工作在旁路的。当旁路市电超出了 IT 设备能够允许的范围后，它将会自动切换回逆变器运行模式。这种模式相当于市电直通，输入的性能指标就是 IT 负载的性能指标，即 UPS 输入功率因数＝IT 设备的功率因数（0.90～0.95），输入的谐波电流＝IT 设备的谐波电流（15%～30%）。这种模式的好处是市电直供，效率可达 99%。

而市电电网的故障类型却不尽相同，在某些情况之下，ECO 模式不能够保证百分之百地能从旁路模式切换到逆变器模式，它会有一个切换时间，当切换时间超过 IT 设备能够承受的范围时，就会造成 IT 设备重启，使得 IT 应用的可用性降低。

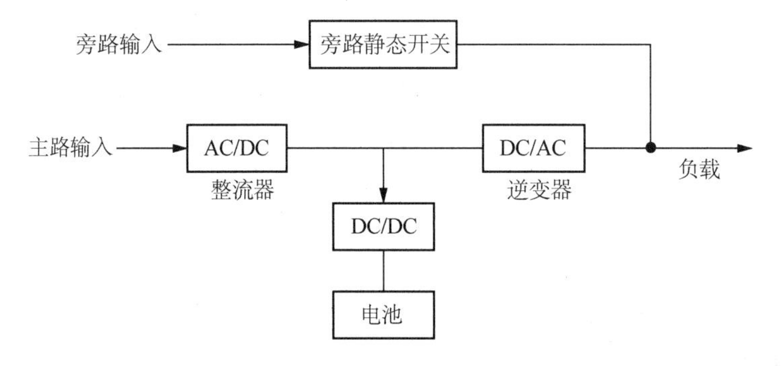

图 4-18　ECO 模式通路

为解决切换时间过长的问题，行业内提出了超级旁路优先运行模式。超级旁路优先运行模式不是普通的旁路优先模式。在该模式下，逆变器与旁路市电并联工作，逆变器精准控制，最终实现由旁路市电提供有功功率（基波电流），逆变器提供无功功率（谐波电流），二者共同为 IT 负载提供所需要的电流。因此市电的输入功率因数可以做到大于 0.99，输入的谐波电流小于 3%。UPS 在该模式下提供一级供电质量，以保证 IT 设备的正常运行，逆变器还可以给电池提供 10%的充电能力。

当市电电网有问题的时候，会自动关断旁路市电供电，由逆变器百分之百地给负载供电。由于逆变器本身一直在工作，因此不存在切换时间，从而保证了可用性，同时，特殊的可控硅关断控制技术，也确保电池的能量在任何情况下都不会倒灌回电网。

超级旁路优先运行模式的优点是整流器、逆变器等变流器件没有承受所有的负载电流，在长期轻载运行下，元器件的疲劳老化程度轻微，寿命长，系统可用性高。超级旁路优先运行模式理论上是一种高可用性的运行模式。在这种模式下，效率也可以达到 98.8%。

针对 ECO 模式的谐波以及功率因数问题，可采取将逆变器作为有源滤波器在线运行的方式提供功率因数补偿，可以控制输入电流几乎达到与在线 UPS 相同的电流质量，同时提供 99%的高效率。

4.2.4 UPS 交错并联

交错并联技术可以在谐波电流频率一定的条件下降低总谐波电流纹波，因此可以减少器件开关损耗，减小电感体积，减少直流储能电容及交流滤波电容个数，同时实现功率密度的提升，具体如图 4-19 所示。

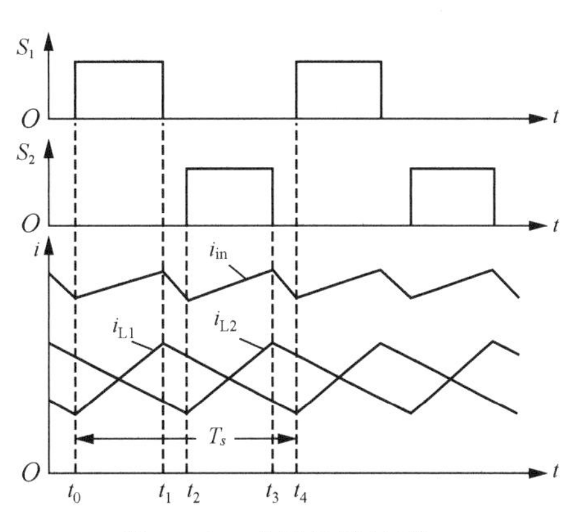

图 4-19 交错并联波形

4.2.5 一体化预装式系统

一体化预装式系统将交流 10 kV 配电、变压器、低压配电、不间断电源和输出配电等环节集成于一体，见图 4-20，可简化现场施工安装环节，达到节省建设周期，实现节省投资、节能、节地的目的。

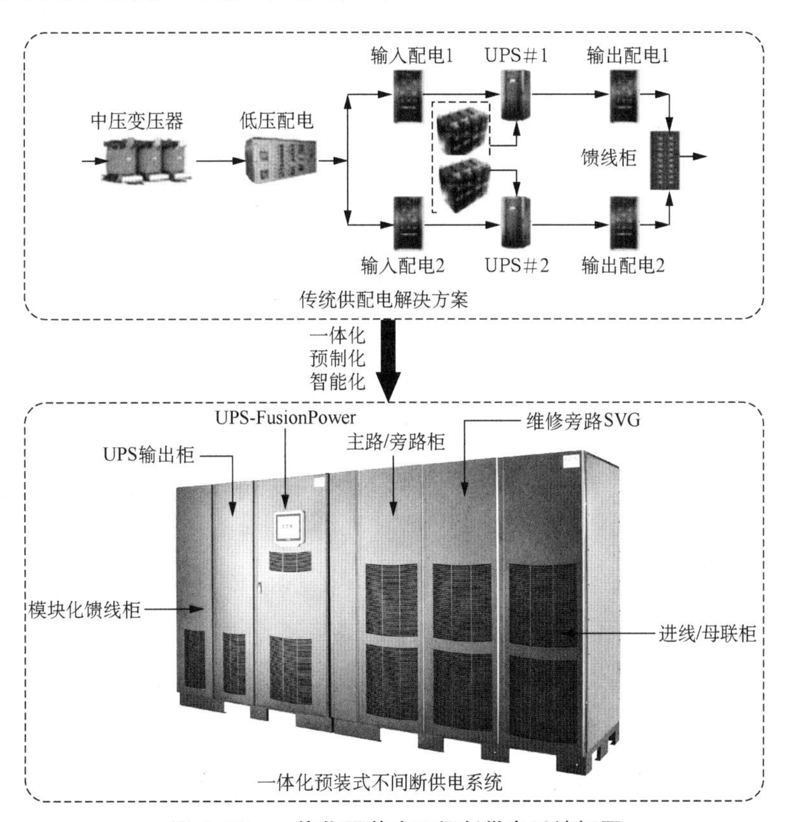

图 4-20 一体化预装式不间断供电系统框图

此技术具有较多优势，包括：①效率高，较传统供电系统整体供电效率提升2%～3%；②节约用地，如2.2 MW的IT设备负载，较传统供电系统占地面积节省了约2/3；③建设周期短，较UPS供电系统建设周期节省了3/4，较HVDC系统建设周期节省了1/2。

4.3 储能系统

4.3.1 锂电UPS电源

目前，我国数据中心机房应用较为广泛的依然是铅酸型UPS电源，但其存在诸多缺陷，如对环境温度要求苛刻，机房面积和承重要求高，加之铅酸电池只能单独摆放，高倍率放电性能较差，没有纳入监控系统等，这些情况对数据中心 *PUE* 值影响较大，而使用锂电UPS电源则可以很好地解决这些问题。

1. 磷酸铁磷电池锂电UPS电源工作原理

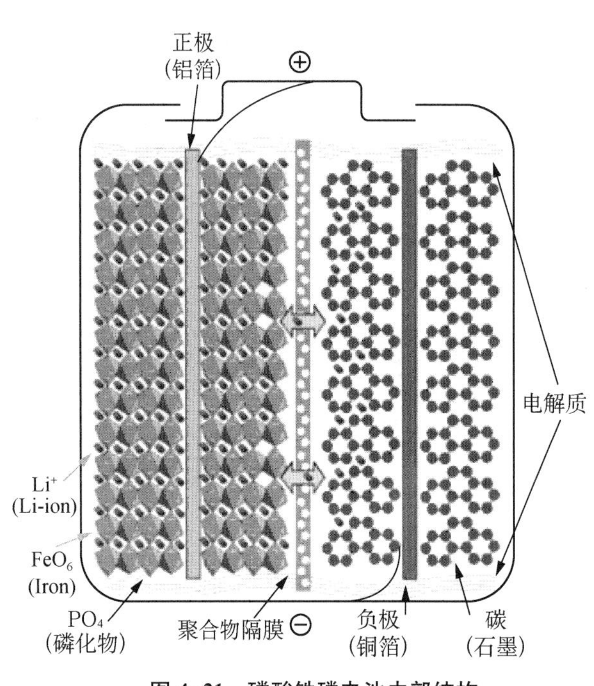

图4-21 磷酸铁磷电池内部结构

以采用磷酸铁磷电池锂电UPS电源为例，在图4-21中，左边是橄榄石结构的$LiFePO_4$，作为电池的正极，由铝箔与电池正极端子连接，右边是由碳（石墨）组成的电池负极，由铜箔与电池的负极端子连接，中间是隔膜，它把正极与负极隔开，但锂离子可以通过而电子不能通过，电池的上下端之间是电池的电解质，为锂离子运动提供运输介质。

$LiFePO_4$电池在充电时，正极中的锂离子从磷酸铁锂等过渡金属氧化物的晶格中脱出，经过液态电解质这一桥梁，通过隔膜向负极迁移，并嵌入碳负极的层状结构中。正极材料的体积因锂离子的移出而发生变化，但其骨架结构维持不变。$LiFePO_4$电池在放电时，负极中的锂离子从碳层间脱出，经过液态电解质这一桥梁，通过隔膜向正极迁移，并嵌入正极材料的晶格中，相应地，电流从正极经外界负载流向负极。磷酸铁锂材料为橄榄石型磷酸盐类嵌锂材料，晶体结构稳定，充、放电过程中不易发生变形或被破坏。同样，锂离子反复嵌入和脱出只会引起负极材料的层间距变化，不会引起材料晶体结构被破坏的现象。

2. 磷酸铁磷电池锂电 UPS 优点

与传统铅酸电池相比，磷酸铁磷电池锂电 UPS 具有能量密度高、体积更小、质量更轻、寿命更长、更耐高温、维护更容易、性能更稳定以及更环保等优势(表 4-1)。磷酸铁磷电池可以有效地解决使用铅酸电池所面临的各类问题。

表 4-1　　磷酸铁磷电池锂电 UPS 和铅酸电池的性能比较

内容	磷酸铁磷电池锂电 UPS	铅酸电池
质量比能量/($Wh\cdot kg^{-1}$)	70～120	25～35
体积比能量/($Wh\cdot L^{-1}$)	200～250	60～90
质量比功率/($W\cdot kg^{-1}$)	200～350	130～150
使用寿命/年	10～15	5～6
使用温度范围/℃	−20～55	−15～50

传统的铅酸电池通常被认为是数据中心电源链中的“薄弱环节”，也是为现代化数据中心设施提供后备电源的传统蓄电池，可能在任何时候都存在潜在的故障。铅酸电池体积庞大，质量极重，典型的中型 UPS 电池重达 5～8 t，因此，较之锂离子电池，铅酸电池所提供的能量质量比和能量体积比更低。

锂电 UPS 如今已经被很多数据中心所认可，其推出也恰逢其时。在数据中心中，锂电池能够执行与铅酸电池相同的功能，同时还提供了极其显著的附加优势。

(1) 在一体化供电系统中，锂电池与 UPS 采用插拔抽屉式安装，这种模块化结构设计，可节省 60%的质量和 40%的占位面积。

(2) 锂电 UPS 具有 10 年的使用寿命和更长的循环寿命，从长远来看，这将为企业数据中心节省更多的资金。

(3) 锂电 UPS 设备具有多项可提高效率的功能：模块化系统本身意味着多个机架安装式设备可以并行工作，而不是只有一个独立塔式的设备，可以配合数据中心的电源需求。

(4) 模块化 UPS 不必配置变压器即可提高 5%左右的效率，其关键点在于模块化锂电 UPS 可有效地适应负载量，在低至 25%的负载情况下，它们能够以高达 96%的效率运行。

(5) 锂电 UPS 机柜、配电柜、UPS 主机与数据机柜同规格，摆放灵活多变，便于数据中心对通风散热的一体化设计。

(6) 锂电 UPS 机柜相比铅酸 UPS 机柜可以大大节省机房空间，减少线路走线，从而极大提高空调通风系统的效率，有效降低数据中心 PUE 值。

4.3.2 负载侧储能技术

负载侧储能技术是电力用户通过用电设备侧部署储能设备，实现对电力移峰填谷的应用技术，包括蓄电池、超级电容、飞轮等。负载侧储能技术产品如图 4-22 所示。

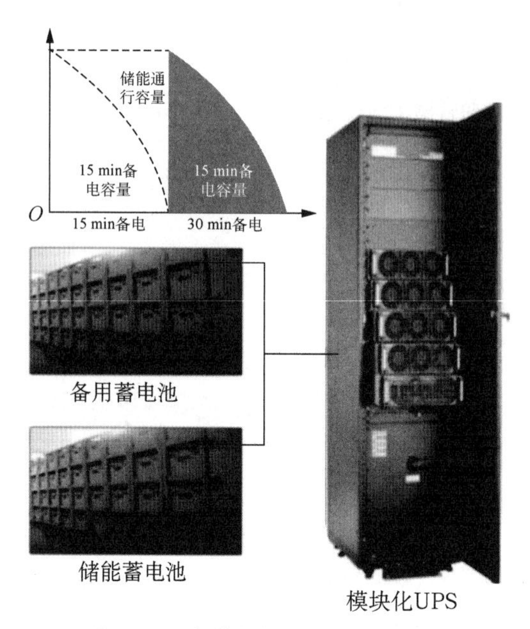

图 4-22　负载侧储能技术产品示意

若不间断电源配置循环型电池，并在备电容量的基础上再增加一定比例的储能容量，可实现峰时补充电网容量，谷时储电备用，具体示意如图 4-23 所示。结合当地的供电政策，利用峰谷电价差，实现经济收益。

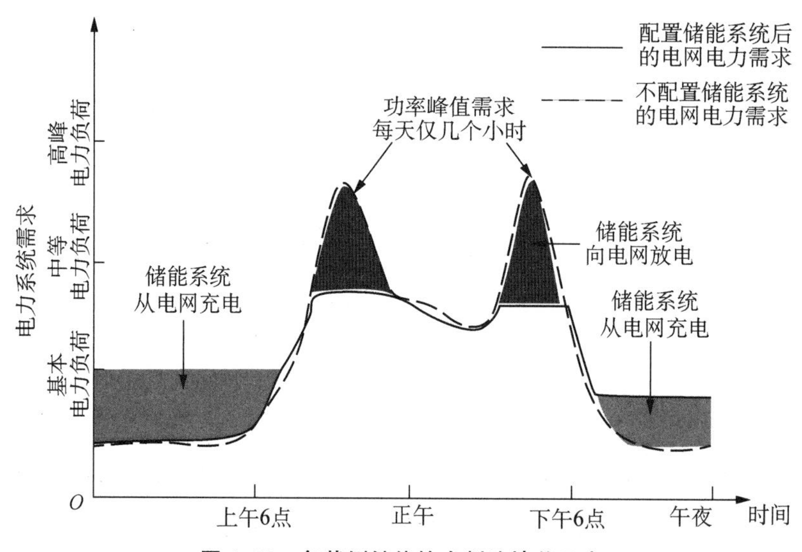

图 4-23　负载侧储能技术削峰填谷示意

4.3.3 机柜储能

机柜储能技术为 ICT 设备提供安装空间和分布式供电。将 12 V 电池或 48 V 直流不间断电源及电池分散布置在每个 ICT 设备机柜内，实现无需单独设置电力电池室。

机柜储能(图 4-24)的配置有以下特点：

(1) IU 高度电源插框。

(2) 单电源框：整流模块×4+监控模块×1。

(3) 最大功率支持 16 kW。

(4) 兼容单路输出和 A，B 两路输出，配置更加灵活。

(5) 锂电内置消防模块。

机柜储能技术优势如下：

(1) 全市电直供，仅一级交直流转换，与传统供电架构相比，效率提升 2%～3%。

(2) 分布式布置，无需电力电池室，机房装机率提升 30%～40%。

(3) 柔性规划，按需扩容，实现边成长边投资的建设模式。

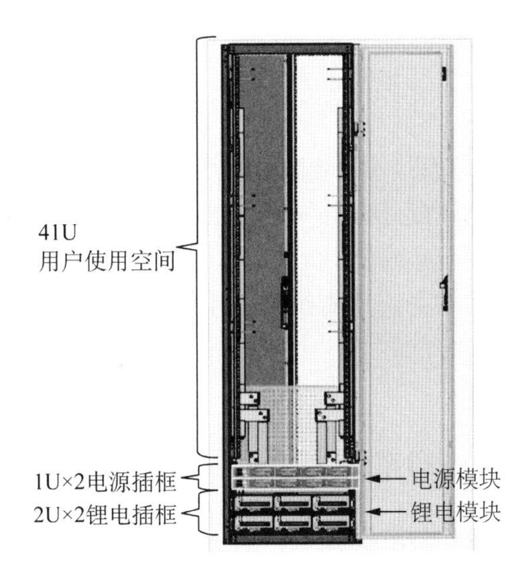

图 4-24 机柜储能内部布置

5 高能效冷却系统

冷却系统的能耗占比在传统数据中心中一直是基础设施系统中的首位，甚至有少量数据中心的冷却系统能耗一倍或两倍于 IT 设备能耗。随着数据中心能效提升的要求不断提高，针对传统冷却系统的高能耗问题，业内根据不同气候特点和资源特点，研制了一系列高能效冷却系统。

传统的水冷或氟冷冷却系统利用空气向 IT 设备供冷，称为风冷冷却系统。风冷冷却系统根据冷源是否集中，可进一步分为集中式冷源或分布式冷源的系统。数据中心的冷却系统在末端必然是针对一台、一柜、一列 IT 设备分布，但其冷源可以是针对单台、单柜、多柜、单列、多列的 IT 设备进行部署，二者各有优缺点。集中式冷源可以减少冷源布置的占地面积，增大冷机装机容量，从而降低造价，更方便地利用冷却塔提供免费冷量；但也易造成整体运行负载率低和运维管理复杂的问题。分布式冷源则能提高单台设备的负载率，且运维管理方便。

液冷冷却系统则采用液体直接或间接接触的方式向 IT 设备供冷，通过比热容更高的液体替代空气，实现更加高效的输配，从而实现输配能耗的降低。同时，采用液冷冷却系统还可以提升冷媒温度，从而实现全年或全年大部分时间直接对外散热，避免冷机压缩机耗能。

本章将对较为适用的冷却系统节能技术按风冷冷却且冷源集中、风冷冷却且冷源分散以及液冷冷却三类进行详细介绍。

5.1 冷源集中式风冷冷却系统

5.1.1 冷源集中式风冷冷却系统形式

随着互联网与信息技术的发展，数据中心的数据量和处理能力持续增长，这种增长导致数据中心的发热密度持续增加，从而使数据中心的散热成为一个日益突出的技术难点和重点，这也意味着数据中心对于空调制冷系统的依赖程度和要求逐年增高。而由于集中冷源式空调系统总体制冷效率更高，可以方便地采用多种可靠的节能技术（如自然冷却技术等），所以越来越多的数据中心采用了集中冷源式空调系统[15]。

集中冷源系统中的制冷设备种类较多，最重要的几种制冷设备包括制冷机、水泵和冷却塔等。

1. 制冷剂

数据中心制冷机的选择，应按各类制冷机的特性，结合当地的室外气象条件、水源（包括水量、水温及水质)、电源和热源(包括热源性质、品位高低)等情况,并考量数据中心全年供冷的特点,从初期投资和运行费用两方面进行综合技术经济比较,从而选择可靠、高效、节能与合理的制冷机。

适合数据中心的制冷机按冷凝器的冷凝方式可分为风冷机组和水冷机组。

风冷机组通过风冷冷凝器与外界空气换热,利用风(空气)换热带走热量。风冷机组的优势包括:节约水资源,节能环保;安装在室外,如屋顶,无需建造专用机房,不占有效建筑面积;无需冷却水系统的冷却塔、冷却水泵、管网及其水处理设备,节省了这部分初期投资和运营费用。

水冷机组通过水冷冷凝器与冷却塔提供的冷却水换热,利用冷却水带走热量,来产生冷水。水冷机组的优势包括:应用范围广,技术成熟,造价低;夏季制冷能效高,节能;噪声源低于风冷机组。

2. 水泵

数据中心的水泵分为冷冻水泵和冷却水泵。水泵的能耗不仅取决于水泵设备本身,还受到应用水泵系统的模式影响。不同模式下的管网阻力不同,水泵能耗也不同。冷冻水泵的循环系统按照从冷机到末端采用一次供水或是二次供水分为单式泵循环系统和复式泵循环系统。

1) 单式泵循环系统

数据中心集中冷源空调系统的单式泵环路系统多采用冷水机组与一次泵,其对应配置方式如图 5-1 所示。一次泵环路系统具有以下特点:系统设计简单,初期投资少,适用于系统较小、各环路负荷特征或压力损失相差不大的中小型数据中心。该系统存在以下三类形式。

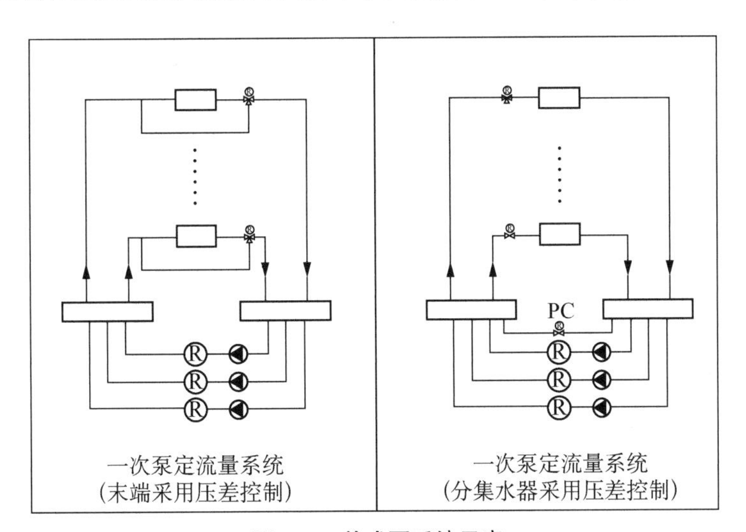

图 5-1　单式泵系统示意

(1) 用户侧采用定流量调节方式(三通阀变冷水温差调节),冷水机组侧也为定流量,一次泵为工频泵。

（2）用户侧采用变流量调节方式（二通阀变冷水流量调节），冷水机组侧为定流量，一次泵为工频泵。

（3）用户侧变流量和冷水机组侧也为变流量，一次泵为变频泵，一次泵变流量系统选择可变流量的冷水机组，即蒸发器侧流量随用户侧流量变化而改变，从而最大限度地降低水泵能耗。

2）复式泵环路系统

如图 5-2 所示，数据中心集中冷源空调系统的冷水机组与一次泵一一对应配置，二次泵大多采用多台泵并联的方式。二次泵环路系统具有以下特点：节省运行费用，初投资大，自控要求高，占地面积大，适用于规模较大的空调系统或各用户侧阻力相差较大的场合，适用于大型数据中心。该系统存在以下两类形式：

（1）用户侧采用定流量调节方式（三通阀变冷水温差调节），冷水机组侧也为定流量，一次泵和二次泵均为工频泵。

（2）用户侧采用变流量调节方式（二通阀变冷水流量调节），冷水机组侧为定流量，一次泵为工频泵，二次泵为变频泵。

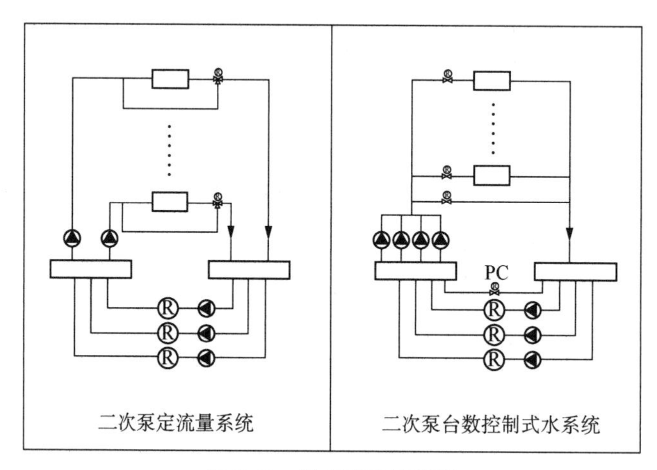

图 5-2　复式泵系统示意

3. 冷却塔

数据中心集中冷源空调系统通常采用开式循环冷却水系统（图 5-3）。冷却塔按照形状可分为方形冷却塔和圆形冷却塔，按通风形式分为逆流式冷却塔和横流式冷却塔。数据中心多选用普通型横流式方形冷却塔。

集中冷源系统主要由制冷设备和管路组成。由于传统的集中冷源式空调系统中可能存在单点故障，而发生单点故障必然会导致空调系统无法制冷，对于发热量特别大的数据中心机房，空调系统即便仅停止工作几分钟，就会造成 IT 设备的高温和宕机，所以，冷冻水系统存在的单点故障隐患对数据中心威胁巨大，须尽量消除。水管路、阀门、冷水机组、冷冻水型末端均须考虑冗余设计。

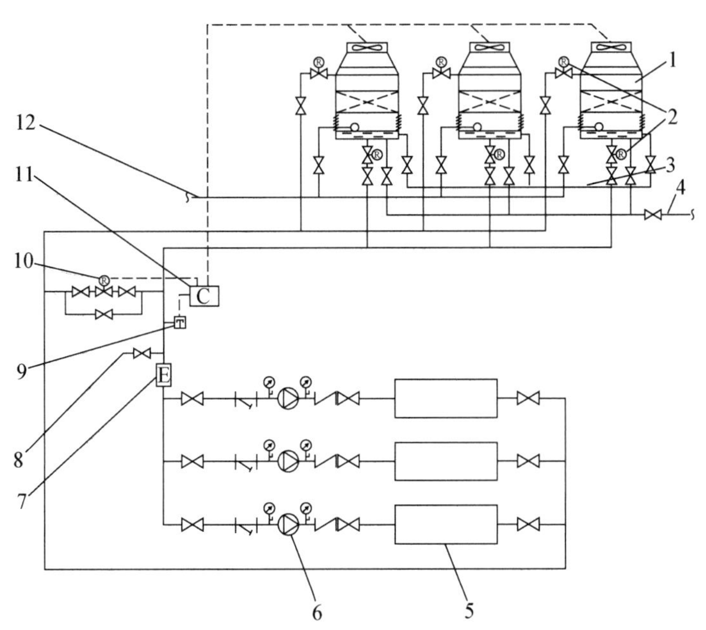

1—冷却塔；2—电动阀；3—平衡管；4—排污管；5—水冷冷水机组；6—冷却水循环泵；
7—电子除垢器；8—加药注入管；9—温度传感器；10—温度控制阀；11—控制器；12—补水管

图 5-3　开式循环冷却水系统

集中冷源式空调系统形式可根据数据中心的用途和设计级别来进行相应调整，目前主要参考国内《数据中心设计规范》(GB 50174—2017)和国际的《数据中心电信基础设施标准》(TIA-942-B—2017)的相应标准进行，具体可见表 5-1。

表 5-1　《数据中心电信基础设施标准》(TIA-942-B—2017)标准与《数据中心设计规范》(GB 50174—2017)标准关于集中冷源式空调系统的冗余配置对比

空调形式	主要设备	Tier Ⅰ (GB 50174—2017 C 级)	Tier Ⅱ	Tier Ⅲ(GB 50174—2017 B 级) Tier Ⅳ(GB 50174—2017 A 级)
集中冷源式冷冻水空调系统	室内机	无冗余	关键区域设冗余	当一路市电掉电时，余下室内机能维持关键区域温度
	冷水源	无冗余	每个系统设一台冗余	当一路市电掉电时，余下水泵能维持关键区域温度
	冷却塔 冷却水泵	无冗余	每个系统设一台冗余	当一路市电掉电时，余下水泵能维持关键区域温度
	冷却水管路	单路水系统	单路水系统	双路水系统
	冷却水管路	单路水系统	单路水系统	双路水系统
	空调补水	单路补水无储水罐	双路补水或单路补水＋储水罐	双路补水或单路补水＋储水罐
	空调供电	单电源	单电源	双电源
	空调控制系统供电	单电源	单电源	双电源
	机房保持正压	不必需	必需	必需

5.1.2 冷源侧能效提升

当前，较多数据中心已经开展了高效冷源的建设或优化工作，大多可实现冷源自身设备的高效提升。在实现冷源高能效的路径中，还可结合一些技术实现园区整体或区域整体的能效提升。例如，通过余热回收技术可将数据中心的散热提供给需要热量的建筑，或者利用蓄冷技术应用实现城市电网的削峰填谷。但随着系统能效要求的不断提升和系统复杂度的不断增加，单纯依靠建设期间的自控设定或运维人员的个人管理已经较难满足快速、复杂、精确的控制要求。采用人工智能节能群控技术，优化控制实现高能效运行，已成为冷源系统能效提升的一条必由之路。

1. 余热回收技术

数据中心在运行过程中需要全年向外排热，即便在冬季也需要耗费能源对外散热。冬季时，在北方地区需要被供能，如部分建筑（如宾馆、游泳池等）则全年需要生活热水。因此，若可将数据中心的热量输送给采暖建筑或宾馆等，可降低采暖建筑或宾馆的热能耗。在集中式冷源的水冷系统中，可应用余热回收技术为采暖建筑供能。

1）余热回收的系统形式

在集中式冷源水冷系统中回收数据中心余热主要采用高温水源热泵机组，可采用冷却水取热或冷冻水取热的两种系统形式。两种系统形式各有优缺点。

(1) 冷却水取热系统。

图 5-4 为冷却水取热系统原理图。该方案在机房水系统的自然冷源板换后串联一级热回收板换，冷却塔低温水经过自然冷源板换与冷冻水换热升温后，再通过热回收板换放热，热泵机组完成对数据机房低位热源的热回收。该方案仅需在数据中心冷源机房内增加热回收板换，即可完成对冷却水热量的回收。虽然热回收板换出口温度 T 受热泵机组用热端负荷变化而波动，但最后通过冷却塔出水管的温度传感器控制冷却塔风机转速，可始终保证冷却塔出水温度维持在设定值，满足数据中心供冷需求。不足之处是冷冻水的热量通过“冷冻水-冷却水”和“冷却水-热回收媒介水”的两级板换（每次换热的板换温差为 1～2 ℃）后，最终进入热泵机组的水温将比冷冻水低 3 ℃左右。同时，因该系统为开式系统，会增加一定的运维工作量。

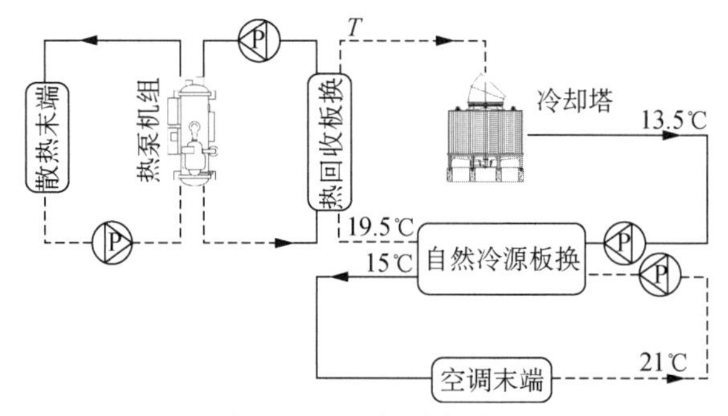

图 5-4　余热回收系统（冷却水取热）原理

(2) 冷冻水取热系统可分为冷冻水并联取热系统和冷冻水串联取热系统两种形式。

图 5-5 为冷冻水并联取热系统原理图。该方案将机房水系统中的自然冷源板换与热回收板换并联，每台热回收板换需对应增加一台循环水泵，热回收板换直接与冷冻水换热后，进入热泵机组，冷冻水温仅降低一次，热泵机组的效率比回收冷却水的效率高。该系统散热末端由于受室外温度的波动，热回收板换冷冻水供水温度会存在一定幅度的波动，与自然冷源板换冷冻水供水混合后送至空调末端，这会给冷源系统自控带来一定的复杂性，尤其是在散热末端需热量很小的情况下，热泵机组减载到无法调节时，自控系统需持续调节自然冷源板换的供水温度，以保障混合的水温满足机房空调末端的要求。

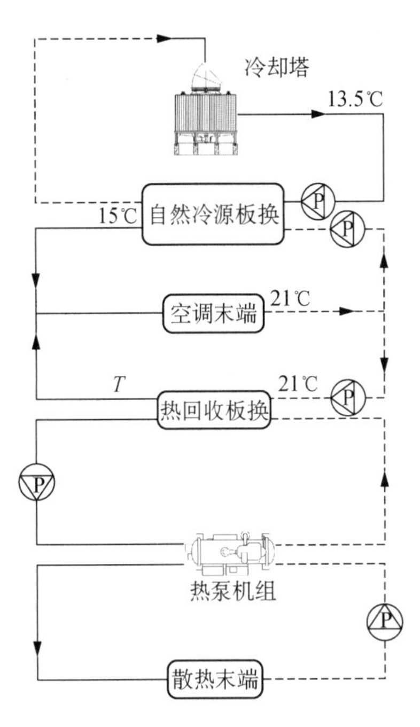

图 5-5　余热回收系统(冷冻水并联取热)原理

图 5-6 为冷冻水串联取热系统原理图。该方案将机房水系统中的自然冷源板换与热回收板换串联，无需单独增加循环水泵，热回收板换直接与冷冻水换热后，进入热泵机组，冷冻水温仅降低一次，热泵机组的效率比回收冷却水的高。该系统散热末端由于受室外温度的波动，热回收板换冷冻水供水温度会存在一定幅度波动，之后会进入自然冷源板换进行降温，即使在散热末端需热量很小的情况下，仅通过调整冷却塔的出水温度即可保障机房空调末端的水温，自控系统也相对简单。但是数据中心冷冻水侧通常采用环形管网或两套分集水器来保证管路可靠性，热回收板换数量很难做到与自然冷源板换一一对应串联，这将导致水力平衡较难实现。

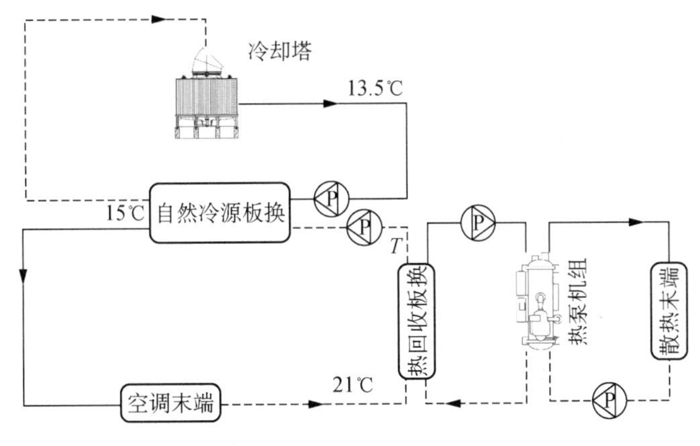

图 5-6　余热回收系统(冷冻水串联取热)原理

上述取热系统形式在数据中心的余热回收系统设计中均可应用，各有利弊，从便于控制、系统简单和对数据中心冷源系统影响小的角度出发，建议从冷却水侧取热，无需新增动力设备，冷源系统侧自控策略也无需增加。

2）余热回收技术的能效提升作用

余热回收技术可大幅度提升制取热水的能效。在系统水量恒定的情况下，水源热泵制热系数（Coeffienicient of Performance，COP）随水源侧（蒸发侧）进水温度和用户侧（冷凝侧）出水温度的变化而变化，图 5-7 可见 400RT 水源热泵机组制热系数随用户侧出水温度与水源侧进水温度的变化。由图可知，制热 COP 随着水源侧进水温度的提高和用户侧出水温度的降低而升高，水源侧进水温度的升高对制热 COP 的影响程度随着用户侧出水温度的逐渐升高而减弱，如用户侧进出水温为 40/45 ℃时，水源侧进/出水温由 15 ℃/10 ℃提高到 19 ℃/14 ℃时，制热 COP 增幅为 11.1%，而用户侧进/出水温为 55 ℃/60 ℃时，制热 COP 增幅仅为 5.6%。

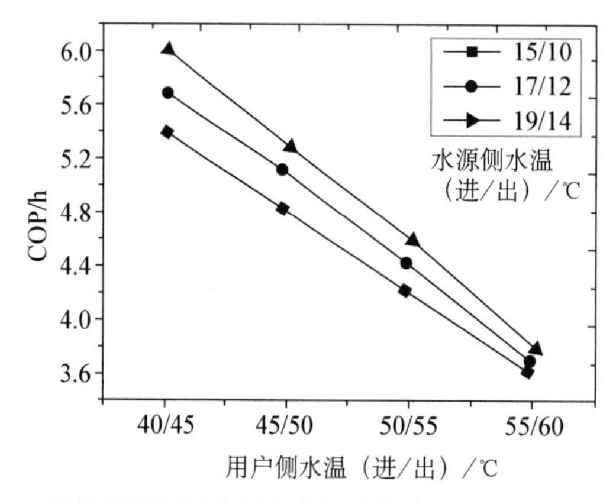

图 5-7　制热系数随用户侧出水温度与水源侧进水温度的变化

在水源侧进水温恒定的情况下，用水侧进/出水温差对机组制热 COP 的影响见图 5-8，可知用户侧出水温度在确定的条件下，进水温差 5 ℃和 10 ℃的 COP 基本相同，温差对 COP 几乎无影响。

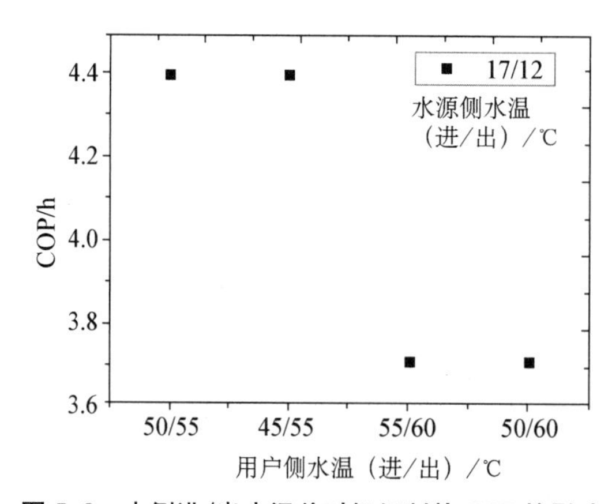

图 5-8　水侧进/出水温差对机组制热 COP 的影响

2. 蓄冷技术

冷源的能效提升工作对蓄冷技术的要求较高。一方面，在负载率特别低的阶段，可用蓄冷系统蓄积冷量，从而在一段时间内关闭冷机，提升冷机运行时间的负载率，提高能效；另一方面，通过削峰填谷的方式，在谷电期间蓄冷而在峰电期间放冷，可调节电网的负载，有助于城市电网的稳定。

1）蓄冷系统形式

业内主流蓄冷方式主要有水蓄冷系统及相变蓄冷系统两种。利用水的显热储存冷量的系统称为水蓄冷系统；以相变潜热储存冷量，并在需要时融化释放出冷量的系统称为相变蓄冷系统。

(1) 水蓄冷系统。

水蓄冷系统采用大容量蓄冷罐，在电价低谷阶段开启冷机蓄冷，在电价高峰或平峰时段全部关闭或部分关闭冷机进行供冷，是数据中心节能、降低运行费用的有效手段，图 5-9 为冷冻水系统蓄冷罐系统工作原理。

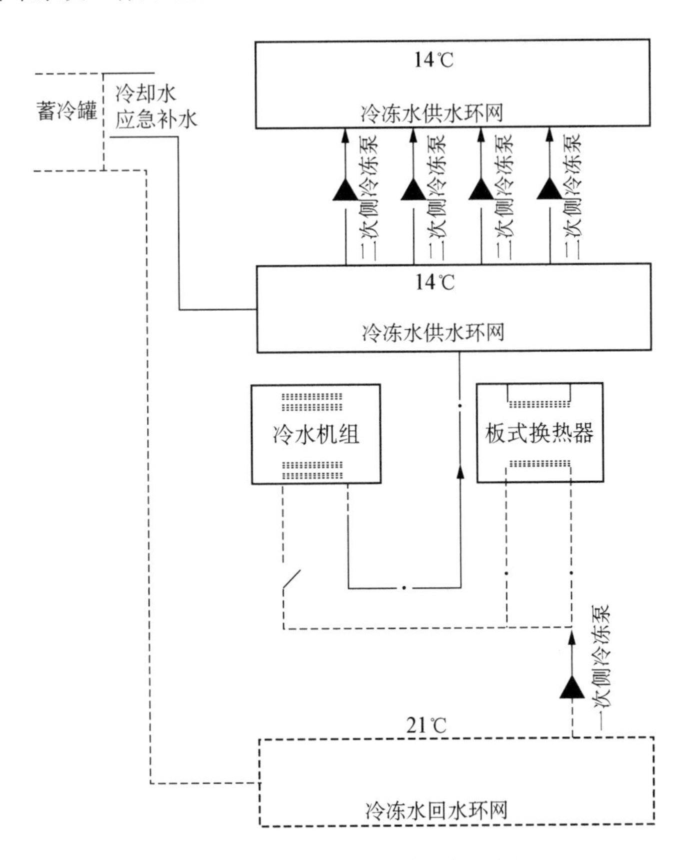

图 5-9 冷冻水系统蓄冷罐系统工作原理

（2）相变蓄冷系统。

相对于水蓄冷系统而言，相变储能蓄冷技术具有储能密度高、体积小巧、温度控制恒定、节能效果显著、相变温度选择范围宽和易于控制的特点，其中典型的冰蓄冷技术在公共建筑蓄冷中应用广泛。但冰蓄冷的温度过低，使得制冰的冷机无法与数据中心的常规运行冷机共用，且过低的温度使制冷效率过低，不适合数据中心应用。因此，高温蓄冷的相变储能材料蓄冷成为新的技术方向。

高温相变材料可以分为有机相变储能材料、无机相变储能材料、合金相变储能材料及复合类储能材料等。无机相变储能材料包括结晶水合盐、熔融盐和金属合金等。目前应用最广泛的是结晶水合盐，其可供选择的熔点范围较宽，从几摄氏度到几百摄氏度。结晶水合盐里应用较多的主要是碱与碱土金属的卤化物、硫酸盐、硝酸盐、磷酸盐、碳酸盐及醋酸盐等，其优点主要有使用范围广、价格便宜、导热系数大、溶解热大以及体积储热密度大等。如铝硅盐类的融化温度在 577 ℃，远高于冰—水作为相变储能的工作温度，一般应用于高温领域。此外，无机盐类的相变潜热更大，如铝硅盐类的相变潜热能够达到 560 kJ/kg。但无机相变储能材料的物质冷凝到“冷凝点”并不结晶，而需到“冷凝点”以下的一定温度时才开始结晶，同时使温度迅速上升到冷凝点，这导致物质不能及时发生相变，从而影响热量的及时释放和利用等。

石蜡作为相变储能材料时，工作温度在水与无机盐类之间，一般为 40～70 ℃，适合于常温工况，相变时潜热在 200～240 kJ/kg。石蜡与无机盐相比不存在过冷及析出现象，无毒性和腐蚀性，且成本低。缺点是导热系数小，密度小，单位体积储热能力差。

2）蓄冷技术的作用

数据中心的空调冷负荷主要为机房内设备的散热负荷，在一天 24 h 中的每个时刻基本不会变化，属于一个稳定负荷，这部分负荷占整个数据中心空调冷负荷的比例可达90％以上。在有峰谷电价政策的地区，数据中心水蓄冷罐可实现对城市电网的削峰填谷，利用峰谷电价差可实现数据中心节约电费的目的。因此在场地条件允许的条件下，应尽可能建设大容积蓄冷罐。大容量调峰蓄冷罐不仅可满足市电中断时的连续制冷，亦可满足市政停水后冷却水的长时间应急补水，无需单独建设蓄水池，适合旧厂房改造数据中心的场景。

3. 高效冷冻站智能节能群控技术

数据中心高效冷冻站节能效果的优劣与数据中心的运维水平息息相关。而传统的运维节能往往依赖于一个有经验的运维团队，他们会根据多年的运维经验，判断出在不同的季节、不同的环境温度和不同的负载率下，调节整个制冷系统的运行参数，尽可能地实现制冷系统能效最大化。但运维团队的经验是在实践中摸索出来的，不但可遇不可求，同时也难以精准把控。

因此，针对复杂的冷冻水制冷系统，需要找到一种新的控制算法，以达到整体最优的效果，而大数据、AI 则是能效优化的一个探索方向。利用 AI 技术找出 *PUE* 与各类特征数据的关系并输出预测的 *PUE* 值，可指导数据中心根据当前气象及负载工况，按照预期目标进行对应的优化控制，最终达成节能目标。

1）智能节能群控技术介绍

智能节能群控技术基于 AI 和大数据技术，实现了数据中心制冷系统的智能化，其系统整体包括数据采集、数据治理与特征分析、深度神经网络、能效模型和控制系统等。由图 5-10 可见，底层数据采集可通过群控系统或者采集器，数据传送到数据治理平台后，在平台上完成深度神经网络和能效模型等的优化与运行，最终通过本地 DCIM 系统实现控制。

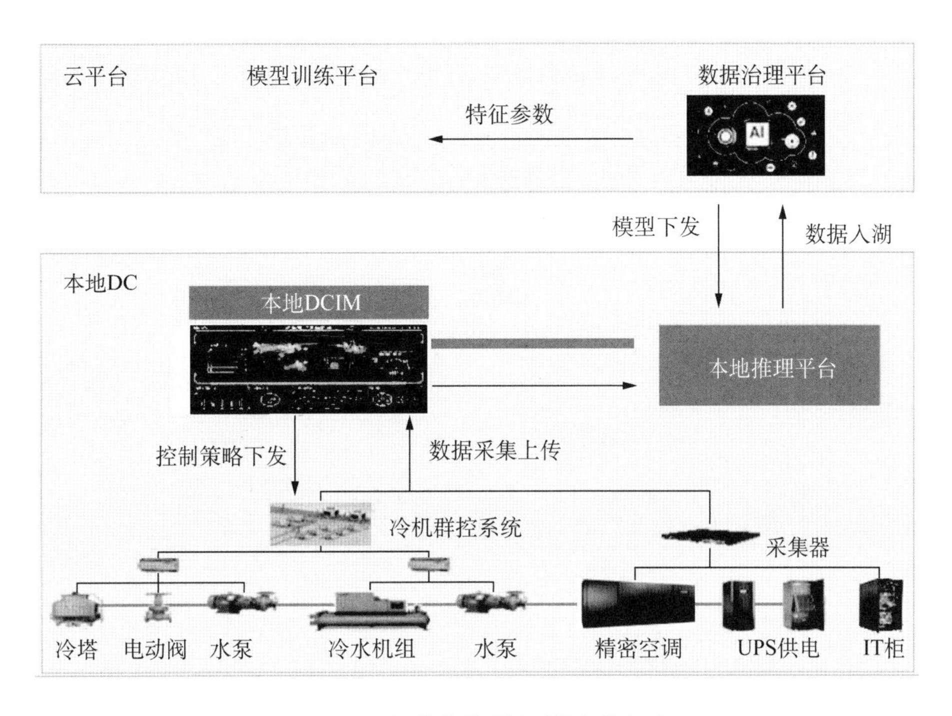

图 5-10　智能节能群控系统架构示意

考虑到数据中心制冷系统的复杂性，需要对供电系统、制冷系统和环境参数等进行采集，见图 5-11(a)。

数据治理及特征工程利用数学工具对采集到的原始数据进行数据治理，为后续的模型训练提供优质的数据基础。特征工程的目的是从海量的原始数据中找出影响 *PUE* 的关键参数，如图 5-11(b)所示，如果选择的参数过多或过少，都会影响最终模型的精度。如果找出的参数过多，会导致过拟合，最终训练好的模型在训练数据上能够获得比测试数据更好的拟合，但泛化能力差；如果找出的参数过少，会导致欠拟合，训练好的模型在训练集表现差，在测试集中同样表现会很差。

500+数据采集点(1 500柜)，实时监测制冷系统运行状态

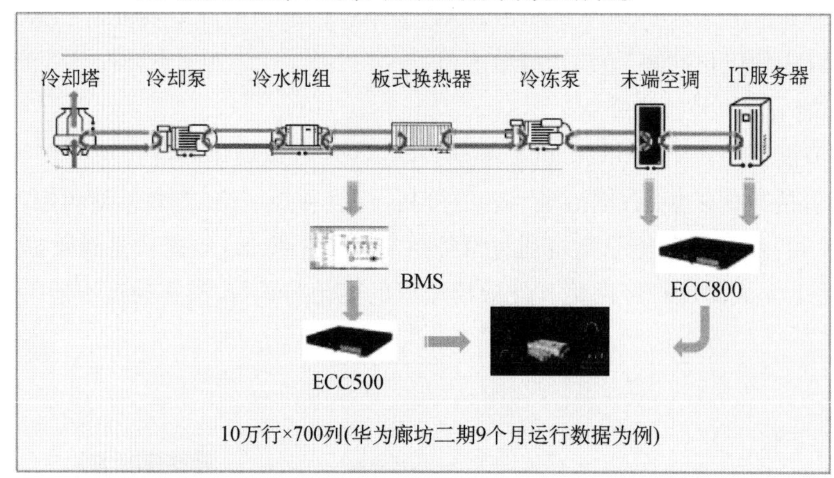

·冷冻站:150+采集点，室外工况、冷冻站运行状态等
·末端:340+采集点，冷热通道温度、末端运行状态等
·IT: 10+采集点，IT负载变化、历史*PUE*等

(a) 数据采集

数据过滤、清洗，并分析、提取有效特征参数，降低建模工作量

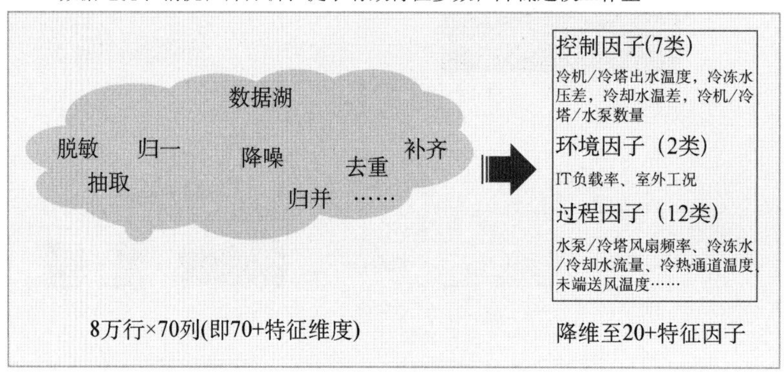

· 采样周期、位置归一、多个参数合并(如流量)
· 重复、异常数据删除，空白、缺失数据补全
· 抽取与PUE相关的特征参数(卡方检验、皮尔逊相关性、方差分析……)

(b) 数据治理

图 5-11　数据采集与数据治理

神经网络是机器学习算法之一，其可模拟神经元之间相互作用的认知行为。针对数据中心制冷效率提升遇到的瓶颈，采用深度神经网络，利用机器学习算法可以找到不同设备与不同系统之间参数的关联，利用现有的大量传感器数据来建立一个数学模型，这个模型就是数据中心的能效模型，见图 5-12。

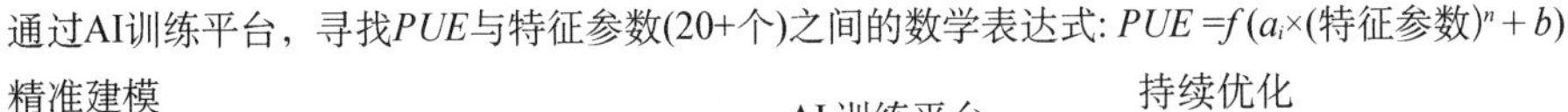

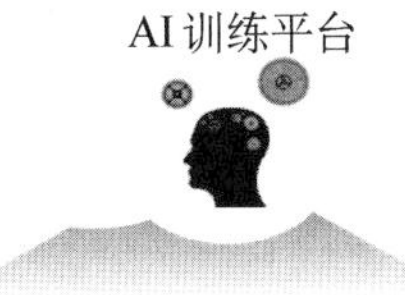

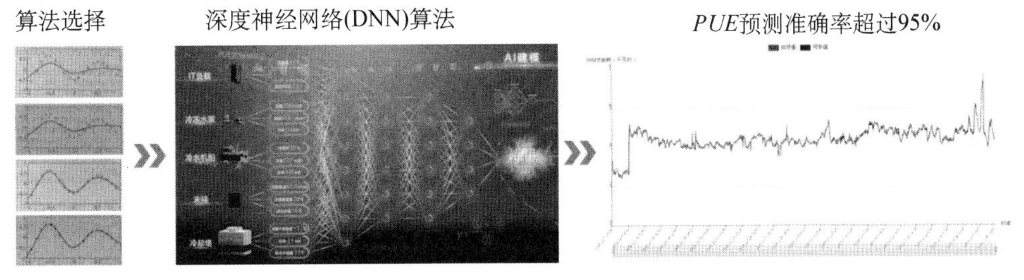

图 5-12　神经网络模型训练

遗传算法又称贪婪算法（或贪心算法）。利用输入的能效模型和实时采集的运行数据，通过以下三步，最终找出最佳的运行策略（图 5-13），即参数遍历组合、业务规则保障、制冷能耗计算与最优策略选择。当室外湿球温度变化大于 2 ℃或 IT 负载变化大于 5% 时，系统将再次启动寻优程序。

图 5-13　最优化控制的实现

2）智能节能群控技术的能效提升作用

通过智能节能群控技术实现能效提升的步骤包括三步：拟合预测、保障和寻优，如图 5-14 所示。系统采集到监控指标后，经过数据预处理，可识别冷却系统冷源的特征，并进行能耗拟合预测，与此同时，基于特征的模型训练可输出作为业务保障的预测模型。二者结合后，根据可调整的特征值，指定控制策略并不断自学习优化，实现控制策略下的能效提升。其中，以 *PUE* 作为牵引指标，而在实际算法的实现过程中，选择系统能耗作为拟合和寻优的目标。在冷站和末端联动建模中，通过子模型分开建模，减少不相关指标干扰，通过区分变量为环境参数、控制参数以及衍生参数提高模型整体运行效率。最终拟合目标是制冷能耗（冷站能耗＋末端能耗）的最低值。

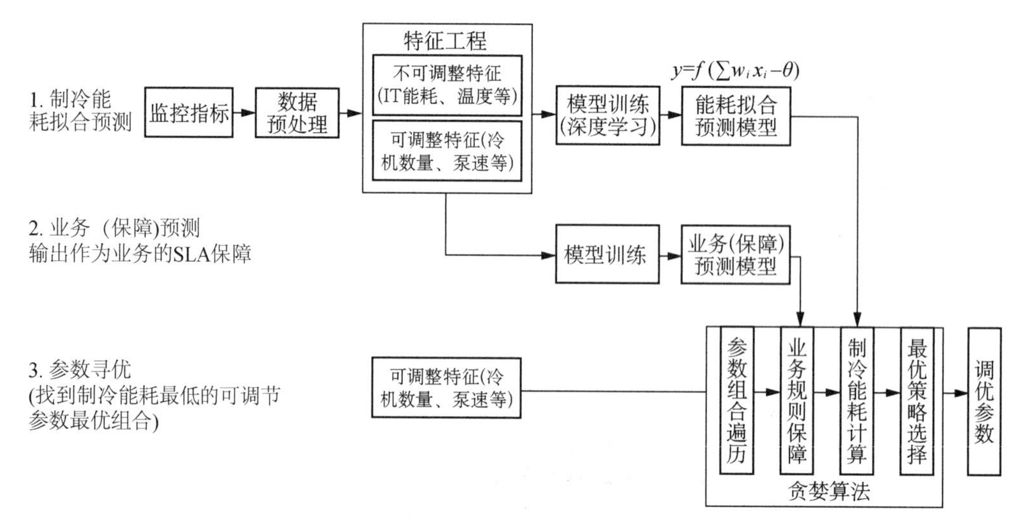

图 5-14　能效优化三步示意

系统的无码化建模是核心算法技术能力。图 5-15 是冷站模型与冷站和末端联动模型的对比。通过建模和优化策略的建立，构建了“数据中心 PUE 优化模型生成服务”，提供特征来源配置、寻优约束配置和参数拓扑配置等能力，实现无码化建模，支持局点泛化。

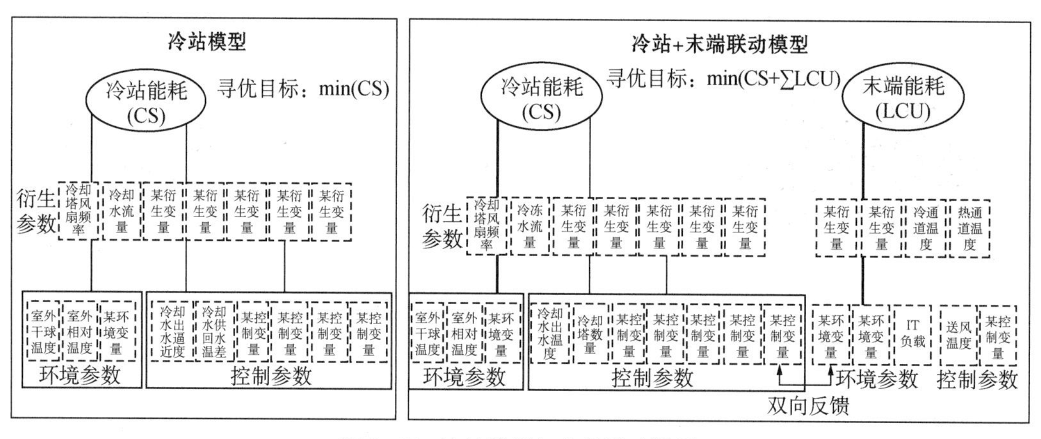

图 5-15　冷站模型与末端联动模型

相比传统人工调节模式，智能节能群控系统优势明显。传统人工调节模式存在以下较多问题：

（1）调节参数少。基于运维经验，人工调节参数少（3～5 个）。

（2）调节频率低。每个参数调整完成后需要观察一段时间，全部调节完成需要 3 d 甚至 1 周以上的时间，*PUE* 优化效果较差。

利用智能节能群控系统，可实现综合提升：

（1）全部参数同时调节。基于 AI 算法，所有参数一次性同时设置，2 h 内达到稳态。

(2) 实时调节。基于室外环境温度和 IT 负载率变化，进行实时调节，使 *PUE* 始终保持在最优状态。

5.1.3 机房侧能效提升

集中式冷源的风冷冷却系统依赖机房侧的设备和系统，将冷量从冷源供给至机房内，并送至 IT 设备处，这部分设备和系统对冷却系统整体能效的影响较大。目前，数据中心行业精密空调应用以房间级精密空调为主，但房间级精密空调因为送风温度低、送风距离长、风机静压大以及部分无效冷热气流混合等原因，导致能源利用效率低下，能效比较低。随着数据中心向高密化方向发展，当下新建数据中心的单柜功率密度高于 5 kW 已相当普遍。在高功率密度场景下，传统的房间级空调运行一段时间后，随着风机的磨损，极易出现远端局部热点风险。当下绝大部分中小型机房在运行 3～5 年后会出现不同程度的局部热点问题，对于可靠性和运维的挑战巨大。通过下文介绍的技术，可提高末端的冷量输配效率。

1. 近端制冷及密闭通道

通过采用近端制冷并配合密闭通道，可有效降低系统损耗和解决局部热点问题，并可将回风温度由传统的 24 ℃提升到 35～40 ℃之间。因数据中心全年绝大部分时间运行在 40%～60%的部分负载状态下，定频空调在部分负载下无节能效果，因此其通常匹配直流变频压缩机和 EC 直流无刷风机，在部分负载情况下可发挥更优的效率，有效地进行节能减排。进一步通过精细化计算流体动力流场优化、"V"形换热器设计、多风机均匀分布以及最优化布置压缩机、储液罐、加湿桶和电控部件等器件，可进一步提升能效，实现 20%左右的风机节能。

2. 热通道气流优化技术

热通道的机柜在机柜顶部安装可变风量排风系统，机柜前侧为网孔门，机柜后侧、两边与底部及柜内的开口部分都完全密封。

IT 设备从前侧吸入冷风，在内部与发热部件热交换后向后排出并带走热量，排风系统从机柜内抽出热空气并通过顶部的通风管道送回空调机。机柜内的传感器实时监测到机柜后部的气体压力并传给控制器，如果 IT 设备的热负荷增加导致设备排风加大，传感器监测到压力的变化，控制器将会让风扇加速转动而排出更多的热风，当负荷降低时，风扇也会相应地降速，控制器精确地控制排风系统的两个风扇转速以维持机柜内外的零压力差，工作原理见图 5-16。

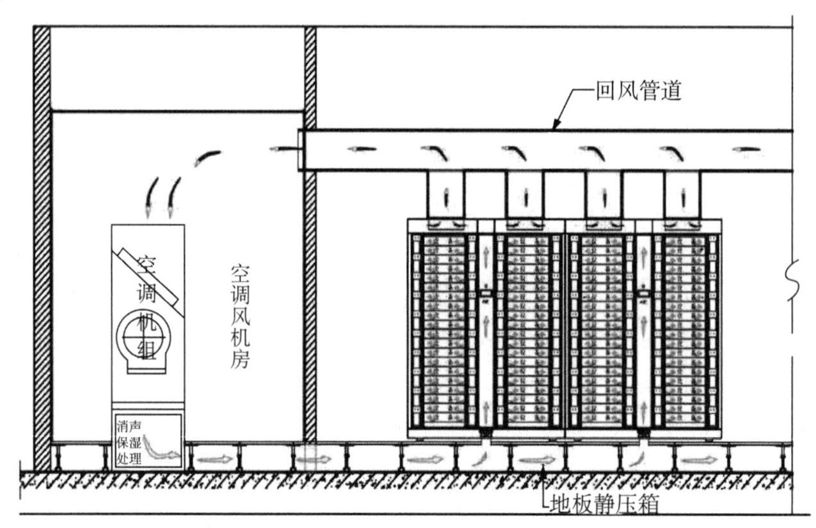

图 5-16 机柜热通道气流优化技术工作原理

3. 末端气流组织计算机控制技术

以计算机控制技术为基础，对服务器机柜或封闭通道内的温度、压力等进行测量，控制风机的运行，优化气流组织，使服务器在任何负荷下，都能在适当的温度中正常工作。控制器主要控制设备的排风量和机柜的排风量保持一致，不以机柜后部的温度作为控制参数，排出的热风不会和机房内的冷风混合，实现冷热风物理隔离。

5.2 冷源分布式风冷冷却系统

冷源分布式的风冷冷却系统一般就近向机房内供给冷量，设备往往是分散的，单个设备或系统对应几台或者十几台机柜。常见的是以氟利昂作为冷媒的传统精密空调。但传统精密空调的效率较低，不满足当前数据中心的能效要求，因此，有一系列技术替代或改善传统精密空调。下文将对这些技术进行详细介绍。

5.2.1 间接蒸发冷却技术

1. 蒸发冷却系统介绍

蒸发冷却技术按技术形式可分为：直接蒸发冷却空调技术、间接蒸发冷却空调技术、间接-直接蒸发冷却空调技术和蒸发冷却与机械制冷相结合的空调技术。

直接蒸发冷却空调技术是指空气与水直接接触进行热湿交换，产出介质与工作介质之间既存在热交换又存在质交换，以获取冷风或冷水的技术。间接蒸发冷却空调技术是指产出介质(空气或水)与工作介质(空气或水)间接接触,仅进行显热交换而不进行质交换,以获取冷风或冷水的技术。间接-直接蒸发冷却空调技术是指将间接蒸发冷却技术与直接蒸发冷却技术加以复合,以获取冷风或冷水的技术。在实际工程中,为确保在极端工况下的机房安全,克服单纯使用蒸发冷却技术存在的弊端,实现最优的机组性价比与能效比,往往考虑应用蒸发冷却与机械制冷相结合的系统。

蒸发冷却与机械制冷相结合的空调技术是指将蒸发冷却与机械制冷相结合,以获取冷风或冷水的技术。

自然蒸发冷却的过程中所消耗的能量较少,在室外较为干燥的地区,与一般机械制冷的空调相比更具优势,尤其是能源节约性和经济性方面。但是间接蒸发冷却机组采用的空气换热器无法在全年所有工况中都提供足够的冷却能力。因为随着室外温度(湿球温度)的提升,换热器的换热能力下降。当换热能力下降到换热器出口的空气温度无法满足机房内送风温度要求时,必须配置机械制冷系统作为补充。

间接蒸发冷却机组的补充机械制冷系统有以下几类。

1) 全内置冷源的补充机械制冷系统

间接蒸发冷却与机械制冷联合机组下的一体化空调具有良好性能。机械制冷辅助冷源的方式可以是风冷直膨式制冷。一般采用能调节的压缩机系统,主要有变频涡旋压缩机和数码涡旋压缩机。该制冷方式直接集成在间接蒸发冷却机组中,具有造价低,配置灵活方便,安全可靠的特点。

2) 部分外置冷源的补充机械制冷系统

间接蒸发冷却机组除了内置完整机械冷却的方式,还有一种外置冷凝器和压缩机等部分机械制冷配件的形式,此形式一般用于特殊定制的项目。

间接蒸发冷却空调的最大制冷量与所在地的海拔高度、气象数据以及设计送回风温度有直接的关系,所以需要不同辅助冷源,解决方案应根据项目情况进行设计选配。

2. 蒸发冷却技术的能效提升作用

干燥空气由于处在不饱和状态而存在对外做功的能力被称为“干空气能”。其中通过蒸发冷却技术使空气降温是目前可实现干空气能利用效率最高的方式,在蒸发冷却技术的分析过程中,干球温度、湿球温度是评判蒸发冷却能力的重要参数。

蒸发冷却技术依据的原理是利用水的蒸发潜热进行制冷,将潜热转变为显热,将未饱和空气暴露在自由的、温度较低的水表面中,水和空气相互影响冷却未饱和空气。一部分空气显热转移到水中,并通过一部分水的蒸发变为潜热,潜热随水蒸气扩散到空气中,如果该过程是绝热的,则没有热交换,空气则由于其显热转变为潜热而使温度降低。

间接蒸发冷却一般有两股气流同时经过冷却器,但它们互不接触。这两股气流通常定义为:①一次空气,即产出空气,即需要被冷却的空气,它主要是来自室外的新风,也可以是来自室内的回风;②二次空气,即工作空气,它与水接触使其蒸发,从而降低换热器表面温度以冷却一次空气，二次空气一般来自室外，用完后再排到室外。图 5-17 为间接蒸发装置示意图。

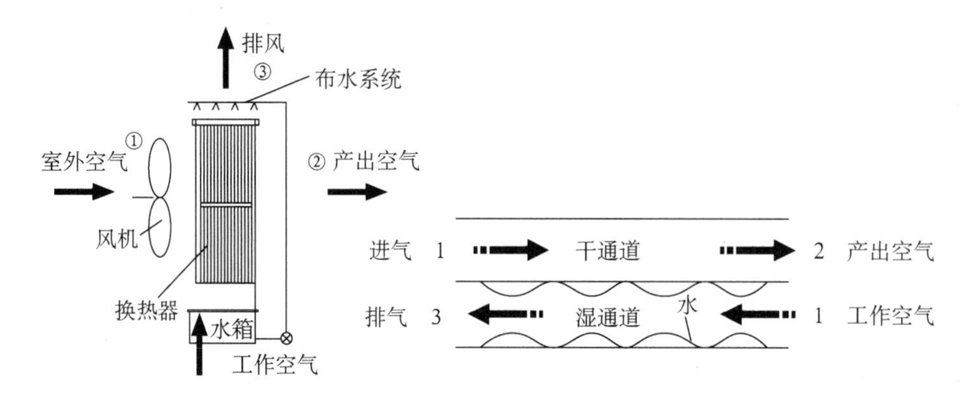

图 5-17　间接蒸发装置示意

数据中心空调需要全年不间断 24 h 运行。为了保障供冷安全及充分利用自然冷源，间接蒸发冷却空调机组全年运行通常有干工况高效换热自然冷模式（室外冷风间接供冷）、湿工况蒸发冷却自然冷模式和蒸发冷却＋机械供冷联合模式三种运行模式，如图 5-18 所示。

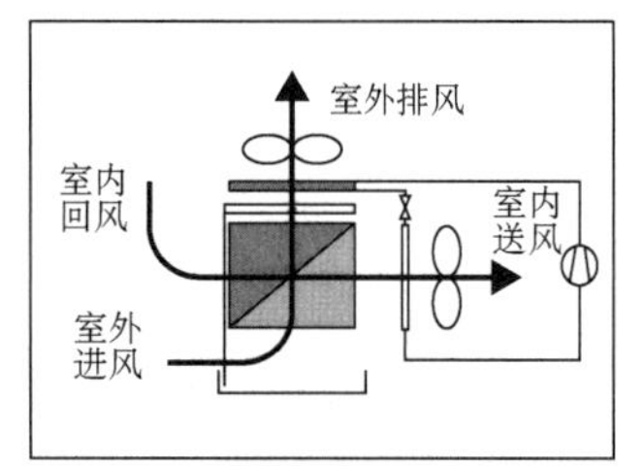

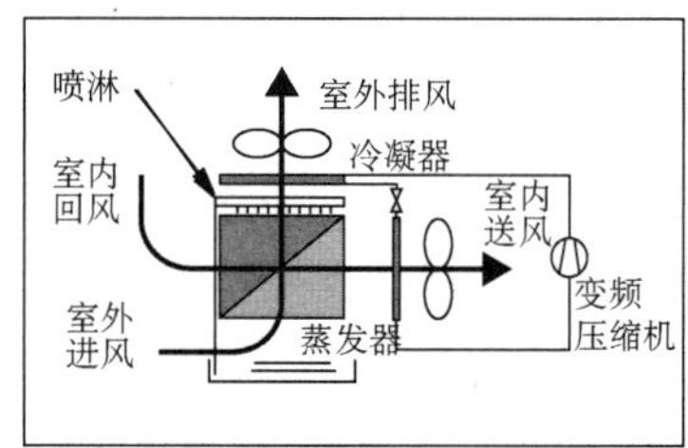

(a) 干工况高效换热自然冷模式　(b) 湿工况蒸发冷却自然冷模式　(c) 蒸发冷却和机械制冷联合模式

图 5-18　三种运行模式示意

机组节水模式运行时应根据室外气象条件，全年按照以下三种模式运行。

（1）干模式：当干球温度≤16 ℃时，喷淋泵和压缩机关闭，室外风机功耗随室外干球温度变化。

（2）湿模式：当干球温度＞16 ℃且湿球温度≤19 ℃时，压缩机关闭，喷淋泵开启最大功耗运行，室外风机功耗随室外湿球温度变化。

（3）混合模式：当湿球温度＞19 ℃时，喷淋泵和室外风机以最大功耗运行，压缩机功耗随室外参数变化。

机组节能模式运行时，根据室外气象条件全年运行模式与节水模式大致相同，区别在于当干球温度≤5 ℃时是干模式，当干球温度＞5 ℃时为湿模式。

在夏热冬冷和夏热冬暖地区的间接蒸发冷却节能模式与节水模式节能性大体一致，在严寒、寒冷以及温和地区的城市，节能模式节能性优于节水模式。

对于 PUE 节能方面，在严寒、寒冷以及温和地区的城市，间接蒸发冷却空调系统节能性明显高于冷冻水空调系统，尤其在兰州、西安、乌鲁木齐等气候较干燥的城市，在夏热冬冷和夏热冬暖地区，间接蒸发冷却空调节能性有限，*PUE* 因子大体相差 0.012～0.016。

5.2.2 室外机雾化冷却

老旧数据机房或通信机房的制冷方式大多采用风冷型机房精密空调，其具有可靠性和灵活性较高的特点，但是在使用过程中也存在以下缺点：

(1) 在夏季高温季节，由于室外机集中摆放而散热不良，容易引起机组高压故障；

(2) 室外机的噪声对周围环境影响较大；

(3) 由于风冷冷凝器安装在室外，受环境温度和通风等外界因素影响较大，换热效率会直接影响空调系统的制冷效率；

(4) 对于传统多层数据机房，一般是把室外冷凝器安装在每层的四周，下层冷凝器的热量将不断向上散发，使上层的冷凝器效率降低，形成热岛效应。

为解决上述缺点，使用水喷淋或压力雾化，用大量的水与空气进行热湿交换来促使空调室外机的降温，能很好地解决空调的节能、高压报警及噪声问题。

1. 室外机雾化系统介绍

空调室外机雾化冷却节能系统主要由雾化器、智能雾化控制器和水处理器三部分组成。高速运转中的雾化器将水迅速雾化，并喷洒到冷凝器表面，高温中的冷凝器表面水雾迅速蒸发，带走热量，从而降低冷凝器温度，提高热交换率。该系统是空调系统由单一的风机变成“风冷与雾化冷却”的混合冷却模式，降低了用电量，达到节能效果，见图 5-19。同时由于降低了冷凝器的冷凝温度和冷凝压力，减少了压缩机的高低差压，有效改善了压缩机因高温造成频繁跳机与启动困难的现象，同时因为改善了空调机的运行工况，使空调系统的能效比显著提高，最终达到杜绝高压和空调节能的目标。

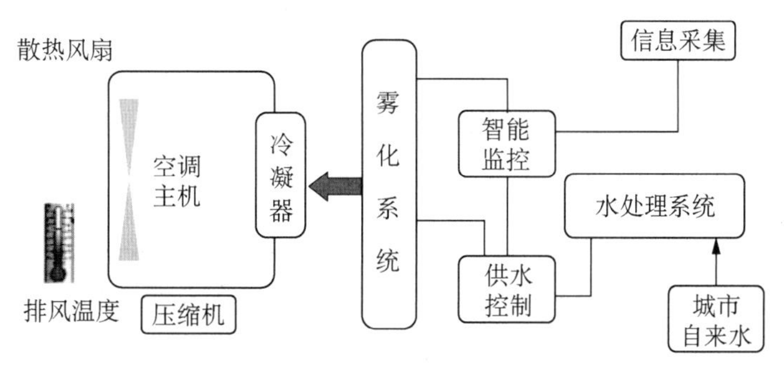

图 5-19　空调室外机雾化冷却节能技术原理示意

2. 室外机雾化的能效提升作用

水处理器处理后的水喷雾主要有两种，一种是平行水雾；一种是锥状、点状水雾。平行水雾指水处理器处理后的水流经雾化器，在雾化器的高速离心作用下形成平行水雾，并将每一滴水雾化成原水滴体积的 1/500，覆盖到空调冷凝器进风侧。利用水的相变吸热量大和雾化后蒸发速度快的特点，可大幅度提高吸热量，使局部环境降温 3～15 ℃，降低了冷凝器进风侧的温度，有效减少压缩机的负载，降低冷凝温度及冷凝压力，增加蒸发器制冷量，进而提高机组制冷效率，使空调设备始终工作在设定的“最佳效率区间”，并且能有效解决高温季节空调的出力不足、宕机和高压报警现象，确保设备的稳定运行。

5.2.3 乙二醇动态自然冷却

1. 乙二醇动态自然冷却系统介绍

乙二醇动态自然冷却节能空调系统是一种采用乙二醇作为载冷剂，将精密空调末端与室外干冷器相连接，系统内液体温度根据室外环境温度和机房负载等进行动态调节的间接自然冷却系统。

图 5-20 为乙二醇动态自然冷却节能空调系统架构的基本组成。

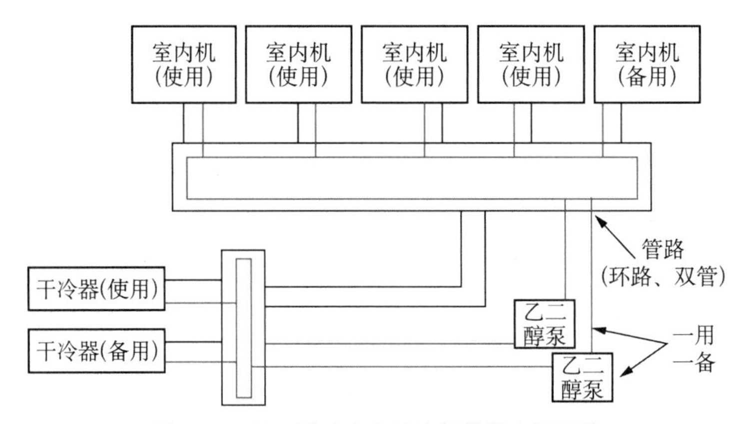

图 5-20　乙二醇动态自然冷却节能空调系统

2. 乙二醇动态自然冷却系统的能效提升作用

乙二醇动态自然冷却系统的所有组件全部由控制器进行统一控制，根据室外环境温度和室内机房负载变化，自动调节室内机组内部 EC 风机、二通阀等各部件、变频乙二醇泵和室外干冷器的运行状态等，使机组可在压缩机制冷、混合运行制冷、扩展自然冷却和完全自然冷却四种运行模式下进行自动切换运行。在扩展自然冷却和完全自然冷却运行模式下，可以避免压缩机的运行，从而使整个制冷系统在当前环境温度和机房负荷条件下最大限度地利用自然冷源，降低能耗。

5.2.4 重力回路热管换热系统

1. 重力回路热管换热系统介绍

重力回路热管换热系统是通过工质在室内外两个换热器中相变及流动吸收/释放并传递能量，通过压力差和重力回流作用在管道中实现气液自然循环。冷媒在室内受热后气化上升到室外机，热量释放到室外液化，液化后的工质在重力和对流的作用下又回到室内蒸发器，实现冬季和过渡季节的节能运行。整个系统通过制冷工质的自然相变流动将热量从室内排到室外，无须外部动力，运行能耗相比机械制冷系统大幅降低。同时，环路热管传热性能好，能够在近似等温的条件下输送高密度热量，具有传热距离远、启动温差小、布置灵活、结构简单紧凑和可靠性高等优势，非常适用于数据中心这类对环境和安全性要求很高的场合。

室内换热器既可以以机柜背板的形式体现，还可以以列间空调的形式出现。通过全封闭连接管路中的工质自然循环进行热传递，不直接引入室外空气，保证机房室内空气的洁净度。室内末端循环工质为不燃、无毒、无腐蚀且常压下为气态的制冷剂，通过小温差驱动换热芯体中的介质，达到动态的气液相变热力平衡，实现数据中心内设备的节能冷却，保证无水进入机房，杜绝水浸机房的安全隐患，安全可靠性高。室内设备全显热换热，无冷凝水产生，杜绝常规精密空调除湿、加湿的同时，压缩机工作降低湿度，加湿器工作提高湿度。采用分布式自适应按需冷却，根据机房实际需求，实现机柜级按需供冷的个性化温度和湿度调控，其工作原理如图 5-21 所示。

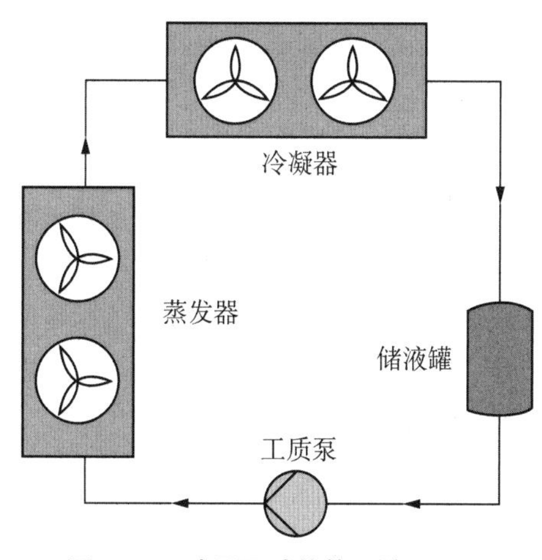

图 5-21 液泵驱动热管系统原理

动力热管与重力热管都是依靠工质在蒸发侧、冷凝器中相变产生的驱动力来实现热量的搬运。由于安装空间受限，冷凝侧和蒸发侧之间的高差不足，导致重力循环热管应用受限，因此在重力热管系统中增加驱动装置，可克服安装高度带来的使用限制。动力型热管根据输送工质可分为液相型和气相型。液相动力型分离式热管采用热泵作为动力输送装置，克服了安装高度的限制，液态工质在液泵驱动下输送至蒸发器吸热，蒸发后的气态工质进入冷凝器冷凝成液态工质，再次经过液泵输送至蒸发器，如此循环。为防止气蚀，一般液泵前需要安装储液器。气相动力型分离式热管采用气泵作为驱动装置，气态工质在气泵驱动力下输送至冷凝器冷凝，冷凝后的液态工质进入蒸发器蒸发吸热，再次经过气泵作用输送至冷凝器，如此循环，其工作原理见图 5-21。气相动力型同样可以克服高度差限制，在气泵作用下完成循环，为防止液击，一般气泵前需要安装气液分离器，气相动力型工作原理见图 5-22。

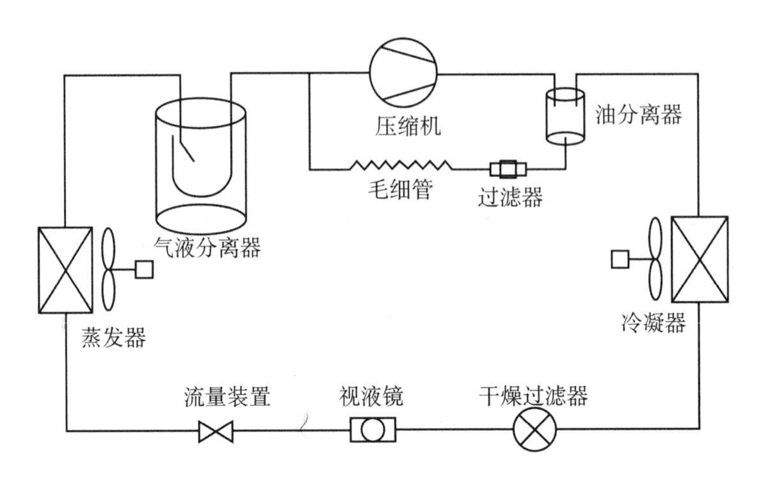

图 5-22　气相动力回路热管机房空调系统原理

2. 重力回路热管换热系统的能效提升作用

当室内外温差为 5～24 ℃时，重力回路热管换热系统能效比（Energy Eifficiency Ratio, EER）为 3.63～10.64。在热管机组的启动温差为 3 ℃情况下，我国大部分地区可以节能 30%～50%。机房内回路热管换热器、空调各自的散热负荷和能耗特性，以及围护结构、设定温度和室外温度都会对系统产生影响。对于北京地区的天气条件，重力回路热管换热系统全年能耗比普通空调下降约 40%。而在上海地区，除夏季以外季节的平均 *EER* 可达 11.8。

热管机房空调系统应用的温度条件为室外温度低于 25 ℃，室内温度应高于室外温度 4 ℃，即可实现节能。当室外温度为 18 ℃时，室内温度达到 28 ℃时，即可提供标称制冷量，能效比可达 21.85，节能率达 88%。经测算，全国典型城市的全年节能率为：哈尔滨 70%、北京 57%、上海 54%以及广州 32%。小型分离式重力热管机组冷量范围为 4～15 kW，能效比 21 以上，单机运行节能相对压缩机制冷节能率达 80%以上。

5.3　高能效液冷冷却系统

液冷冷却系统根据与 IT 设备芯片换热形式的不同，可以分为三种类型。

（1）冷板式的液冷，即利用内部流动冷媒液体的金属板与芯片直接贴合实现冷却。冷板式液冷仅能解决芯片或内存等少量高热量密度的部件，其他电子元器件的发热依然需要通过空气冷却实现。

(2) 浸没式液冷，即冷媒液体将 IT 设备整体浸没的技术。冷媒液体直接与各个部件及元器件换热，并将热量直接或间接带到室外。但因为冷媒液体需要将 IT 设备完全浸没，因此需要大量冷媒液体，导致冷媒用量较大且整体重量较大。

(3) 喷淋式液冷，即通过液体泵将冷媒液体直接喷到各个部件及元器件表面，实现液体冷却。

5.3.1 液/气双通道液冷技术

数据中心液/气双通道冷却技术主要指冷板式液冷技术。冷板式液冷指通过冷板(通常为铜铝等导热金属构成的封闭腔体)将发热器件的热量间接传递给封闭在循环管路中的冷却液体，通过冷却液体将热量带走的一种形式。按封闭在循环管路中的冷却液体是否相变，分为冷板式相变液冷与冷板式单相液冷。使用冷板式液冷系统一般需要配置冷水机组或其他冷源，冷板式液冷一般能带走机柜发热量的 60%左右，剩余的热量需要通过其他形式带走。冷板式相变液冷服务器见图 5-23。

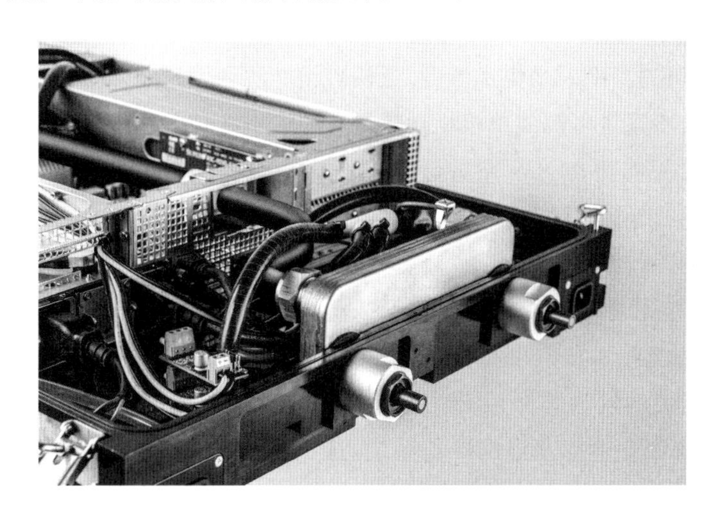

图 5-23 某款冷板式相变液冷服务器

冷板式相变液冷工作流程主要包括以下三个部分：

(1) CPU 处的热量传给冷板蒸发端。

(2) 冷板内的冷却介质吸热相变后从冷板蒸发端流到冷板冷凝端。

(3) 在冷板冷凝端内，气态冷却介质与冷冻水发生热交换，冷凝放热成液态介质，回流到冷板蒸发端，CPU 处热量通过冷冻水循环最终通过室外冷却塔或风冷冷凝器释放到室外环境中。

冷板式单相液冷(图 5-24)工作流程主要包括以下三个部分：

(1) CPU 和内存等的热量传给机架内的水冷冷板。

(2) 冷板内的低温冷媒吸收服务器热量后,将热量输送至机房内的冷量分配单元(Coolant Distribution Unit, CDU)。

(3) 通过 CDU 内的换热器进行热交换,把服务器的热量传给冷冻水,通过冷冻水循环最终释放到室外环境中。

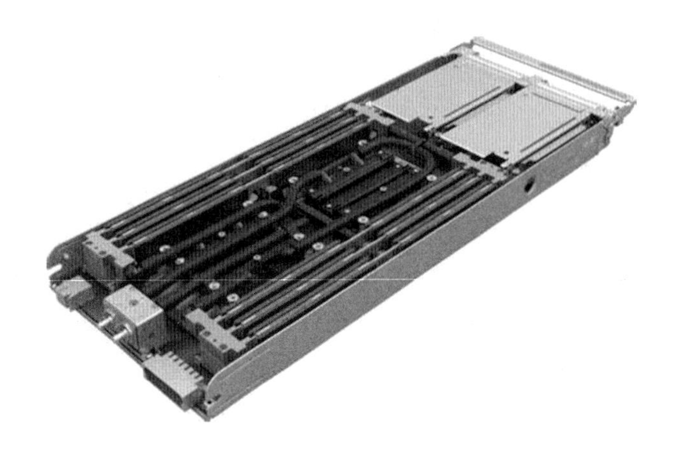

图 5-24　冷板式单相液冷服务器

冷板式液冷可提高冷冻水供水温度,延长自然冷源利用时间,降低冷却系统能耗。同时,冷板式单相液冷系统可解决单机柜功耗较大的机柜冷却问题。在风冷技术下,每台机柜的 IT 功耗最多只能到 30 kW 左右,且能效非常低。而冷板式液冷在 60 L/min 的冷却液流量配置下,单机柜的 IT 总功耗能可达 45 kW 左右,且 *PUE* 低于 1.3,可以实现更高密度的数据中心部署。

冷板式液冷技术可以通过保留现有服务器主板的原始形态改装实现。这种方式拆卸简单、安装方便且技术成熟度高,产业化和规模化生产更可行,但由于冷板只能覆盖 CPU 等发热量较大的发热器件,其他少量发热器件的热量仍然需要风扇来将热量带出去,因此需要布置两套不同水温的冷却系统,这也增加了系统运行和维护的复杂性。

5.3.2 浸没式液冷技术

浸没式液冷技术是一种以液体作为传热介质,将发热器件完全或部分浸没在液体中,发热器件与液体直接接触并进行热交换的冷却技术。按照热交换过程中冷却介质是否存在相变的分类标准,可分为浸没式单相液冷和浸没式相变液冷。二者仅在浸没侧(二次侧)有区别,而一次侧系统基本可以通用。使用浸没式液冷系统室外冷源一般选择开式冷却塔、闭式冷却塔和干冷器等。浸没式液冷一般可带走机柜全部发热量,不需要配置风冷空调作补充,浸没式相变液冷服务器见图 5-25。

浸没式相变液体工作流程主要包括以下三个部分:

(1) 服务器的发热量传给二次侧冷却介质。

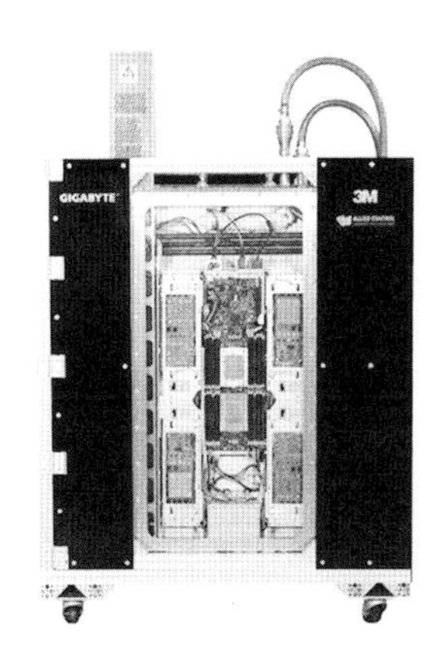

图 5-25 浸没式相变液冷服务器

(2) 二次侧冷却介质吸热相变在换热器将热量传给一次侧冷却介质时，二次侧冷却介质由气态变成液冷回流到服务器。

(3) 一次侧冷却介质经室外冷源设备将热量释放到室外环境中，完成服务器的散热。

浸没式单相液冷工作原理主要包括以下三个部分：

(1) 浸没式单相液冷服务器(图 5-26)的发热量传给二次侧冷却介质。

(2) 二次侧冷却介质通过换热器将热量传给一次侧冷却介质。

(3) 一次侧冷却介质经室外冷源设备将热量释放到室外环境中，完成服务器的散热。

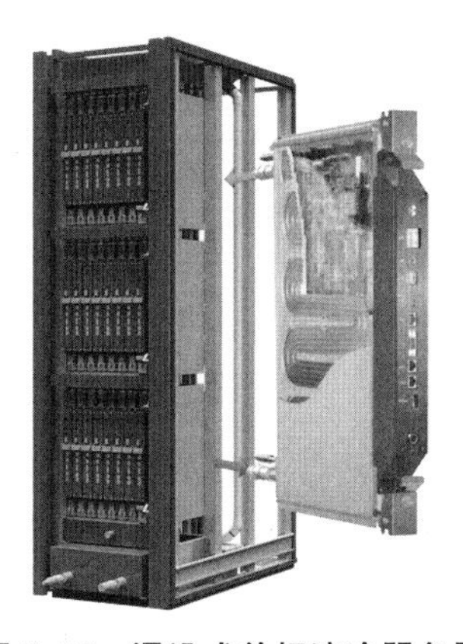

图 5-26 浸没式单相液冷服务器

浸没式液冷系统冷却液具有较高的热导率和比热容，运行温度变化率较小，从而提高冷却水温度，可以延长自然冷源的利用时间，可解决单机架功耗 200 kW 以内的机柜制冷。在浸没式液冷中，冷却液与发热设备直接接触，具有较低的对流热阻，传热系数高，采用浸没式液冷设备，可以解决超高密度数据中心散热问题。按照单机柜 42U 容量配置，放置传统 19 in 标准服务器，单机柜功率密度部署范围可选取 20～200 kW。

浸没式液冷系统可降低服务器的能耗及噪声。采用浸没式液冷无需风扇，冷却介质与服务器直接接触，制冷效率高，而且可消除机械振动对IT设备的损害。但浸没式液冷技术对目前常规服务器有较大改动，需要密封舱体存储冷媒。此外，应用于浸没式液冷的服务器设备应满足对冷却液的兼容性，目前常规的IT设备大多是根据传统风冷散热方式设计的，不太适用于浸没式液冷设备，因此针对浸没式液冷冷却液的特征采用定制化的IT设备则尤为重要。

由于浸没式液冷中的服务器设备浸泡在浸没腔中，因此在运行维护时需要特定的操作程序和设备。例如采用浸没式相变液冷的服务器设备，在维护前为避免冷却液的挥发和泄漏，需要先采用专门的装置将浸没腔体中的冷却液进行回收和封装，待维护完毕后再进行释放。但由于服务器设备重，加之冷却液系统的黏性，依靠人力无法直接将服务器从浸没腔中取出，所以为了方便服务器的维护，维护人员需要设计额外的吊装机械臂，以便省时省力地将服务器从盛满冷却液的浸没腔中取出，这增加了维护的复杂性。

5.3.3 喷淋式液冷关键技术

喷淋式液冷作为液冷的一种，其主要特征为绝缘非腐蚀特性的冷却液直接通过服务器机箱上的喷淋板，喷淋到发热器件表面或与之接触的扩展表面，吸热并被排走，然后与外部环境的冷源进行热交换，控制冷却液以达到系统的入口条件，参见图5-27。

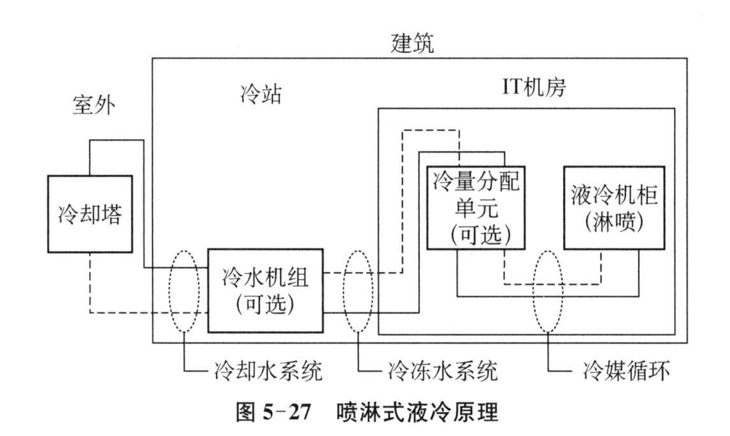

图5-27 喷淋式液冷原理

喷淋式液冷是在一个外形与风冷机架相同的喷淋液冷机架上放置服务器，服务器原有的IT设备布局保持不变，只对其机箱进行改造（即部署相应的喷淋模块），在设备运行时有针对性地对发热器件进行冷却。这种方式的特点是不需要创造传统机房那样的运营条件，喷淋机柜甚至可以放置在办公室，而机房的布电与传统机房所遵循的原则相同，只是取消了对空调的供电，不会对机房基础设施做太大的改动，只对服务器机箱进行少量的改造就能实现较好的冷却性能。

喷淋式液冷机柜系统包括喷淋式液冷机柜（含管路、布液系统、回液系统和PDU等部件）、液冷服务器和冷却液三部分。喷淋式液冷机柜通过管路与室内热交换器相连接，即废热被冷却液吸收后传递到室内热交换器，再通过室外热交换器在大自然进行散热。

喷淋液冷系统具有器件集成度高，散热效率强，高效节能和静音等特点，是解决大功耗机柜在 IDC 机房部署以及降低 IT 系统制冷费用、提升能效的有效手段之一。

喷淋液冷系统采用芯片级精准喷淋技术，实现了基于绝缘非腐蚀面向芯片级冷却、精准喷淋、接触式液冷的高效热管理。芯片级精准喷淋式液冷技术以专门的喷淋模块得以实现(图 5-28)，而喷淋模块可以根据服务器内所对应的器件布局及其器件的功率、热流密度和扩展表面性能等信息进行流量设计。冷却液流量确定后即可进行相关的开孔尺寸、数量和位置设计。其优点是整个服务器的冷却液流量是精准地按照器件发热量和热流密度进行调配和控制的，不需要多余的液体，既可以实现器件温升 ΔT 的良好控制，也可以节省大量的冷却液。

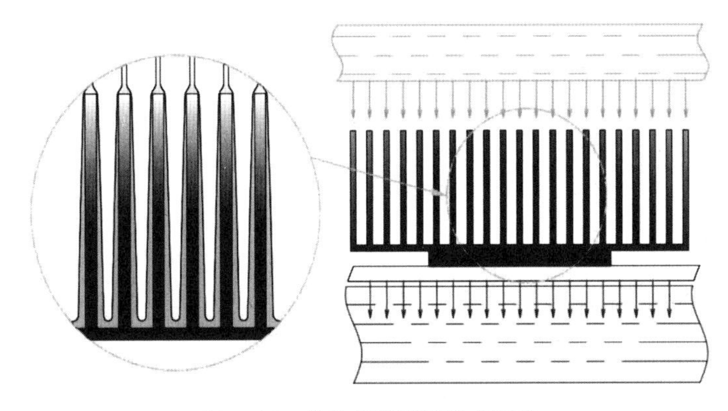

图 5-28　发热器件喷淋冷却示意

冷却液的选择关系到各类服务器内部器件和线缆的相容性、电气、信号传输和散热性能等。选择的冷却液需能长期与各类服务器的核心器件和电缆进行相容，涉及到服务器的各类核心器件包括：CPU，GPU，FPGA，DDR，SSD，PSU，PCB，电容和电感等长期兼容。关于冷却液的绝缘性能方面，如表征导电性能的体积导电率和导电率、表征绝缘性能的击穿电压和电场强度以及表征极化强弱的介电常数等都需要加以考虑，如吞吐量，时延和眼图等指标，因为这些因素关系到信号传输的影响。而散热性能，主要体现在其基本物性，主要包括质量与能量输运方面的参数。

6　高能效算力和存储的软硬件技术

数据中心内是为算力和存储做支撑的。数据中心 *PUE* 的提升，本质上是降低在相同的 IT 设备用电条件下的基础设施用电。从最终目标而言，则是要降低同等算力或存储能力条件下的单位用电强度。因此，提升 IT 设备或系统的效率，并实现单位算力或单位存储能力的能效提升，是数据中心能效提升的一项重要工作。对于 IT 设备能源效率的提高方法，主要有两类途径：一类是硬件优化，通过改进与优化 IT 设备的产品设计实现高效，例如根据用户的具体需求定制化生产高效率的服务器电源，生产高集成度的刀片机，采用基于液冷的冷却方式代替基于风冷的散热方式以及应用待机能耗更低的存储技术等；另一类是软件优化，通过服务器的虚拟化技术将应用程序从多个应用程序合并到一个服务器上，从而减少运行的服务器硬件设备数量。

6.1　新型高效服务器

作为业务核心载体的服务器产品，一个典型的单体数据中心内可能有十几万台甚至几十万台服务器，它们绝大多数是处于每周 7×24 h 的工作模式。为了满足不断增长的业务要求，服务器的性能也在不断提高，在重负荷下的工作时间也不断增加，从而带来了巨大的电能消耗。

在国内，对于服务器产品的节能性能发布了《服务器节能认证技术规范》(CQC 3135—2018)。该技术规范主要规定了单路服务器和双路服务器基准配置的功耗限定值和扩展配置的功耗限定值，以及对应的试验方法、检验规则等相关内容。长期以来，业界在服务器节能技术方面付出了大量的努力，对于服务器的能耗和散热进行技术上的限制，节能研究主要集中在以下三个方面。

(1) 芯片级节能技术。例如 CPU 功耗控制、CPU 频率调整、芯片级冷却技术和低功耗专用芯片部件等。

(2) 基础架构级节能技术。例如储存制冷、高效能电源、高效能散热冷却、水冷及液态金属制冷机柜以及智能温控风扇等。

(3) 系统级节能技术。例如基于负载情况动态调整系统状态、基于作业调度的机群实施部分节点或部件的休眠与面向能耗的进程及作业级迁移等。

在数据中心行业内，服务器节能技术应用主要用于基础架构级，包括刀片服务器、液冷服务器、整机柜服务器、ARM 服务器等。下面对这些内容展开介绍。

6.1.1　刀片服务器

刀片服务器，即刀片式服务器，是指在机架式机箱内可插装多个卡式的服务器单元，是一种实现高可用高密度(High Availability High Density，HAHD)、集中供电、集中散热和集中管理的服务器单元，主要为特定的应用行业和高密度的计算环境而设计使用。刀片服务器的外部形态如同“刀片”，其中的每一块“刀片”都是一台独立服务器。与机架服务器不同的是，整台刀片服务器通常带有集中管理单元和集中交换单元，刀片服务器占用更少的空间，但具有更高的性能。另外，刀片服务器的电路板上设置了关键的服务器组件，每个服务器板消除了专用电缆和其他元素，从而能够为用户大大节约成本。

2016 年 6 月全球著名调查机构 IDC 发布的《刀片服务器推动企业基础架构 走向新 IT 时代》白皮书指出，“融合基础架构是实现软件定义的方式之一，新的刀片服务器解决方案将是一种新的‘组合型’基础架构”。

在全球服务器的总体市场中，国内外厂商纷纷推出了各自研发的刀片服务器。其中，慧与(中国)有限公司研发的 HPE 服务器是基于塑合性基础设施特性的基础架构平台，也就是 HPE Synergy。它具有三大特点：流动资源池、软件定义智能、统一的应用程序接口(Application Programming Interface，API)，这使得在可承担原有刀片服务器功能的基础上，能与云应用和云时代更贴近。

在刀片服务器节能和能效评价的标准制定推进方面，江苏省走在了全国前列，江苏省质量技术监督局发布的《刀片服务器能效标准及节能评价》(DB 32/T 2617—2014)，于 2014 年 1 月 10 日发布，并在 2014 年 2 月 10 日开始实施。该标准为推荐性标准，是依据服务器行业标准与能源之星等节能标准进行编写的，其规定数据中心刀片服务器的能源消耗限额的术语和定义、节能标准、技术要求、计算方法和节能管理与措施等内容，适用于 IDC 数据中心正常工作下的刀片式服务器。

6.1.2　液冷服务器

随着数据中心业务的迅速发展，行业对数据处理能力的需求也在快速增长，这也将使服务器芯片功率密度不断增加，数据传输速度不断提升，服务器设备集成度不断提高，由此会带来更高的散热需求。为了解决服务器电子元器件的散热问题，其中一个有效途径就是用基于液冷的冷却方式代替基于风冷的散热方式，形成液冷服务器。液冷服务器的冷板、喷淋、浸没的技术方案虽然可以在当前的 IT 服务器上进行应用，但依然存在较多限制。例如，冷板液冷技术在应用时，会遇到服务器内部空间不足、管路铺设条件不佳和管路出口需要破坏原有服务器格栅等问题。喷淋式液冷也易遇到空间不足、喷淋口需要针对特定角度的发热源进行定制以及需要额外的服务器封闭改造等问题。浸没式液冷技术则在流场优化、光电插口受液体折射影响和线管长期浸没硬化等方面面临问题。因此，必须针对这些液冷技术进行服务器定制化设计，才能形成液冷服务器系列产品，从而在后续的数据中心能效提升工作中，逐步替代低能效基础设施，实现单位算力的节能。

6.1.3 整机柜服务器

整机柜服务器是对分离的服务器和机架进行融合，最初是一种交付方式，后来演进为一类产品，现在并存着多个标准。Open Rack 和天蝎 2. X 机柜都采用 21 in 内宽、集中供电单元的架构，主要区别在于天蝎整机柜还集中了散热（风扇）和机柜管理控制器（Rack Management Controller，RMC），供电铜排（busbar）的位置也与 Open Rack 不同，从而导致了节点形态上的差异。

Open Rack 整机柜采用扩展空间、集中供电、前端维护、后端供电和散热的设计形式，提升了空间利用率和电源使用效率。Open Rack 目前已被一些全球超大型互联网服务提供商采用，如 Facebook、Google 和 Microsoft 等，在规模计算领域帮助降低 TCO、提升能效。支持 RMC 且兼容 Open Rack 的供电柜与 PSU 供电模块见图 6-1。

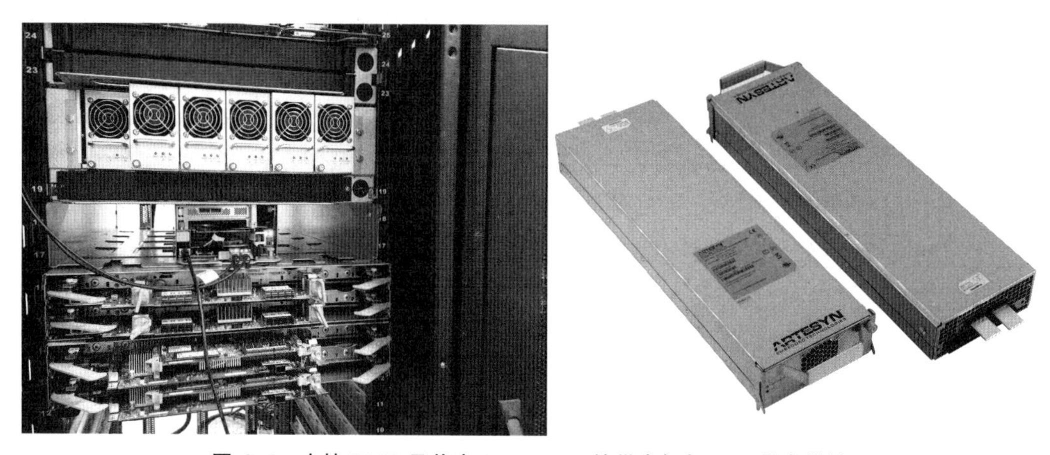

图 6-1　支持 RMC 且兼容 Open Rack 的供电柜与 PSU 供电模块

天蝎整机柜采用集中供电、集中散热、集中管理的设计形式，以实现更高的电源使用效率，对机房环境有要求，具有节能和交付效率高等优势，适用于有一体化供货、快速交付需求的用户。截至 2019 年，整机柜累计部署规模 2.7 万柜，供应商有浪潮、英业达、曙光和联想等企业。

整机柜集成交付方式常采用标准机柜，与通用机架式服务器或多节点服务器打包集成交付。阿里方升整机柜采用机柜和服务器分离的整体集成交付方式，支持通用服务器，能同时适用于自建机房和通用机房。

从 Open Rack 到天蝎整机柜，整机柜迈向产品化的典型操作是集中供电。开放计算项目（Open Computer Project，OCP）旗下的 Open Rack 和开放数据中心委员会（Open

Data Center Committee，ODCC)旗下的天蝎整机柜，都采用了取消服务器节点的 PSU，将 PSU 集中到一起(池化)，通过 12 V(Open Rack 已加入 48 V)直流铜排统一为所有节点供电的方式。

池化散热(风扇)有减少故障点、集中管理等优势，天蝎整机柜还进一步整合了散热功能(风扇)，Microsoft 的 OCS (Open Cloud Server) v1/v2 也是如此。

Open Rack 则采用大口径风扇(图 6-2)，具有更高的效率，这对 Open Rack 和天蝎整机柜的服务器节点形态造成了很大的影响。

图 6-2　Microsoft OCS 整机柜风扇模组

6.1.4　ARM 服务器

目前的 CPU 计算架构中，x86 和 ARM 是最为主流的两种架构。CPU 是电子设备的运算和控制核心，负责指令读取、译码与执行。指令集是 CPU 处理指令及数据的规范，可分为复杂指令集(Complex Instruction Set Computer，CISC)与精简指令集(Reduce Instruction Set Computer，RISC)，前者以 x86 架构为主，后者涉及 ARM、MIPS、Alpha 和 Power 等架构，CISC 和 RISC 对比见表 6-1。

表 6-1　复杂指令集(CISC)与精简指令集(RISC)对比

项目	CISC	RISC
特点	指令多，一条指令执行多个功能	指令少，复杂任务由多个精简指令组合完成
优点	特定功能执行效率高，如多媒体处理	功耗低，常用工作执行效率高
缺点	系统设计复杂，执行效率低	部分复杂任务处理效率偏低，例如多媒体处理
典型架构	x86	ARM，MIPS，Alpha，Power

资料来源：由中国专业工厂社区和兴业证券经济与金融研究院整理。

CISC 架构设计通过直接在硬件中构建复杂的指令，使编程更方便、程序运行速度更快，其架构中的每个指令可执行若干低端操作，诸如从存储器读取、存储和计算操作等全部集中于单一指令之中。

RISC结构优先选取使用频率最高的简单指令，可避免复杂指令，将指令长度固定，使指令格式和寻址方式种类减少，以控制逻辑为主，不用或少用微码控制等措施来提升效率。

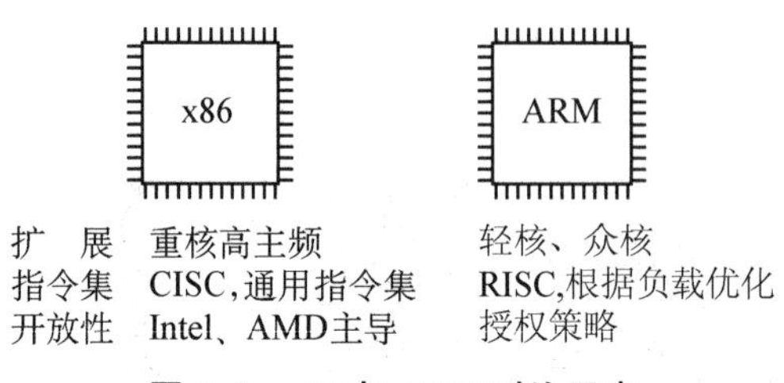

图6-3　x86与ARM对比示意

从图6-3可知，能耗低是ARM相较于x86的最大优势，x86架构采用效率低下的体系架构，功耗较高；而ARM采用RISC的设计理念，具有计算高效的优势，性价比高。ARM单位面积内核数更多、算力更强，一个ARM核的面积仅为x86核的1/7。同样尺寸下，ARM核数是x86的4倍以上。由于芯片尺寸限制，ARM的众核横向扩展更符合分布式业务需求。

ARM架构简化仅保留所需要的指令，可以让整个处理器更为简化，拥有小体积、高效能的特性。因ARM授权的弹性以及核心架构单纯，ARM的架构高密度整合，ARM处理器架构可以很容易与其他专职的特殊核心（如GPU、多媒体译码核心、基频调制解调器以及I/O控制等）架构整合，通过系统单芯片（System-On-a-Chip，SoC）的方式，完成单芯片设计。通过不同的核心分工，ARM架构应用处理器的核心负担相较传统x86处理器低很多。

ARM架构具有自由性，只需向ARM买下核心授权，就可以与其他IP公司的方案以及授权客户本身的优势技术整合。因此，虽同为同一世代的ARM核心架构，即便频率相同，结果也可以不同。

但是，ARM在服务器领域的生态并不成熟。因为Wintel联盟牢牢垄断计算机产业生态，且各类厂商更倾向于x86架构，故ARM服务器在市场推广方面存在较大阻力。x86服务器相较于ARM服务器而言，虽具有性能强的优势，但同时也具有功耗大、成本高的劣势。因此，ARM已经明确了其针对数据中心的Neoverse架构迭代升级策略，每一代性能提升都在30%以上，ARM与x86之间性能上的差距将不断缩小。

此外，ARM还存在扩展性受限和兼容性较差的问题。x86可通过桥的方式扩展外设，而ARM则需通过专用接口与存储连接，所以ARM的存储和内存等性能扩展难以进行，采用ARM结构的系统，一般不考虑扩展。ARM支持Linux和衍生系统（iOS、Android等），几乎所有的硬件系统都要单独构建自己的系统，与其他系统不能兼容，导致其应用软件不能方便移植，应用和系统需要定制，这也制约了 ARM 系统的发展和应用。

6.2 高效存储设备

现有的硬盘存储模式占用大量数据机架空间，且硬盘待机需要服务器整体的待机作为前提，从而导致存储系统的待机能耗大。对于热数据而言，这种待机方式还是有一定经济价值的；但对于冷数据，尤其是长期存储、几乎不读取的数据而言，此类硬盘存储的方式能耗过大，成本过高。行业内通过长效光盘存储可实现较低成本的长期存储，同时也有多种模式结合的磁光电融合存储的技术模式。

6.2.1 长效光盘存储

光盘库存储技术（图 6-4）利用蓝光光盘的可靠长效存储特点构造高密度光盘库库体，能够在单体内容纳和存取万张光盘，并通过机电一体化调度技术对光盘进行科学智能化管理，来实现海量信息数据的长期安全存储、快速调度查询和归档管理以及智能化离线管理，具有防黑客、抗电磁干扰、节能环保及无辐射等特点。

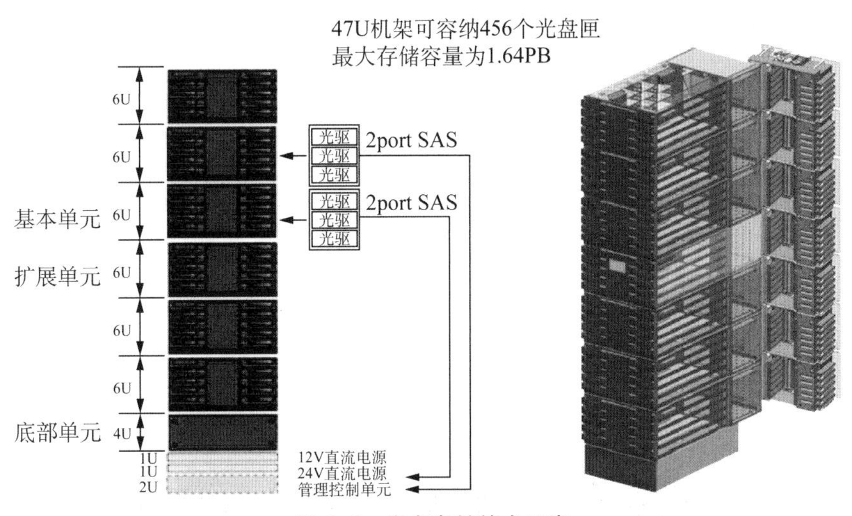

图 6-4　光盘存储技术示意

以蓝光光盘作为存储媒介的长效光盘存储系统的基本结构包括：光盘匣、光驱阵列和机械手，以串行连接（Serial Attached SCSI, SAS）接口连到服务器，包含了 RAID 和机械手控制器以及驱动。

用户端访问光盘库数据时，机械手自动定位并从光盘匣中提取光盘放入光驱进行数据读写。

从读写方式而言，可进一步分为非接触式记录方式和接触式记录方式两种，目前以非接触式为主流应用,其中相变记录技术和蓝光记录技术更具代表性。下面将对其展开介绍。

1）接触式记录方式与非接触式记录方式的区别

读写头与光盘不接触、无磨损,记录信息不会因反复读取而产生衰减,可靠性高。与磁带的接触方式相比,非接触的光盘记录方式(图 6-5)在数据归档方面具有更高的可靠性。

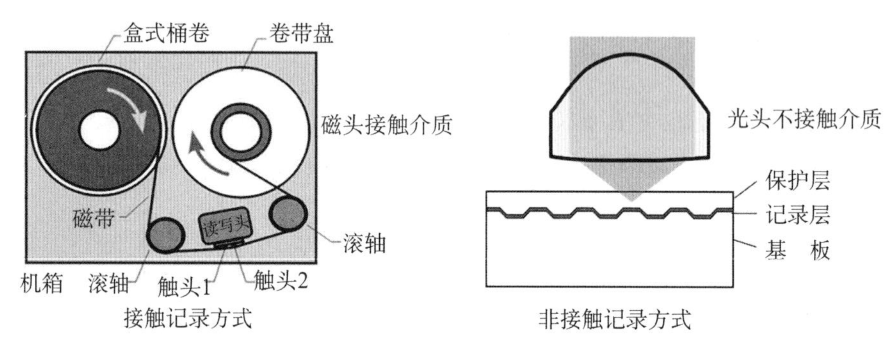

图 6-5　非接触式记录方式的示意

2）非接触式相变记录方式优势

利用激光改变相变材料的状态进行数据记录或读取,且状态不可逆,可靠性高。与硬盘、磁带的磁性记录方式相比,光盘的相变记录方式对数据归档具有高可靠性。不受电磁波、磁场等自然环境因素影响,具有高耐久性,具体见图 6-6。

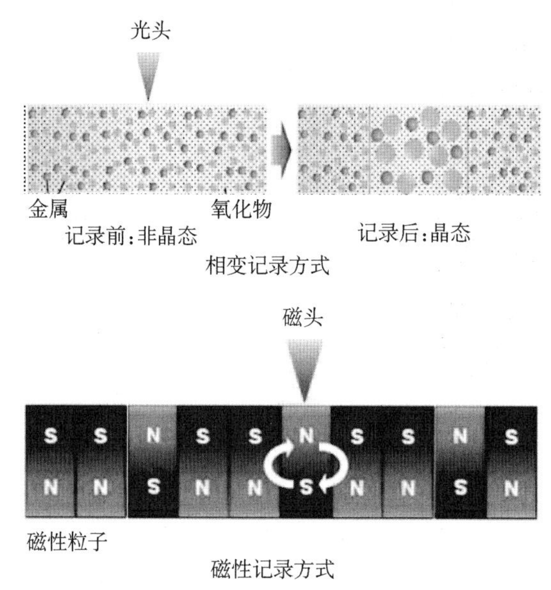

图 6-6　相变记录方式的示意

3）非接触式蓝光光盘存储优势

(1) 介质存储寿命。

通过基于 ISO/IEC 16963—2013 进行 Eyring 模型的加速老化试验,可确定蓝光光盘介质存储寿命。在 30 ℃,70%RH 的环境及存活率 95%的计算条件下,寿命可超过 50 年。蓝光光盘对于长期归档具有更高可靠性,可见表 6-2。

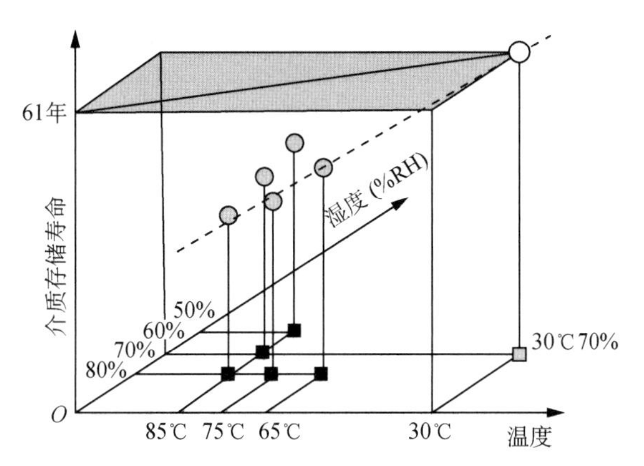

图 6-7 不同温、湿度条件对介质存储的影响

表 6-2 三种存储介质比较

内容	硬盘(HDD)	磁带(TAPE)	蓝光光盘(BD)
介质寿命/年	3～5	5～10	>50 年
介质容量	8 TB	2.5 TB(LTO6)	300 G/500 G
读写方式	非接触式	接触式	非接触式
记录方式	磁性记录	磁性记录	相变记录
数据纠错能力	低	低	高
抗磁干扰能力	低	低	高
数据防篡改	可改写	可改写	不可改写
RAID 技术	支持	不支持	支持
兼容性	兼容	隔二代不兼容	兼容
数据迁移频率	高	较高	低
温度影响	高	较高	低
空调需求	必须	必须	不需要
可携带性	低	高	高
电力消耗	高	较低	低
环境要求	高	较高	低

(2) ECC 纠错能力。

蓝光光盘具有检查和纠错能力(Error Checking and Correcting, ECC),可使误码率降至 1.2×10^{-21}。纠错能力与 ECC 数据尺寸成正比,且高于磁带和机械硬盘(Hard Disk

Drive，HDD)，具体见表 6-3。

表 6-3　　ECC 纠错能力的比较

介质	BD/AD	HDD	LTO
ECC 数据尺寸/KB	64	4	24
纠错能力	高	低	低
突发性错误检查机制	通过 BIS 检测	无	无
误码率	1.2×10^{-21}	1.0×10^{-15}	1.0×10^{-19}

6.2.2　磁光电融合存储

随着数据中心规模的扩大，存储系统的成本和功耗也在不断增加。数据存在老化曲线的情况，根据数据的不同需求，可将其分为冷数据、温数据和热数据等不同属性，通常将温数据、冷数据迁移到具有低成本、低功耗的存储系统中。磁光电存储系统技术采用多级存储融合和全光盘库虚拟化存储机制，将固态存储(电)、硬盘(磁)和光存储(光)有机结合组成一个存储系统，分别对应热、温、冷数据进行存储，提供适合数据中心应用的存取接口。

不同使用频次的数据所适用的不同存储方式如图 6-8 所示。

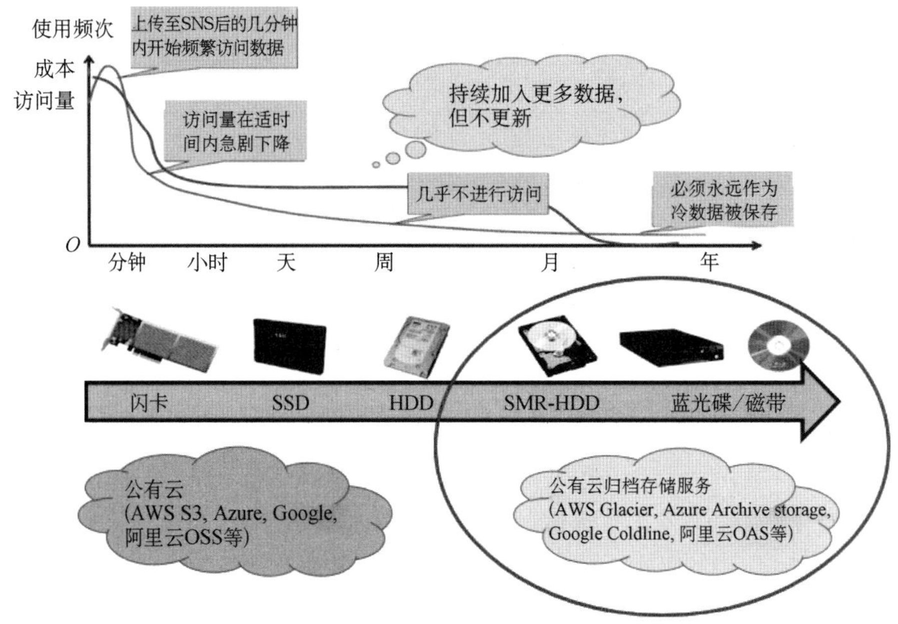

图 6-8　不同使用频次的数据所适用的不同存储方式

1）公有云归档存储服务

归档存储服务提供应用程序界面(Application Program Interface，API)供业务访问；同时位于公有云对象存储后端，采用数据周期管理策略实现数据转储的功能。归档存储所采用的是低成本存储系统(分布式存储、磁带存储与蓝光存储),存储介质可包括以下三类。

(1) 低成本 HDD:功耗更低、冷却成本更低、容量更大的 HDD 盘配合硬盘休眠技术,减少存储系统能耗和制冷成本。

(2) 磁带:磁带技术的不断发展,使其成本低、功耗低和长期保存等优势长期存在。

(3) 蓝光光盘:长期保存、功耗低等优势使其可用于备份归档领域。

2) 分布式存储技术分析

相比磁带存储和蓝光存储方案,分布式存储方案具有系统性能高和时延更优、架构开放、标准化程度高、不需单独维护 FC SAN 网络等优势。分布式存储方案适用场景更广泛,具备(节点内和节点间)数据自动分级存储功能,但功耗和成本较高。其可采用两种技术路线。

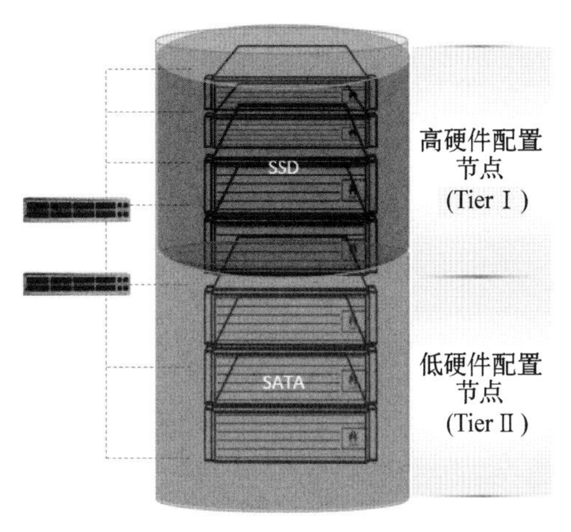

图 6-9　高硬件配置节点和低硬件配置节点结合技术示意

(1) 一套在线存储系统内有高硬件配置节点(Tier Ⅰ)和低硬件配置节点(Tier Ⅱ),见图 6-9。不常访问的数据将从 Tier Ⅰ 自动迁移到 Tier Ⅱ。

适用场景:对时延要求较高的在线存储场景。

(2) 备份平台和分布式存储系统组成备份系统(图 6-10),业务系统则通过备份软件使用备份服务,使在线存储系统与备份系统实现松耦合。

适用场景:有较高性能和访问延迟要求的私有云共享备份场景。

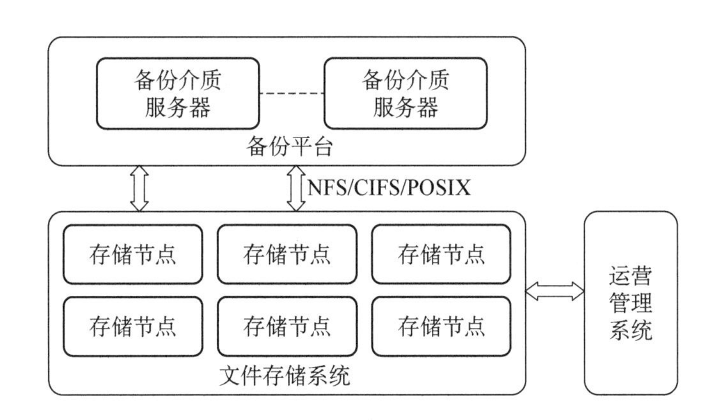

图 6-10　备份系统中存储平台为分布式文件存储系统部署架构

3) 磁带存储技术分析

线性磁带文件系统(Linear Tape File System, LTFS)为保证易用性和可迁移性设立了全新的标准(图 6-11)。磁带成本低、功耗低、便于长期保存等优势使其长期存在。磁带方案适用于对成本和功耗有要求、但对时延要求不高的备份或存储场景。IBM 共享文件系统(General Parallel File System，GPFS)与磁带文件系统结合，形成基于策略的分级存储系统。在线存储(Tier1)与磁带库(Tier2)实现紧耦合，不常访问的数据从 Tier1 自动迁移到 Tier2。

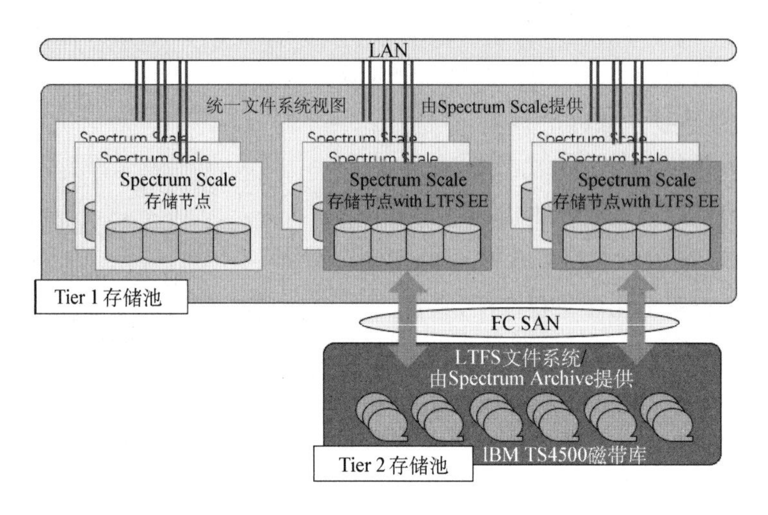

图 6-11　线性磁带文件系统 LTFS 示意

4）蓝光存储技术分析

蓝光存储，指用大容量的蓝光光盘为存储介质，依托大型自动化的光盘库设备，利用内置机械手自动完成装载光盘到光驱中以完成数据自动向光盘读写等基本操作的一种技术。适合数据的长期和安全存储，一般用于数据的归档或者备份、冷数据存储领域。

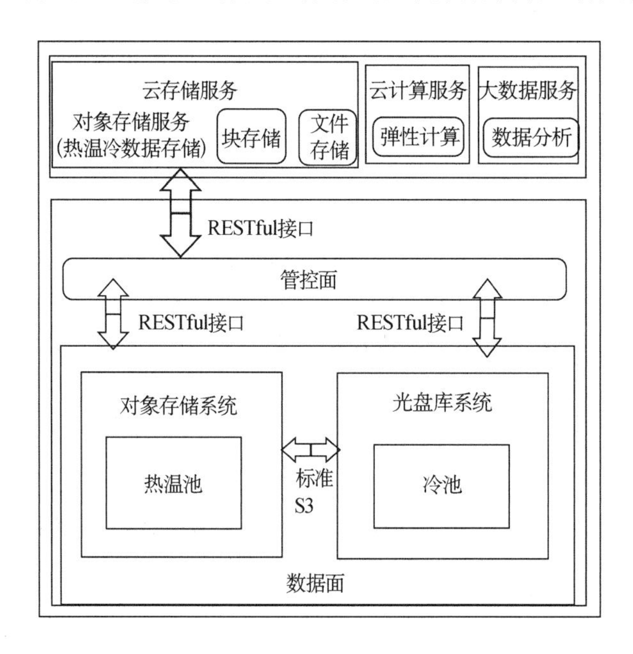

图 6-12　应用蓝光光盘存储的云存储服务系统示意

如图 6-12 所示，在应用了蓝光光盘存储技术的云存储服务系统中，通过对象存储服务，实现按需存储，降低数据存储 TCO。对象存储系统通过标准 S3 接口与光盘库系统交互，数据读写请求先进入对象存储系统，再根据分级策略从光盘库系统读取或写入。管控层的功能，是通过 RESTful 接口统一管理对象存储系统和光盘库系统的设备、租户、桶、权限以及告警日志，同时提供 RESTful 接口对接云管平台，提供云服务。最终实现热温冷数据自动迁移，冷数据归档到蓝光存储，长期保存。

分布式文件存储、磁带存储、蓝光存储均可用于保存热温冷数据。分布式文件存储架构开放、系统性能更高和更优的时延，适用场景更广泛。磁带存储和蓝光存储则具有低功耗、长期保存优势；对于离线数据，更优的磁带存储的成本和功耗最优。三者具体技术分析对比见表 6-4。

表 6-4　　磁光电融合存储技术对比分析

	分布式文件存储集采容量型	磁带存储	蓝光存储
对比方案中有效容量及硬件配置举例	集采采购粒度 1PB，50PB 是单个采购粒度的 50 倍 1PB 采购粒度硬件配置如下： 1. 存储服务器 6 台：每台配置(2×E5-2 630V4/128GB 内存/1 × 2TB NVME SSD/36×8TB HDD) 2. 万兆交换机 2 台用于内部互联，另需接入交换机 600 口	有效容量 50PB 1. 需 1 个主柜+5 个扩展柜：双机械臂，76 个双口 LTO8 磁带驱动器，5 066 个磁带槽位；每副本磁带 4 850×12TB LTO8；2 副本 2. FC 交换机 152 口	有效容量 50PB 1. 需 38 光盘柜：每柜配置(管理服务器一台(2×E5 系列/64GB 内存/14 块×1TB)/单组光驱组/5 472 × 300GB 档案级蓝光盘 2. FC 交换机 76 口
吞吐性能/(GB·s^{-1})	135	27.36	7.6
访问时延	毫秒级	冷数据取回时间分钟级	冷数据取回时间分钟级
并发性	高	受限于磁带驱动器数量	受限于光驱数量
功耗/kW	约 230	约 2.9	约 6.8
购买价格(50PB，含税)/万元	4 675	1 200	6 236.35
5 年综合造价/万元	7 850.85	1 662.908	8 031.46
安全性	WORM 功能确保文件不被更改；防病毒扫描避免恶意文件感染	可加密，可出库离线保存；保存环境有要求	蓝光光盘数据写入后不可修改
市场成熟度	成熟的生态圈，潜在目标厂商多	潜在目标厂商(IBM、昆腾、HP)	潜在目标厂商(华录、万思维通信)
适用场景	适用场景广泛	有成本和功耗要求、时延要求不高的备份或存储场景	有功耗要求，时延要求不高的备份或存储场景

6.3 虚拟化技术

虚拟化是一种资源管理技术，是将计算机的各种资源（CPU、内存、磁盘空间、网络适配器等）予以抽象、转换后呈现出来，并可供分割、组合为一个或多个计算机配置环境，经过重新分割、重新组合，从而达到最大化合理利用物理资源的目的。其主要技术路线是服务器虚拟化，即在硬件系统上通过软件建立多个虚拟的服务器以应对不同的执行要求。其中，开源 KVM（Kernel-based Virtual Machine）虚拟化技术作为一个开源系统的虚拟化模块，可组成一个大的虚拟化资源池，方便用户从资源池中按分配计算能力。

所谓虚拟化技术就是利用具有高可靠性的软件来定义硬件、软件，定义网络等虚拟技术，将现有物理服务器的资源进行合理分配，从抽象到再生、从提取到整合，形成一整套的逻辑资源，通过对数据中心服务器进行物理机虚拟化，对存储以及网络设施创建一个动态的、高效的、灵活的基础设施架构，从而更好地将数据中心的资源整合在一起，增强服务器、网络设施、存储之间的协同性，从而提高整个数据中心的运行效率。

6.3.1 服务器虚拟化

服务器虚拟化是指将服务器物理资源抽象成逻辑资源，让一台服务器变成几台甚至上百台相互隔离的虚拟服务器，使之不再受限于物理上的界限，而让 CPU、内存、磁盘和 I/O 等硬件变成可以动态管理的“资源池”，从而提高资源的利用率，简化系统管理，实现服务器整合，让 IT 对业务的变化更具适应力。

虚拟服务器可采用模板或服务器的复制方式快速建立。整体耗时不超过 15 min。与传统方式相比，所需部署时间最短可以缩小到 1/1 440，这极大地提高了用户信息中心应对用户各类突发新的应用需求的能力，并且节约了大量的工作时间，提高了整体的工作效率。

内存虚拟化是将真实的物理内存通过虚拟化技术，虚拟出一个虚拟的内存区间。虚拟机的内存用来作为客户虚拟机的物理内存，也就是说，为了让客户机使用一个隔离的、从零开始且具有连续的内存空间，虚拟机引入了一层新的地址空间，即客户机物理地址空间。而这个地址空间并不是真正的物理地址空间，它只是宿主机虚拟地址空间在客户机地址空间的一个映射。I/O 虚拟化主要包括了网卡虚拟化和磁盘虚拟化，可以在物理网卡和物理磁盘上虚拟化出虚拟网络接口（virtualised NIC，vNIC）和虚拟磁盘提供给虚拟机使用。

另外，与物理机模式相比，虚拟化是指在物理服务器上使用一个虚拟化层，在虚拟化层之上可以运行多个客户端操作系统。通过分时及模拟技术，将物理服务器的 CPU 和内存等资源抽象成逻辑资源，向客户端操作系统提供一个虚拟且独立的服务器硬件环境，提高资源利用率和灵活性。

虚拟化技术的引入，不会对原有的网络架构产生网络结构和物理本质上的变化，原有的网络架构依然会保留，在数据中心（网络中心）的基础设施方面，减少了服务器、交换机、机架、网线、UPS 和空调等设备的投入与维护成本。其中，原先设备可以根据虚拟化扩展技术进行利旧更新，这也使得 IT 管理人员有了更多的选择。

图 6-13 为虚拟化整合之后的 IT 架构，由图可知虚拟化后的网络拓扑并没有变化。通过软件定义网络，虚拟化后的物理服务器形成了虚拟化集群进行统一管理。同时，原有的传统服务器设备依然能够正常运行，并且可以同虚拟化集群融合在一起。原先的虚拟局域网（Virtual Local Area Network, VLAN）、链路备份，业务隔离及协同工作等方式，都将延续原来的网络管理模式。

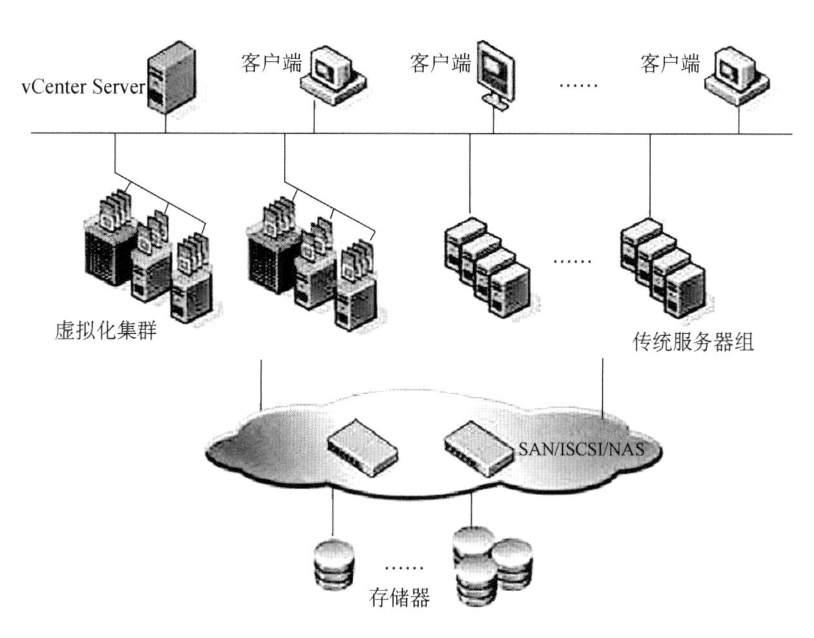

图 6-13 虚拟化整合后的 IT 架构

服务器虚拟化后，可避免服务器硬件待机空转，大幅度提升物理机的使用效率，从而降低单位算力能耗，实现 IT 设备的节能。

6.3.2 开源 KVM 虚拟化

KVM 虚拟化是虚拟化技术的一个重要技术路线。KVM 是 Linux 内核的一个模块，是一个基于硬件辅助开源的 Linux 原生的全虚拟化解决方案。KVM 是最底层的虚拟机监视器（Hypervisor），用于模拟 CPU 的运行，如果少了对 network 和设备 I/O 的支持，则无法直接使用。而 QEMU-KVM 则是一个完整的模拟器，它的构建基于 KVM，提供了完整的网络和 I/O 支持。

Openstack 不直接控制 QEMU-KVM，而采用 Libvirt 库间接控制 QEMU-KVM。Libvirt 提供了跨 VM 平台的功能，它可以控制除了 QEMU 之外的模拟器，包括 VMware，VirtualBox 和 Xen 等。

QEMU 是一个实现软件虚拟化的开源软件，它通过动态二进制转换实现对 CPU 的模拟，并且提供了对一整套设备的模拟，从而可以使未经修改的各种操作系统得以在 QEMU 上运行。由于所有的指令都要 QEMU 翻译一遍，因而性能较差。QEMU 是纯软件实现的全套虚拟化解决方案，其会仿真处理 Guest OS 的指令，效率比较低。

KVM 社区的 fork 分支 QEMU-KVM 把 CPU 和内存替换成 KVM，而将设备的模拟代码保留，从而实现硬件虚拟化加速、性能的提高。在 QEMU 1.3 版本之后合并进主干分支，因此，QEMU-KVM 形成了用户态 QEMU 模拟器加内核态 KVM 模块所构成的一套完整的虚拟化平台。

7　数字化精细管控

随着信息化、数字化的发展，数据中心的需求不断增加，数字化技术也不断影响着数据中心的管控。其中，气流组织模拟和设施数字化等作为主要技术，应用较广。气流组织模拟需要建立大量精确的专用模型。设施数字化技术应用在数据中心和应用在普通建筑上略有不同，但整体较为一致。依托这些数字化技术，可以细致地对数据中心进行管控。

7.1　气流组织模拟技术及其作用

7.1.1　气流组织模拟及计算流体动力学

气流组织模拟主要依托计算流体动力学(Computational Fluid Dynamics，CFD)的相关软件，利用计算机进行数值计算，并通过图像进行结果显示，对含有流体流动和热传导等相关物理现象的系统进行分析。

CFD的基本思想是用一系列有限个数离散点上的变量值的集合来代替原本在时间域及空间域上连续物理量的场，如速度场和压力场等，并通过确定一定的原则条件和计算方式来建立起位于这些离散点上的场变量之间的相关关系的代数方程组，对代数方程组进行求解后，进而获得场变量的近似值。

换句话说，可以将CFD看作是在流动基本方程(质量守恒方程、动量守恒方程和能量守恒方程)的原理下对流动进行数值模拟的工具。通过这种数值模拟，可以得到对于极其复杂问题的流场内各个位置上的基本物理量(如速度、压力、温度及浓度等)的分布，以及预测与判断这些物理量随时间而变化的情况，从而进一步确定旋涡的分布特性、空化特性及脱流区等所需要的模拟内容。同时还可据此算出相关的其他物理量，比如旋转式流体机械的转矩、水力损失和效率等。除此之外，将CFD工具与AutoCAD软件进行联合使用，还可实现相关的结构优化设计等。

目前已经实施的《数据中心设计规范》(GB 50174—2017)，对CFD做了如下定义：通过计算机模拟求解流体动力学方程，对流体流动与传热等物理现象进行分析，得到温度场、压力场、速度场等计算结果。

《数据中心设计规范》(GB 50174—2017)描述了数据中心具体应用CFD的部分内容：主机房空调系统的气流组织形式应根据电子信息设备本身的冷却方式、设备布置方式、设备散热量、室内风速、防尘和建筑条件综合确定，并宜采用 CFD 对主机房气流组织进行模拟和验证。

《数据中心设计规范》(GB 50174—2017)要求气流组织形式应根据设备对空调系统的需求，同时结合建筑条件综合考虑。通过采用 CFD 气流模拟方法对主机房气流组织进行验证，可以事先发现问题，减少局部热点的发生，从而保证设计质量。

针对数据中心应用 CFD 技术的标准，国内外的标准规范略有不同。国外的标准中如《数据中心电信基础设施标准》(TIA-942-B—2017)，BICSI 002 等均认为，将 CFD 技术应用于数据中心的模拟与分析是一种切实有效的预测方法、计算验证工具和预防实际建筑建设时出现问题的应对措施。

根据上述标准可知：在数据中心规划设计的阶段，通过借助 CFD 工具可以进行相关场地环境、气流组织、设备发热及空调制冷的不同情况的综合模拟分析。同时 CFD 界面直观地反映了数据中心场地环境内的热负荷分布情况和温度梯度分布的静态轮廓图，可进行直观三维展示。另外，运用 CFD 技术可对局部热点等问题提前预判，降低其发生概率，提高数据中心设计质量，节约投资与运维成本。CFD 技术还可以实现数据中心场地设备布置与空调制冷系统互相匹配分布的最佳方案设计，同时可以进行多方案的分析、比较、评估、验证、修正以及优化等内容。

7.1.2 计算流体动力学的关键数据

计算域中，对于不同现象，每个单元上的所有变量都会有对应的求解结果。其中，基本变量包括了压力(由连续性方程得出)、温度和速度分量(由此产生的合速度和方向)。在整个房间内的所有网格点都有相应的数据，而具体的数值取决于所选的网格。

在笛卡尔坐标系下的结构化网格中，数据将被存储在一组 3D 数组中，每个求解变量对应一个数组，并且(在有限体积法中)每个网格单元对应一个值。几乎所有 CFD 工具都将提供以下内容：结果截面、流线、表面绘图、后处理数据以及对于输出结果的汇总，而这些内容也是 CFD 的关键数据。具体介绍如下。

1. 结果截面

结果截面指的是计算变量值的图形描述，它是以绘图的形式显示在 3D 模型中(通常是某个高度方向上的平面或其他方面)，其中所选平面中的每个网格单元都以彩色的方式呈现，并且根据所选变量在网格单元格中的值来设置相应的颜色(图 7-1)。

在图 7-1 所示的算例中，如果利用灰度来表示温度变化，则白色代表高温，而深灰色(几乎是黑色)代表低温。由于大多数计算机或打印机输出是彩色的，一般紫色或蓝色表示低温，红色表示高温。

通常情况下，以平滑的方式来绘制变量，通过在点之间进行插值来构建连续变化的

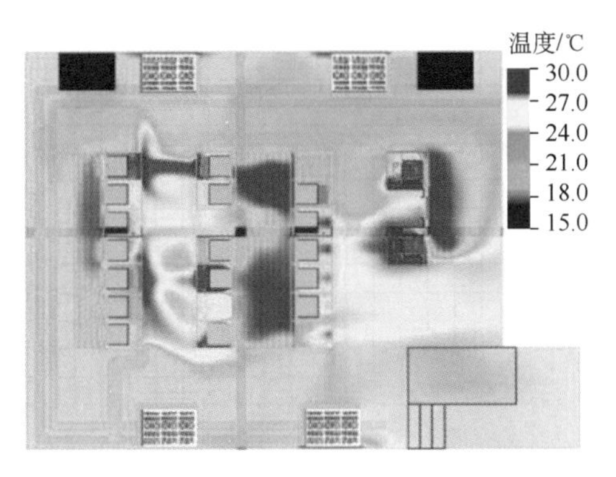

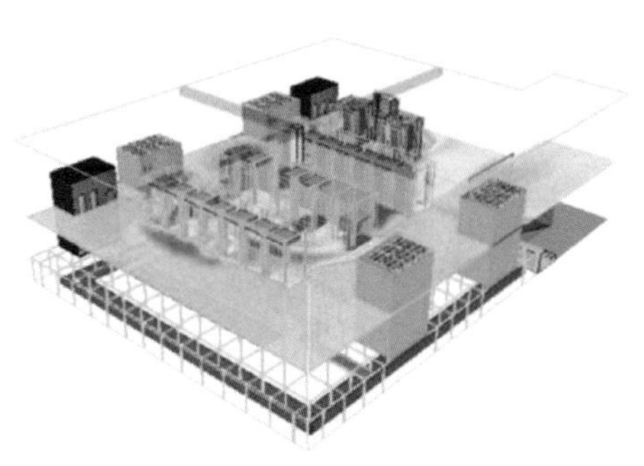

(a) 机柜半高度处的结果截面俯视图　　(b) 机柜半高度处的结果截面俯视图

图 7-1　机柜半高度处的结果截面(Future Facilities 提供)

值。除此之外,大多数的模拟工具还允许用户只利用计算得到的数值来进行绘制,这对于部分算例是有帮助的。需要注意,当一些 CFD 程序进行插值时,在固体边界或者固液交界面附近并没有很高的准确性,在这种情况下,简单的插值可能会产生错误的结果。

通过结合三个正交速度分量(或三个通量)的情况,结果截面也可用于绘制气流流动(图 7-2),或者在适当时也用于绘制热传导的热通量。平面中速度(或通量)的大小通常由箭头的大小来表示,而 3D 速度的大小通常由色标或灰度来表示。为了易于观察流动与其他变量之间的关系,平面图中的颜色也经常用于表示另一个变量。

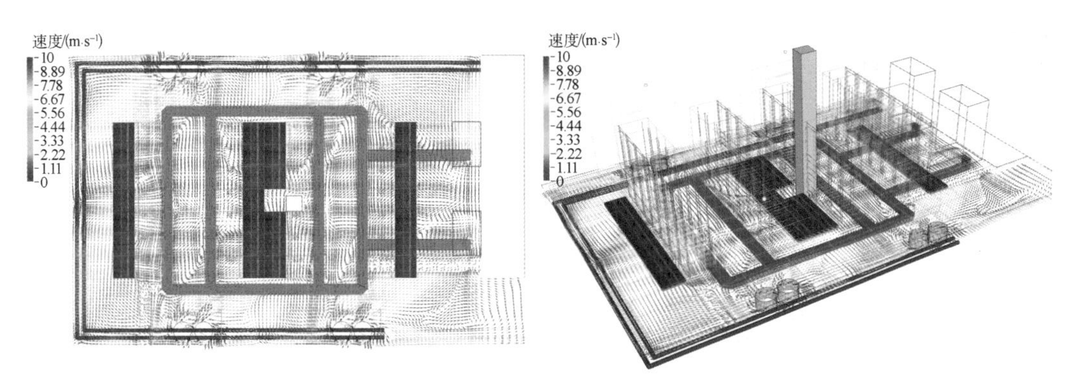

图 7-2　高架地板内流动模式的结果截面(Future Facilities 提供)

2. 流线

"流线"通常用于理解空气的对流流动路径或热传导的路径(图 7-3),大多数人都曾看到过飘带,而气流中携带的烟雾或水中的染料等物体形成视觉上的现象就像飘带一样,它们均是沿着流体的对流路径从单个点或一组点进行流动的。

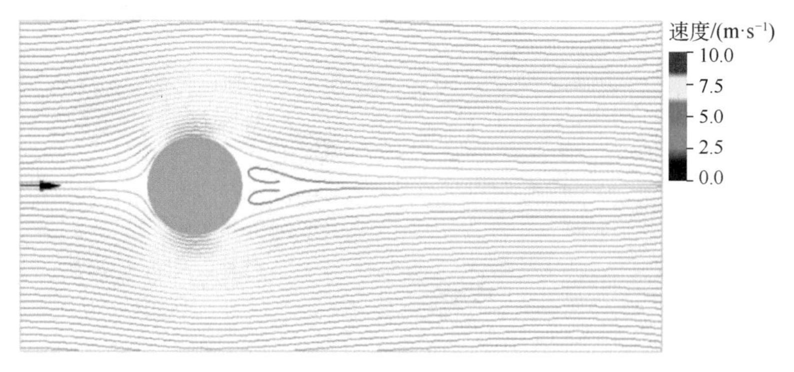

图 7-3　圆柱体周围的流线型流动(Future Facilities 提供)

3. 表面绘图

另一种可视化处理的方法是以图形的方式描绘某一表面上的计算结果。对于表面绘图有两种基本类型:在物体表面上的分布和表示计算变量等数值的表面。下面将展开介绍这两种基本类型。

(1) 在物体表面上的分布,例如表面温度或表面压力。一方面,表面温度通常是其固体表面与流体(通常是空气)接触时的温度,这对在建立类似电子设备模型时具有一定的作用;另一方面,表面压力通常表示为与固体表面相邻的流体中的压力,如在对飞机或车辆表面上的升力(或向下力)和阻力进行优化时,可以通过绘制表面图来表示压力分布。

(2) 表示计算变量等数值的表面,也被称为“iso 表面”。例如,可通过绘制处于临界水平的表面来显示污染物处于危害水平的数量,在表面之外,即远离污染源,则可以得到污染物低于临界水平;在表面内部,即靠近污染源,即可以得到高于临界水平。

4. 后处理数据

如之前所述,大量的流场数据有助于实现视图中的 2D 和 3D 可视化,但是也可以通过对数据进行处理后以获得汇总的数据,从而便于更快地理解数据内容,这种方法有时也被称为“派生数据”。

例如,在统计进出口流量的同时通常也会记录其平均温度或浓度,通过在对流动参数进行求和的基础上,利用所讨论的入口或出口一致的所有单元和单元面来计算其相应的平均值。CFD 程序对某个应用程序的定制程度越高,这些派生数据的定制程度也就越高。

5. 输出结果汇总

可以输出很多针对数据中心的 CFD 模拟结果,表 7-1 展示的是大部分可以直接进行查看的模拟结果,此外该软件还可以自动生成 PPT 报告、制作专业级的流线动画、结果截面动画，以及机房内巡游动画等内容。

表 7-1 模拟结果汇总

对应部件	模拟结果
机柜	气流要求；过热；ASHRAE2011 温湿度标准；平均、最大进口温度；平均、最大出口温度；按高度显示最大进风温度；通风口、入流温度；潜在冷却能力；可用冷量；设备供回风效能；机柜、房间回流指数；ACU 影响区域；相对湿度
IT 设备	气流要求；过热；ASHRAE2011 温湿度标准；平均、最大进口温度；平均、最大出口温度；设备温度；设备供、回风效能；机柜、房间回流指数；ACU 影响区域
地板出风口	向上、下气流；净流量；3D 仿真气流；压差；平均压差；温度；平均温度；潜在冷却能力；供风效率；阀门设置；众流线
空调	最大制冷量；使用冷量；制冷量被使用(%)；平均供、回风温度；使用冷却气流；冷却气流使用(%)；空调送、回风效能；加湿；回风温度；通风口温度；众流线；ACU 影响区域
电力系统	功耗；电力限额；可用 IT 负载
机房环境	流线图形；结果截面；结果云图；最大值和最小值；轮廓图
统计	房间统计；仪表盘；条形图；性能指示器

7.2 气流组织模拟应用关键

7.2.1 模型校准的必要性

数据中心是一个非常复杂的空间。在设计数据中心的过程中，机房空间被定义为具有均匀负载的环境。这个假设是在没有考虑真正的 IT 设备部署和设备相关的布线等情况下做出的，如果完整地包含其细节部分，则几乎会使 CFD 模型难以处理，得到的结果不仅失真，且易被人误解，同时对商业目的而言几乎是无用的。

如果没有校准，模拟的结果可能会对顾问、业主等造成误导，并影响下一步的处理措施。因此本节将为建模和校准数据中心的送风、气流分布、功率和温度等参数提供一些具体的指导。

标准的关键在于尽可能简单地模拟白色空间。这一重要任务不仅取决于用户（和 CFD 软件供应商的模型库）能够及时地做出适当的假设，同时还取决于他们能够尽职调查，以确定该模型是否是实际机房部署的情况，只有满足以上的要求，才能够保证 CFD 模型的建立是准确有效的。

在设计阶段无法进行实际测量的情况下，用户必须按照最优做法进行假设。设计者需要从客户那里收集尽可能多的关于业主如何使用空间的信息：如典型的 IT 设备类型、概念布局和运维经验等多项内容。

在操作中，这种尽职的调查必须是基于对实际部署的审查和测量，这是由于设备部署和设计中使用的许多假设并未在现实中得到反映，而且很多方面难以符合具体的要求，因此尽职的调查是必须的。例如，测量穿过穿孔地板的流量(图 7-4)，蓝色代表向上的冷却气流(若有空气向下流动，则以红色表示)。将实测值与模拟值进行比较(图 7-5)。

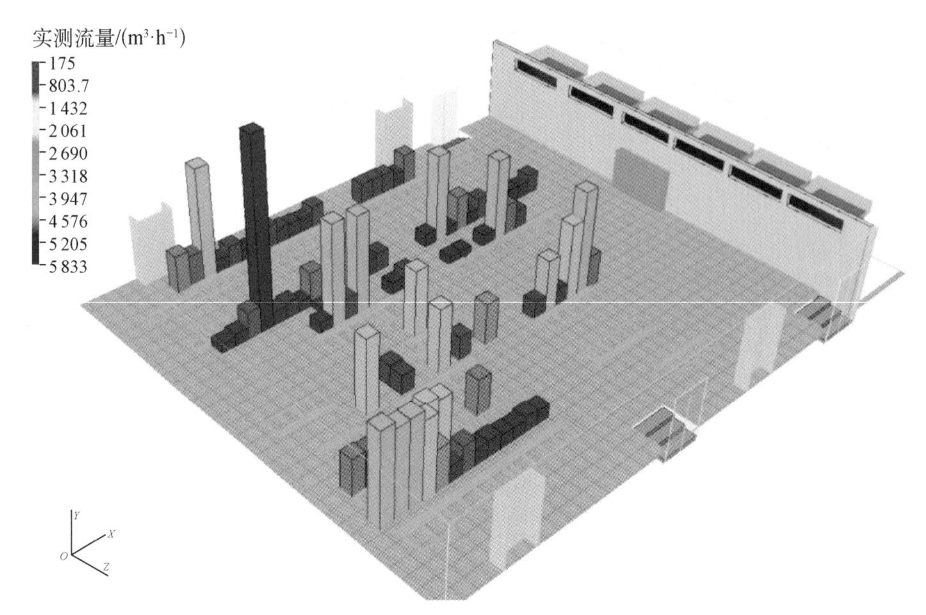

图 7-4 实测穿孔地板流量

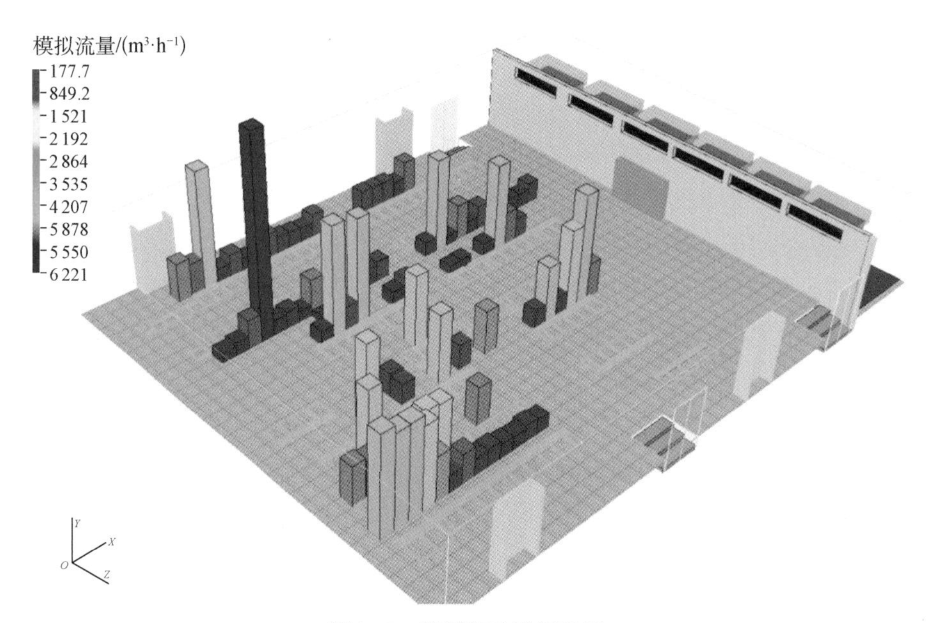

图 7-5 模拟穿孔地板流量

从图中可以看到图 7-4 和图 7-5 并无太大区别，对于未经训练的眼睛直接进行目测来说，两幅图中表示穿过每个多孔砖的气流大小的颜色和柱状图的高度可能看起来非常相似，但是通过计算机绘制能够更仔细地查看出二者的差异，如图 7-6 所示。

图 7-6 表示在理想情况下，所有的差异都在±10%的范围内，从图中可见所有格栅都是绿色的。沿着中心线的较高流量为过度预测，图中显示为蓝色的较高格栅，则存在了一个大的过度预测。同时，在对比中也可以看到有一些系统性差异，这是因为两侧空调的相对流动气流撞到一起所引起的现象，一些空调附近的穿孔板出风量预测不足也会导致该情况的出现。

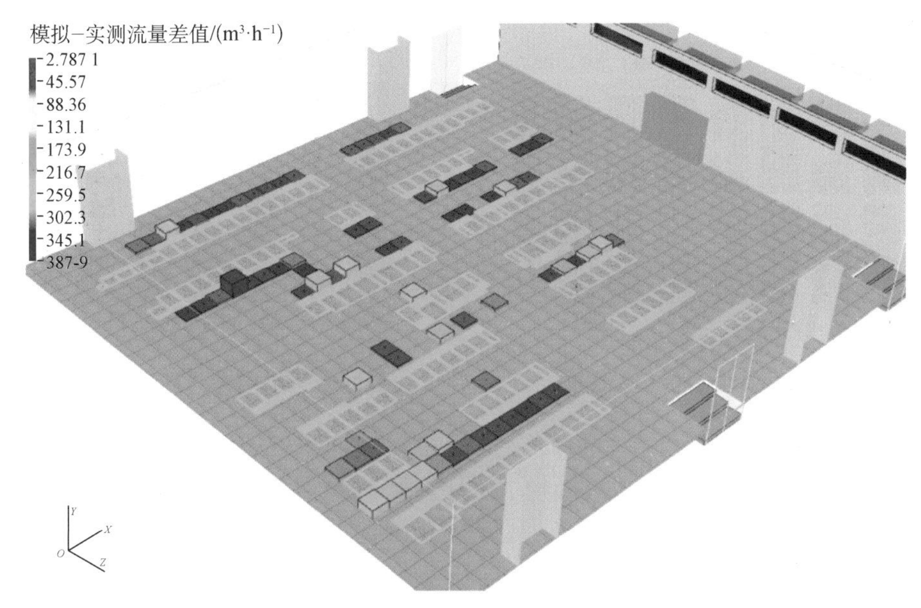

图 7-6　实测与模拟差值

在整个预测建模过程中，难以避免地存在误差，而误差分为系统误差与局部误差。对于系统误差而言，其可能是由于更新系统所造成的建模误差（例如低估了穿孔地板流阻或低估了一般布线阻力）；对于局部误差而言，则需要查找错误建模的特征（例如不正确的风门设置）或丢失的特征（例如地板下阻塞），并对这些特征进行及时的修正与补充。

图 7-7　用于设计的通用服务器机柜与运行期间更典型的设备配置

如图 7-7 所示，在最左侧的机柜中是均匀布置的服务器（如设计期间的预期），与之相反的是右侧机柜配备了多种类型的设备，即在设计期间没有进行设备考虑，这样的实际状况极大地影响了气流和冷却要求。通过左右两边机柜的对比可以看到设计与实际部署设备仍然存在一定的差异。尽管在设计中通过使用统一的设备部署可以更为方便地进行分析模拟,但实际上它可能有所不同。

用于设计模拟的机柜安装一般用于前后通风的服务器,每机架/机柜提供 4.25 kW 的负载。但是,运行数据中心的安装设备因机柜而异,因而整体的负载也不相同。不同的安装方式,也会造成此类设备在散热性能方面存在巨大差异,如图 7-8 和图 7-9 所示。

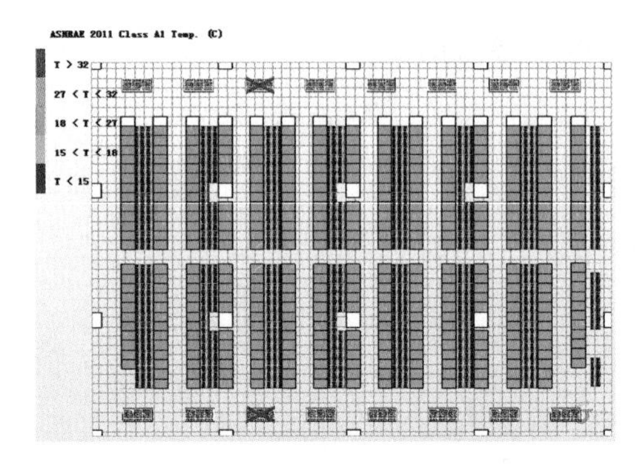

图 7-8　均匀负载设计的模拟结果

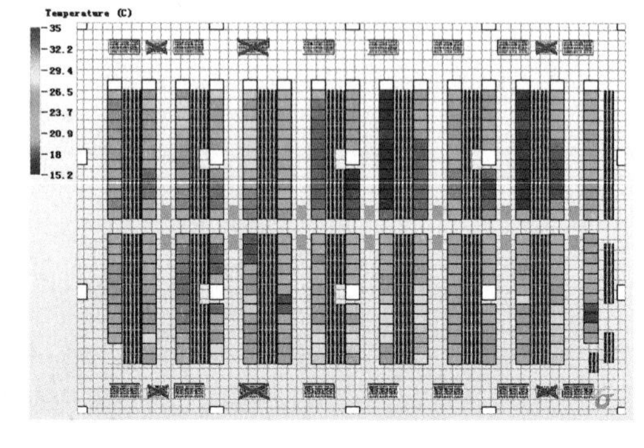

图 7-9　实际不均匀负载的模拟结果

图 7-8 为包含均匀负载设计的白色空间,实际上数据中心会随着时间的推移以不均匀的负载填充(图 7-9)。如图 7-8 和图 7-9 中显示,负载不均匀对气流的影响是十分严重的,正如图 7-9 中出现红色(过热)和黄色(边缘过热)的 IT 所示机柜色块,负载不均匀将导致局部热点情况发生。这种“难以确定”的数据在数据中心中非常普遍,且数量众多,主要内容包括风阀设置、电缆穿透开放区域、机柜内泄漏和 IT 设备气流等。

如果初始的模型在未经任何审阅时使用,则结果可能极容易出错。例如,若在调查实施之前布线被模拟为完全阻塞的情况,而事实上它是开放的,则预测后得到的在该附近的流量将是完全错误的结果。但是,经验表明,如果模型是基于现有数据中心的调查,则可以使用测量数据来确定模型需要重新更改的位置,这样可以使设置得到充分的修正,并从工程的角度获得有用的结果,从而可以做出精明的部署决策。

对于模型的校准是测量和模型修正的过程,其目标是确保模拟结果具有充分的代表性,从而能够对工程或部署的预测决策提供有用且有效的帮助。

为了避免对模拟的结果造成疑惑,进而影响之后的判断决策,因此模型校正的具体过程应修改模型细节以确保模型表示的完整性,即模拟结果不固定于测量值。这是一些建模者和建模工具已经采用的实践总结。如果模型是根据以上的要求进行建立的,却将结果固定到测量数据并将其用于运营管理,则进行部署或实际改进/升级所需的预测做法就是无用的,因为该模型无法对实际状况发生的变化做出相应的响应。

在校正过程中考虑到温度和气流测量的重要性,需要使用有效快速读数的工具。热成像仪是一个很好的工具,其可以用于理解温度的缺陷以及确定传感器的放置位置。

在创建整体白色空间的模型时，重要的是要考虑到设施中的每个部分对于空气输送的影响。同样重要的是代表考虑白色空间中的热量和气流源，其中最显著的影响因素是IT设备。这些影响因素的存在对整个模型的建立具有相当大的挑战，因为许多功能目前为止还没有准确的定义。对于模型中一些障碍物，例如冷却装置下的冷却水管，通常可以通过模拟进行显著的三维图展示(图7-10)。

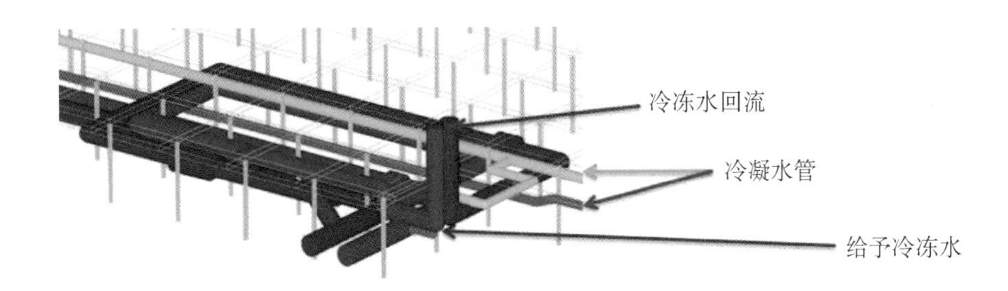

图7-10　下送风冷却系统(高架地板下方的冷却管路会阻挡空气流动，需要创建水管对象)

在整体的模拟过程中，也必须考虑到代表潜在障碍物的其他结构。对于管道、电缆和电缆桥架等结构可以用不同程度的简化方法来表示，或者进行忽略，使其不包括在模拟内。建模决策是一项具有挑战性的任务，因为建模选择不仅取决于障碍物的大小，同时还取决于其相对气流路径和关键气流的位置。

图7-11　从侧面(左、中、右三个方向)观察时阻碍气流的电缆的示意

从图7-11中可以看出，通过三个方向的图示对比，在从头部(最右侧)观看时发生阻塞的程度要小得多。同时也说明了电缆的视图可能非常具有误导性。如果在实际情况中掉下来一组松散的电缆，若电缆没有绑定在一起，那么它们就没有理由形成紧密的分组。对于建模者而言，需要结合实际情况来描述电缆之间的电缆阻塞是如何定义的。从侧面看，由于三个侧面不同方向的阻塞程度不同，在立体环境中，则阻塞的程度更是令人容易误解，使判断阻塞情况成为一个较大的困难。

另一个类似的挑战是确定模拟过程中的哪些缝隙是显著的，以及它们是否应明确包括在模型内，并判断对于这些缝隙是否应该表示为多孔表面。能够模拟缝隙并将其表示为多孔表面的情况可能会在许多地方发生，但判断这些地方的所在位置和大小很关键。例如，在分离气流的对象过程中的缝隙一定要进行考虑，其中在考虑模拟缝隙表示为多孔表面的一些具体例子是高架地板，封闭通道以及连接机柜前门和后门的缝隙。

最后，在空间中的设备特性包括基础设施和 IT 设备等方面，往往难以确定其具体数值。对于数据中心的总体设计而言，需要非常简化的数据，如最大散热量或制冷量、标称气流和总体几何尺寸等，然而这些数据可能与运营中实际能够取得的值存在显著差异。图 7-12 显示了两个不同的刀片服务器模型，它们使用相同的处理器，运行相同的工作负载，但由于采用了不同的冷却策略，因而其模拟显示的效果也不同。

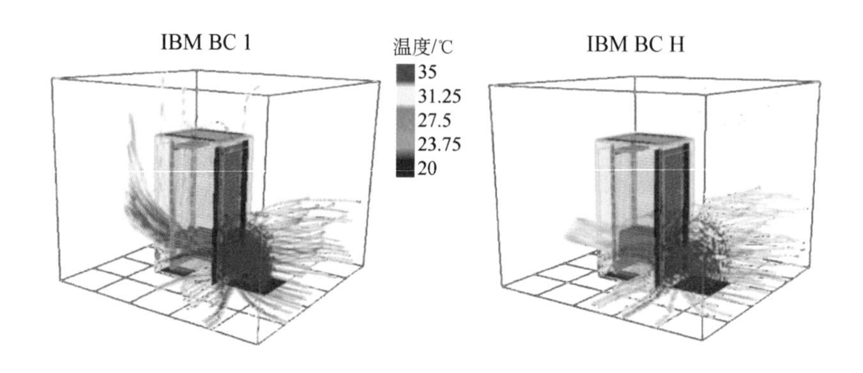

图 7-12　不同冷却策略下刀片服务器模型对比图

考虑了所有的这些不确定性，其中最重要的是要了解构建模型时理想设计与实际情况存在的潜在不确定性，然后再使用测量数据帮助确定模拟时的合适设置。

7.2.2　模型校准的实施

预测建模侧重于使用 CFD 的气流模拟来平衡可用性、物理容量和效率（Availability, Capacity, Efficiency, ACE）。通过模拟分析向 IT 设备输送冷却气流，使用户能够实现最佳 ACE 平衡的配置。还可通过使用测量数据的方法检查 CFD 模型，并判断其是否反映了现实情况以及是否对于所需要做的模型进行了细化。

预测建模是一个通用术语，其描述了通过使用计算机生成的模型来预测系统的行为。对于空白区域而言，其模型通常是单个房间，但有一些情况是例外，如：

（1）有冷却系统的服务通道，并且这些服务通道也构成返回或供应气流的一部分。

（2）与白色空间相邻的空间共享冷却系统的，或者有共用的供气或回气腔体。

在以上两种情况下，如果计算机的资源允许，最好将所需要进行连接的空间包含在单个模型中，可以进行更为方便的计算分析。对于在相邻空间断开连接的情况下，最好创建单独的模型，以便在只对一个空间进行更改时可以进行独立的运行计算。

预测建模可以对任何关键容量相关要素的未来情况进行预测，空间、电力、冷却和网络是容量的主要元素，其中，冷却最为重要。对于冷却，预测建模采用 CFD 模型来预测整个机房的气流和热量传递情况。由此可以预测对于选定位置的冷却的可用性，或者对现

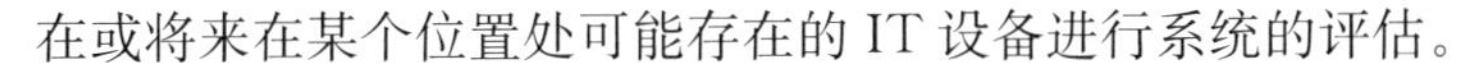

在或将来在某个位置处可能存在的IT设备进行系统的评估。

以下列出的几方面内容描述了校准某些关键对象的基础。当然，在校准时必须考虑总体情况以及校准的各个对象，这些内容与准则会为模拟过程提供一个良好合理的开端。

1. 校准送风系统

由于空调冷却系统在CFD中难以建模，这很大程度上是因为有关这种系统的已知信息非常有限，主要有以下两个原因：

(1) 制造商提供的数据仅限于几何信息，也仅限于通过标准方法测试的性能数据，不包括模拟中所需的重要建模细节数据(例如送风特性等)。

(2) 运行中的设备性能受安装和运行期间的选择/设置以及冷却设备所处的环境等多种实际因素的影响。

因此，实际性能需要通过现场测量来确定，现场测量主要限于空气体积流量和送回风温度两个方面。

2. 温度测量

在基本测量过程中，单次测量即可获得回风温度，但实际情况并非如此。在典型的下送风空调中，其温度分布可能会有较大差异，通常温差高达5 ℃甚至更高，如图7-13所示。因此，测量温度最重要的是在周围和面上多次读取温度数据。

在送风侧中测量空气温度则较为直接。如果回风温度相对均匀，则在送风侧进行单次测量即可。如果有多个送风口并且回风温度存在显著的变化，则对于每个送风口分别进行单次测量也可以识别温度的变化情况。

图7-13 下送风空调回风过滤器处的典型温度分布(温度范围18～26 ℃)

3. 流量测量

相比温度测量而言，流量测量更具有挑战性。由于靠近空调送风口空气流速快且湍流强度大，这使得通过测量送风速度的方法来估计流量几乎是不可能的。可实施的方法是测量回风口的流量来进行估计。如果空调有连接回风管,则需要根据 ASHRAE 提供的方法进行测量。如果没有连接回风管,则要特别注意让测量设备尽可能靠近回风口,因为吸力会将空气从任何方向吸过来,影响流量的测量过程与准确度。因此,如果在实际周边有非常强的交叉速度分量,且在测量流量的过程中又包含这些分量时,会导致气流整体的测量结果显著偏高。

使用叶片式风速仪有助于避免测量这些速度的非垂直分量,但如果风速仪离回风口距离过远,会导致测出的速度偏低,这是因为非垂直流动将简单地绕过叶片并进入回风口。

4. 实际校准

由于对流量测量和温度测量进行了充分理解与测量方法的介绍后,即可以开始进行校准。测得的流量数据和温度数据可用于在校准过程中适当的条件设置和/或检查和调整控制。

如果风量是固定的,则可以使用测得的风量来重置冷却单元的固定流量。如果控制了空气流量,则需要检查控制器是否达到测量流量。如没有,需要检查判断传感器是否位于正确的位置,并检查模型以确定该位置的传感变量是否存在显著的梯度。如果没有梯度,则必须确定预测不准的原因;如果存在梯度,传感器需要移动到合适位置,才能获得准确的实测数据。

以上的校准程序不可忽视,不仅仅是流量,还包括流量的分配,即需要检查冷却装置送风不同方向上的流速,这在使用局部冷却的冷却系统中十分重要,例如列间系统以及周边冷却系统。由于对送风气流的测量具有挑战性,因而通过使用轻量级的拖缆来观察方向,从而确定测得风量的分布情况。

温度的校准方法都较为类似。如果控制器设计条件是送风温度固定时,则需要按照以下步骤进行校准:首先要检查冷却装置是否有任何原因无法达到设定值;其次,如果无法达到设定值,需确定包含在模型中的限制条件而导致达到极限的物理特性;最后,如果可以达到,调整控制温度以反映实际的控制行为。

如果是制冷单元控制回风温度,则需要考虑上述的情况,但也要注意模型中传感器的位置是否为真实传感器的位置,并且可以根据温度梯度做适当的调整。如果是控制器对空白区域内的温度进行测量,则要记住检查局部梯度并据此调整传感器位置或检查总体情况和预测质量,并根据需要进行模型的相应改进。

5. 校准空气输送系统

对于空气输送系统的校准通常十分重要,这是因为如果冷空气的分配和热空气的移除两个过程没有被很好地模拟,那么最终的整体模拟可能就是失败且无法使用的。

对于空气输送系统校准的关键是要针对以下几种不同情况而选择不同的方法进行校准。

1）高架地板冷却分配系统

高架地板冷却分配系统的校准步骤为：首先，检查地板下的堵塞物，其次，确保穿孔地砖（以及系统中的任何阻尼）具有良好的模型，最后，检查穿过活动地板的空气泄漏路径，例如电缆穿孔等。

由于在校准过程中难以建立定量的特征，因而实际情况通常会出现差异。例如，上述步骤中的项目都难以进行量化，如电缆等地板下的阻塞因其潜在的非结构性问题而未得到很好的界定；开关之类的影响因素，如阻尼设置可以不断地变化；电缆穿透堵塞通常是来自松散的电缆或密封材料（如密封刷），这使开放的区域非常难以确定。

确定校准过程出现错误位置的最佳指标是测量通过活动地砖的气流。虽然测量的过程经过以上介绍并不简单，但应考虑到在实际情况中企业数据中心存在大量的穿孔地板，且应考虑到活动地板通风道的大体开放特性以及与高流量多孔地板相关的低阻力/压降，如果将测量设备直接放置在高起地板上会显著地影响流动。

最常见的流量测量方法是使用图 7-14 所示的流量罩，该流量罩具有背压补偿的功能，用于测量管道系统上的空气终端的气流。但是即使是带有背压补偿的流量罩，也会在测量过程中明显低估穿孔地板的气流，因而需要采用特殊技术进行测量。

图 7-14　流量罩用于穿孔地板气流测量

如果使用风速计测量穿孔地板表面的速度阵列，则可能不会影响空气流量。然而，在测量过程中将很难整合测量值，以获得速度分布非常不均匀的穿孔地板上的总流量。因此，一旦了解穿孔地板气流的差异分布情况，就可以审查不同的风路影响，从而确定出导致其测量与校准不准确的原因。

2）无封闭通道环境中的冷却

冷却系统被设计用于提供冷气流，在没有封闭通道系统的情况下，这些冷气流会与环境中的空气混合，对于来自多孔地板的气流也是同样的情况。因此，重要的是要确保气流流动的正确特征，来流、方向和相关的动量等因素。

在创建模型时，通过与测试数据进行比较来确定这些相关因素是非常重要的。在整个房间模型中，测量温度通常是一个关键性指标，例如，在选定地板砖上方的垂直线上进行一系列的测量，以确定空气射流是否垂直穿透，其渗透的极限通常会由一个剧烈的温度梯度来表示，且这个梯度在模型中也应该是可见的。

同样，在列间冷却装置送风口的前方进行垂直向上检查，观察其是否会从机柜顶部将热空气吸入冷通道，以及测量二者之间的距离。同时，也可以在该行的最后几个机柜前面的行的末端进行水平测量，以确定是否在测量过程中存在再循环，如果存在再循环，则需要确定从通道末端所渗透的距离长度。

图 7-15 机柜地步插槽安装的 IT 设备热空气回流示意

3）封闭通道环境中的冷却

在一个封闭通道中的情况与上述的情况存在不同。虽然 IT 设备不易受大面积再循环和混合的影响，但这种情况仍然有发生的可能性。

例如，当 IT 设备排风系统发生再循环时，由于它经常是耦合的，再循环的空气温度会更高且可能更危险。但是，这种情况对于 IT 设备而言，通常受到的影响很少，如图 7-15 所示。

对于再循环而言，末端送风主要由以下四个因素决定：

（1）空气被送到冷通道的方式和位置，以及封闭通道缝隙处或者机柜周围的速度（特别是在服务器的入口附近）。

（2）与 IT 设备需求流量相比，被送到冷通道的空气流量的大小以及封闭通道内增加的静压。

（3）封闭通道系统和机柜的整体结构构造，以及管理泄漏和再循环的方式。

（4）控制策略及其适应实际变化环境的方式。

对于测量和校准空气的输送方式与之前描述的没有什么不同。然而，重要的是了解热通道和冷通道的相对增压以及泄漏路径，如果模型要准确，则需要确保测量压差和模型的匹配。

在整个过程中需要仔细检查封闭通道和机柜结构的间隙，务必检查 IT 设备设置流量随 IT 设备前后的压差而变化的情况，以便可以根据情况对于相应的变化进行适当调整。如果对任何 IT 设备模型有疑问，则检查 IT 设备流量，相对简单的检查方法是测量设备的入口温度和出口温度，再进行流量的计算。

6. 校准功率和温度

在以上校准方法进行综合分析的过程中可以看出，对于不同参数的测量和校准过程是相互关联的。创建一个良好模型的核心是了解使用电力的情况，以及在什么位置散发的热量是多少。鉴于现代电力监控系统的设置，可以很容易地监测服务器的功率大小。

事实上，对于基于 IP 的管理会在适当的时候为每台服务器直接提供数据。如果正在对数据中心旧的设施进行建模，那么可能得到的只有 PDU 的功率数据，或者更不好的情况是只能得到机房级别的相关电力数据。无论情况如何，首先要确保 IT 设备的功率与总功率是相同的。IT 功率越接近测量值，则机房模型中热负荷分布情况就越好。假设功率分布情况良好，那么温度是最容易被测量的值。为了保证模型的准确度，也应根据温度测量的方法来确定最需要校正模型的具体位置。

通常可以通过查看已经讨论过的项目来实现校准。但是如果电力分配存在问题，且电力电缆不能被夹紧，那么可以通过测量 IT 设备的入口和出口空气温度和速度，来校正功率设置的有效性。测量速度可用于估计流量，但在将其转换为流量时需要进行相应的工程判断。目前的情况是已经使用诸如流量罩之类的工具测量空气流量，但显然这是一项较为专业的任务，并且这种设备本身不是为此目的而设计的。

7. 审查和修改模型

如果所有的测量数据都可用，则可以使用它来帮助确定存在差异的原因，然后相应地进行模型的进一步更新。

可以根据不同的情况来设置前提条件，再进行下一步分析。例如：

(1) 如果来自周边送风空调的流量已被确认，并且……

(2) 模型中的一个空白区域的流速比测量的高，并且……

(3) 模型中的另一个空白区域比测量的流速低，然后……

同时也应该调查一些可能的典型原因来进行模型的审查，例如：

(1) 主要电缆线路的影响评估不准确或实际上被忽视？

(2) 一个区域与另一个区域相比，是否有不同的地板出风口布局策略？如果阻尼的使用方式不同，或者实际上使用的地板出风口类型不止一种，并且这些地板出风口类型没有正确包含在内，这种情况应当怎么办？

(3) 对于不同区域的线缆穿孔管理是否有不同的策略？并且这种影响在模型中得到了解决吗？

以上这些只是通常校正过程中审查模型的例子。然而在实际情况下面临的问题可能需要具体问题具体分析，比如当只有一两个机柜受到影响时，在这种情况下，需要重新检查柜体结构和 IT 配置，并考虑这种情况是否是空气输送模式差异所造成的。

7.2.3 专业气流组织模拟软件

6SigmaDCX 是专业数据中心 CFD 仿真分析及全生命周期管理的软件。该软件由英国的 Future Facilities 公司开发，在全球共有三个研发中心，分别位于英国、美国和日本，并在法国、德国、意大利、以色列和中国设有相关的销售代理公司。其中北京瑞思博创科技有限公司是英国 Future Facilities 公司的 CFD 仿真软件 6SigmaDCX 在中国的独家代理商。

Future Facilities 公司成立于 2009 年，专门从事数据中心冷却及电子产品散热方面的业务，其在数据中心气流组织 CFD 分析、节能改造咨询和数据中心基础设施运维管理等方面具有丰富的实战经验。典型用户有知名企业、高校、设计院等，如华为、中兴、阿里巴巴、百度、腾讯、惠普、戴尔、维谛、英特尔、中国建筑设计研究院、世源科技、中讯邮电咨询设计院、中国移动设计院、佳力图、科士达以及清华大学等。

6SigmaDCX 软件求解器从 1988 年开始进行商业化，至今已有 31 年历史，是非常成熟的 CFD 求解器。Future Facilities 公司可保证 6SigmaDCX 软件运行尽可能具有较高的准确性，同时经验丰富的内部开发团队具有足够深度与广度的 CFD 技术知识储备，并能够将其应用到特定的市场中，数据中心与电子冷却的专业工程师团队也在不断满足与实现行业中一些较为苛刻的客户所需的验证结果的要求。正是因为这些工程师团队工作在最前线，才能不断地提高软件的准确性。Future Facilities 公司与教育机构和高校组织、服务器 IT 设备制造企业有着较为悠久的合作历史，这些机构能够客观有效地评估和验证 6SigmaDCX 软件。因此当 CFD 软件的开发和功能进一步改进时，以上原因都能够保证软件的高准确性水平，从而使该公司的 CFD 软件始终处于世界领先地位。

图 7-16 从左到右分别为：真实情况下数据中心外部结构图（左），与相同外部结构的 6SigmaDCX 模型，屋顶有详细设备的布局（中），以及有模拟结果的数据中心内部（右）。

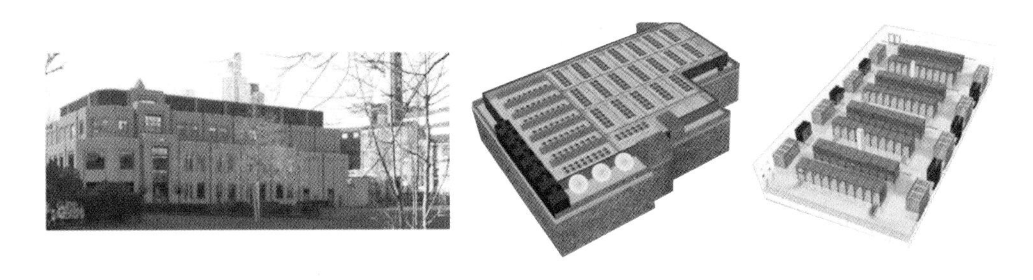

图 7-16　数据中心外部结构与 6SigmaDCX 模型的示意

从图 7-16 可以看出 6SigmaDCX 软件能够清晰直观地展示与真实数据中心几乎完全相同的内部与外部布局。另外，该软件采用中文 windows 风格界面，操作方便，并拥有大量数据中心相关的模型库，如空调库、IT 设备库和电力产品库等。该软件能够导入实测的数据，并进行验证和分析结果。同时，后处理云图与流线图更为形象直观，动画效果也甚佳。通过 6SigmaDCX 的分析和模拟，用户可以找回数据中心失去的容量，减少产品设计的相关成本，降低数据中心基础设施的运维成本以及延长数据中心的使用寿命。6SigmaDCX 软件包含多个模块，如 6SigmaRoom、6SigmaRoomLite、6SigmaRack、6SigmaET、6SigmaAccess、6SigmaPower、6SigmaWeight 和 6SigmaGateway 等模块涵盖了数据中心仿真分析的各个方面，包括了数据中心建筑结构、机柜、IT 设备、电力、承重和运维管理等，从而帮助用户打造一个高效节能的数据中心。而 Virtual Facility 则是由这些模块打造的一个缓冲区域，通过数据中心的设计、建造和管理环节，可预先在这个缓冲区域内进行实验，再根据模拟分析得到的结果来进行实际的应用，从而减少不必要的损失和风险。下面将对 6SigmaDCX 的部分模块展开介绍。

1）6SigmaRoom

6SigmaRoom 是专业的数据中心、通信机房行业 CFD 仿真分析软件，其在国内外得到了广泛的认可。该软件可用于评估数据中心机房随时间变化而产生对其弹性、容量和冷却效率的影响。同时，6SigmaRoom 可以应用在数据中心机房的全生命周期中，包括从设计、测试到运维管理的全部过程。

对于数据中心的业主或者相关运维人员，可以使用 6SigmaRoom 求解器精确预测新部署的设备所需的空间、电力、冷却和重量等情况，从而保证数据中心是高效的、弹性的、可升级的。对于数据中心设计人员而言，设计工程师可以用 6SigmaRoom 来验证数据中心的设计方案，从而了解数据中心外部因素对发电机和室外机的影响，消除数据中心在实际运行的过程中可能会出现的局部热点问题。对于数据中心设备供应商，可以用 6SigmaRoom 来设计空调、地板出风口、机柜以及封闭系统等，优化设备相关的性能，进而保证设备高效运行的能力。

6SigmaRoom CFD 求解器在经过大量的工程项目优化后，已经具有求解速度快和精度高的特点，这也是确保其能够对不同规模的数据中心提供准确结果的主要原因。经过 30 多年的精心调校和积累，无论是笔记本电脑或是云端集群以及任何计算机硬件，6SigmaRoom 求解器已经均能以最佳的状态得到应用。

同时，6SigmaRoom 还可以针对数据中心的不同尺度对象进行模拟。具体如下：

（1）机房和园区级分析：对整个机房的内部、外部冷却系统，以及园区进行相关的热环境分析。

（2）机柜级分析：对单个机柜或者一排机柜进行热环境分析。

（3）设备级分析：对 IT 设备、芯片封装或空调设备等进行散热分析。

2）6SigmaAccess

6SigmaAccess 是网页版的 IT 设备上下架和机房空间、电力、冷却、气流等容量的管理工具，集成图、表、仪表盘等大屏可视化数据分析，可实现多人共享并分析 CFD 报告，配合 6SigmaGateway 可以查看机房 *PUE*、机柜功率等数据的实时变化情况。6SigmaGateway 是一个集成的数据接口，能够实现动环或 DCIM 实测数据自动导入到 CFD 数字孪生模型中，从而自动完成定期 CFD 分析。

通过 6SigmaAccess 与 6SigmaGateway 可以了解机房当前的容量情况，并对碎片化的容量进行管理；同时，也可以通过 CFD 分析预测并管理未来容量，从而保证 IT 设备运行安全。为了使机房达到高效节能的目的，还可实现 VF 与 CFD 技术的完美结合。

在运维管理方面应用 CFD 技术，首先要求技术与业务必须有机结合在一起，对于数据中心而言，在建设时要注意考虑做到对 CFD 技术的指导与控制，以起到敏捷响应与及时启动的作用，6SigmaAccess 可以启动具有敏捷响应功能的数据中心。数据中心商业的成功要点就在于 IT 运维团队能够对快速变化的商业需求做出敏捷响应，维持数据中心高效持久运行的能力。

6SigmaAccess 是一个基于 Web 的数据中心运维管理平台工具，其运行原理是通过把关键的数据中心资源整合到同一视图中，从而使数据中心的容量规划过程可以从几周减少到几小时。基于先进的 CFD 软件 6SigmaRoom 的支持，6SigmaAccess 能够预测基础设施变更所产生的影响，从而使用户能够掌控数据中心整个生命周期具体的容量变化情况。

6SigmaAccess 的兼容性强，其可以运行在所有主要的浏览器上，无需安装桌面软件，使多个 IT 用户部署更加方便，且 6SigmaAccess 允许多个用户同时在同一个模型上操作，操作运行简洁方便，同时可以实时更新模型变化，如图 7-17 所示。

图 7-17　6SigmaAccess 模拟数据中心容量页面示意

通过 6SigmaAccess 不仅可以在浏览器上直接查看数据中心的虚拟模型，也可以进行 IT 设备的安装、移动和卸载等变更的操作。这些操作会自动发送到 6SigmaRoom 中，之后基础设施管理人员会在 6SigmaRoom 进行检查、分析这些变更操作可能存在的问题。6SigmaAccess 的整个工作流程是为了提前消除实际部署可能存在的风险，其工作原理与流程如图 7-18 所示。

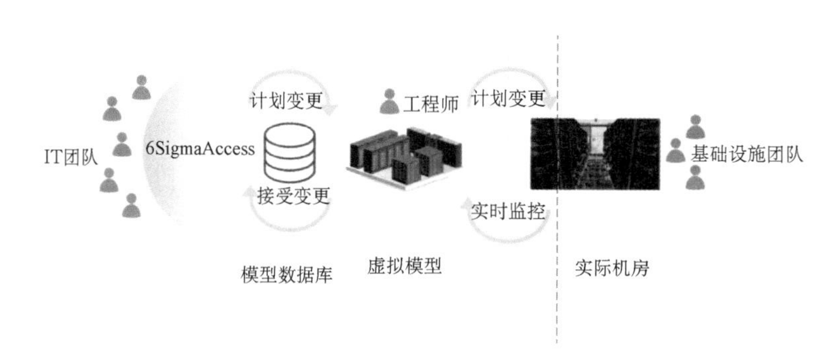

图 7-18　6SigmaAccess 的工作原理与流程

使用 6SigmaAccess 对于数据中心进行模拟分析具有如下几个主要特点。

(1) CFD模拟。6SigmaAccess能够利用强大的CFD模拟引擎在IT设备的变更实施前预测变更对机房热环境的影响。

(2) 智能部署。在6SigmaAccess中布置IT设备时要综合考虑电力、空间和冷量的容量,软件会及时反馈机房容量情况,从而为部署设备提供更好的决策。

(3) 多用户管理。6SigmaAccess允许多个用户同时在同一个模型上进行操作,并且实时更新模型变化。

(4) 资产管理。通过电子表格及时更新IT资产信息以及模型中的3D设备。

(5) 拖拽操作。布置IT设备时,只需用简单的拖拽操作就可以快速准确部署IT设备到机柜中。

(6) Web优化。可以在大多数浏览器中优化各种尺寸的数据中心模型,以最少的时间载入模型。

(7) 仪表盘。通过仪表盘工具可以显示机房空间、电力和冷量等机房容量情况,实时掌握机房状况动态。

(8) 具有强大的设备库。6SigmaAccess的厂商库中包括7 000多个IT设备、机柜模型,模型均包含电力、冷却等属性。

(9) 空间、电力、冷却绘图。可以在机柜上绘制空间、电力、冷却容量云图,了解当前机房容量状态。

3) 6SigmaGateway

6SigmaGateway在运维中的作用主要包括:

通过使用6SigmaGateway可以实现实时监控的功能并可以与DCIM设备连接,从而实现动力与环境数据的导入与显示,数据可以实时传入6SigmaRoom中进行可视化显示,同时这些数据也可作为CFD的输入数据。

图7-19表明了6SigmaGateway在运维体系中的位置,它与6SigmaRoom进行数据之间的相互传输,其中以6SigmaRoom为中心节点将模型传入mongoDB数据库,同时6SigmaAccess可以读取mongoDB中的数据。

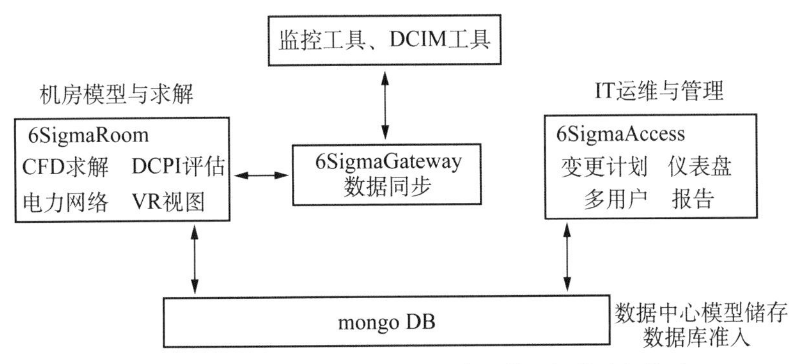

图7-19 数据机房运维体系中各个环节之间的流程关系

7.3 基础设施的数字化

7.3.1 建筑数据集成平台

数字化信息技术已经给众多传统行业带来了翻天覆地的变化。数字化模型在制造业的应用历史已有数年之久，三维软件、数字化控制操作等新技术的使用和推广为制造业提高生产效率起到了重要作用。但建筑业依旧处于信息化的起步阶段，随着智慧城市建设的加快，物联网和云计算技术等的广泛运用，都迫切要求传统建筑业加快信息化数字化进程。

随着建筑业的不断发展，建筑项目越来越复杂，参与项目的部门与技术人员也在不断增加，信息互用困难、工作效率低和工作内容重复等问题逐渐暴露，建筑行业的发展在信息时代面临了一个新的危机，而建筑信息模型（Building Information Modeling, BIM）所提供的全新工作模式、信息互用方式和三维可视化功能为解决这些问题提供了技术支撑。

BIM是信息化技术的集成，是基于全新理念的一种管理方式，其服务于建设项目的整个生命周期，主要包括设计、建造和运营维护几个阶段。项目各参与方可以通过这个信息平台协同工作、实现信息顺畅交流并不断集成，从而达到工程项目管理的主要目标：提高工程施工质量、节约投资与工期合理可控。同时其对于避免失误、减少变更、沟通协调等方面也具有传统技术无法比拟的优势。

图7-20 BDIP平台功能模块

建筑数据集成平台（Building Data Integrate Platform, BDIP）正是基于以上背景及对BIM技术发展的进一步思考所孕育而出的，是一款基于BIM模型为核心的从规划设计到工程竣工阶段的数据集成平台（图7-20）。该产品是经过系统化归纳总结标准化流程，形成一套标准化BIM全生命周期应用系统。

BDIP平台本身可塑性强，且可以结合不同业主对项目管理上的需求，在文档资料、任务分配和层级架构等方面进行个性化设定。通过模型、文档、流程和图表四大模块的应用，将项目进展中资料信息的统一管理、协作沟通管理以及项目任务的跟踪管理都集成在该平台中进行。项目执行人员负责传递资料及信息反馈，管理人员负责审核决策、跟踪查看进展，通过简单的操作，可提高工作效率，保证信息集成度，形成事件历史记录，可随时查看追溯。同时系统本身也具备各种第三方系统、检测设备数据接口打通的能力，办公自动化可以与（Office Automation, OA）、企业资源计划（Enterprise Resource Planning,

ERP)及智慧工地子系统进行集成。

BDIP 系统具备资料存储、数据库存储处理、第三方接口的持久层应用能力,并具备强大的后台处理服务,分别应对系统日志、数据访问、BIM 模型处理和消息处理等业务。后端引擎通过管理员账户登录,对前端的界面内容、控制权限进行配置和调整,部分通过子引擎独自的设定模式对前端内容进行设定来确保前端所有应用的有序进行。前端应用可通过网页浏览器、移动端设备进行访问,实现整套系统的使用。详细系统框架如图 7-21 所示。

图 7-21　BDIP 平台系统架构

1. BDIP 平台的创新点和先进性

目前企业大多推出仅针对施工阶段施工方的数据集成协同平台,是不包括全过程的协同管理平台,BIM 技术的价值发挥具有局限性。而 BDIP 通过全过程、各参与方的协同参与,围绕项目协作沟通,进行项目资料的统一管理,操作界面友好,不需要经过专门培训即可正常使用,其主要创新点和先进性体现在以下十点。

(1) 基于浏览器/服务器架构(B/S),实现工作流程、文档管理、BIM 模型与性能分析的协同管理。

(2) 在项目运行过程中首先采用以 BIM 模型为中心,多方实时在线讨论修改模型,使各参建方能够在模型、资料、管理和运营上能够协同工作。

(3) 基于 BIM 技术的图档管理,结合云技术与移动互联网能够查询和汇总任意时间点的模型状态、模型中各构件对应的图纸与变更信息以及各个施工阶段的文档资料。

(4) 通过 BIM 模型的模拟施工,制订施工计划,规范施工业务和施工流程。

(5) 基于 BIM 的施工监管,可根据模型信息快速定位检查点,提高施工监管的准确性和实效性。

(6) 实现模型 BIM 和业务数据的深度挖掘与分析,利用大数据思维,将 BIM 的潜在价值转化为实际利益。

(7) 为基于 BIM 的施工和运维提供基础的模型信息和业务数据,实现建筑施工与运维过程的功能应用。

（8）解决了因传统工程项目管理时间周期长、涉及内容众多、资料和相关流程的管理数量庞大等所造成的某个构件相关联资料流程难以被找到或者花费相当长的时间进行查找，导致降低管理工作精细化水平与效率的问题。

（9）解决了在工程施工过程中因传统进度计划管理方法落后，项目管理者对进度计划的优化只能停留在静态和文字界面的接触，实际的进度过程并没有被直观展示，需要依靠有经验的人员想象，导致项目施工相当被动，甚至有可能在施工阶段产生严重影响的问题。

（10）解决了传统设计流程需要不断沟通，逐一修改图纸，耗费人力资源的问题。传统的设计流程还需要依靠各种不同专业的图纸，再进行相互之间的图纸对比找出问题，然后记录成表格告知其他专业人员，从而造成时间上的成本流失及不断重复的人力耗损，甚至出现大量的错误与纠纷。通过 BDIP 平台可以在线发起设计变更流程确认闭环，提高设计质量。

2. BDIP 平台的核心功能应用

首先，系统平台采用 B/S 架构，支持公有云或私有云部署，保障数据安全，企业机密数据均可储存在本地服务器，降低数据泄露的风险。基础模块包括：组织架构及权限管理、项目管控数据看板、项目管理模块、在线资料文档管理、协作交流模块、流程定制与管控、BIM 模型在线浏览系列功能、轻量化转化 BIM 模型、BIM2D/3D 图纸切换功能、BIM 视点发起协作、项目资料与 BIM 关联模块、BIM 视点保存、BIM4D 模拟、BIM 模型二维码分享以及 BIM 模型实时共享模块等。

其次，手机端对应 PC 端各版块的信息及权限，可以查看知识模块中的资料文档，办理和申请工作流程，查看项目任务，进行任务反馈，也可以拍照上传质量安全问题进行整改处理，参与和发起协作问题沟通等功能。

最后，平台支持各种定制化配置，可以满足业主在项目管理上的需求，对功能模块和层级架构进行个性化设置和开发。针对项目各参与方（业主、设计院、建设方以及 BIM 咨询方）的职能建立项目总体组织架构，根据各单位在该项目上的功能，定义人员角色和设置权限。围绕 BDIP 平台展开协作交流，日常所有的审批均可在该平台上展开，按需设置审批流程。

主要技术手段如下：

（1）提供一种模型与流程挂接的方法及装置，所述方法包括显示初始界面，所述初始界面包括 BIM 模型，再监测到用户点击所述 BIM 模型上的需要添加预设流程的构件而触发的绑定指令时，显示构建集名称的输入界面，所述构建集名称输入界面包括文本框，即获取所述用户在所述文本框中输入的所述构件对应的构建集名称信息后，显示流程选择界面。在流程选择界面中至少选择一个预设流程，系统随后会显示所述目标流程对应的信息输入界面。根据输入的目标信息生成所述 BIM 模型绑定的目标流程信息，以实现所述 BIM 模型绑定到所述目标流程。通过 BIM 模型查看绑定的流程信息，可大大减少查找时间并提高准确度，减少反复核对资料准确度的时间，提高项目管理的精细化水平与管理效率。

（2）提供一种基于 BIM 的状态着色装置，包括：数据获取单元，用于获取用户输入的状态管理指令；数据处理单元，用于所述状态管理指令显示当前模型所对应的状态颜色；模型显示单元，用于获取所述模型所对应的多个构件；指令获取单元，用于获取用户输入的着色指令；着色单元，用于所述着色指令为所述多个构件中的至少一个所述构件进行着色。

（3）提供工程施工的模拟方法及装置，通过显示界面展现模拟界面，模拟界面至少包括 BIM 模型，用户在 BIM 模型的工程施工任务列表中选择多个任务以及多个任务的施工顺序，用户在 BIM 模型中选择的多个任务分别在工程施工的构建集列表中对应的构建集，从而获得施工模拟模型。从而可以实现施工模拟模型的模拟，以便用户根据施工模拟模型发现各个任务在施工中可能存在的问题和现有技术中只能依靠人为预测的施工方案中可能存在的问题但在进度计划中可能因某些原因没有被发现的问题，利用该平台进行提前处理。

（4）提供基于 BIM 的协作发起方法及装置，首先通过第一用户终端从预存 BIM 模型的多个视点中获取当前目标视点，然后获取第一用户触发的协作请求，响应该协作请求将当前目标视点发送至第二用户所对应的第二用户终端，最后获取第二用户终端发送的反馈信息，该反馈信息为第二用户基于协作请求在第二用户终端生成，并基于反馈信息更新预存 BIM 模型，从而能够减少人力耗损，提高纠错效率和正确率。

平台核心主要分为轻量化 BIM 模型、4D/5D 进度计划管理、BIM 协作模块、碰撞检查、框选算量、数据看板定制化以及移动端应用几部分内容。

1）轻量化 BIM 模型

模型浏览支持网页端缩放、移动、漫游、剖切、测量和分解，可以随时保存视点，进行模型着色等，方便下次快速切换到模型中关键部位。以第一人称视角在空间中漫游，实现三维审图、比选方案以及设计优化等应用，BIM 模型的浏览与审查界面如图 7-22 所示。

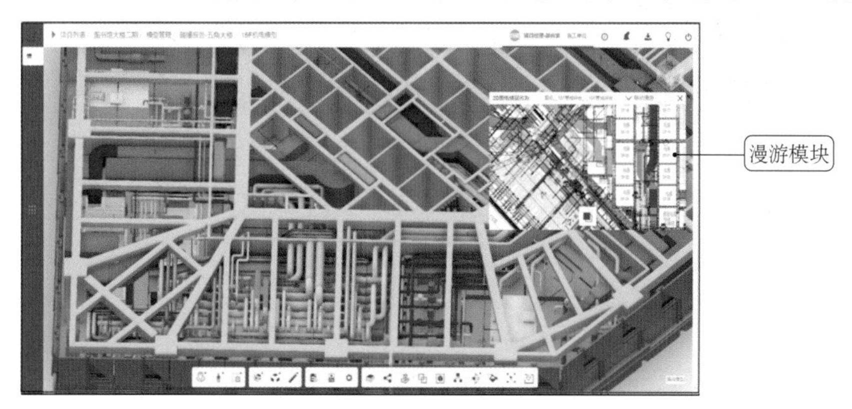

图 7-22　BIM 模型的浏览与审查

2）4D/5D 进度计划管理

由业主总控施工节点，各施工单位录入细部计划，施工进度过程管理及实时更新统计，用于管理项目的任务和进度，通过不用权限进行划分，可对任务进行计划创建、实际完成审核，并自动生成甘特图，分析项目计划进度与实际进度的偏差，支持项目 project 进度导入导出，如图 7-23 所示。

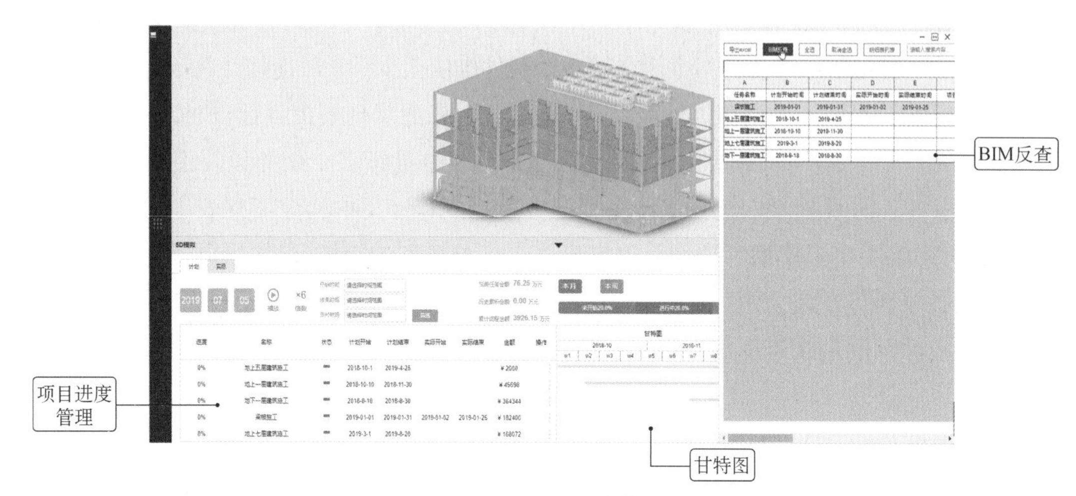

图 7-23　项目进度模拟

3）BIM 协作模块

用于项目设计、施工等各阶段的工作沟通，可配合移动端现场发现问题，可随时拍照或录像沟通，能分别进行存档，方便追踪查看历史问题。项目参与各方可以针对 BIM 视点进行问题协作交流，例如：模型碰撞问题、设计交流（图 7-24）、施工现场问题及图纸会审等。

图 7-24　设计协作

4）碰撞检查

管线优化实时沟通，在浏览 BIM 模型的同时，可以直接针对碰撞或者管综问题进行实时沟通，形成碰撞检查报告及管综优化报告，业主和设计方等可以直接基于同一 BIM 模型进行问题的及时回复和解决，BDIP 系统自动形成记录及报告，碰撞报告（图 7-25）与记录可以与对应的 BIM 模型进行绑定挂接。

图 7-25 碰撞报告

5）框选算量

在工程中，支持将所选定的构件导出工程量报表，在经过多选操作后（点选、框选和模型目录树或过滤等方式），选择过滤器中“工程量”命令，弹出报表的选择框。包括 revit 构件表及工程量表。revit 构件表用于导出 revit 构件属性表，工程量表用于导出算量插件生成的工程量清单表，具体如图 7-26 所示。

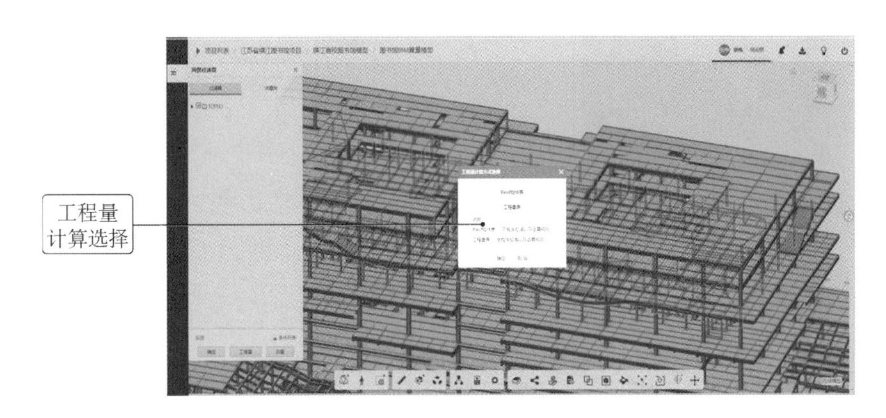

图 7-26 框选模型导出工程量

6）数据看板定制化

智能报表主要面对的是项目整体数据和多项目数据的综合使用者（过程中使用的报表应体现在其他操作界面中），应围绕项目整体目标（例如合格率、完成率、工期履约以及材料损耗等）提供智能报表系统（图 7-27），可以多角度、多形式、多级别地展示项目情况。通过系统将构件状态与 BIM 模型结合，实现 3D 呈现及构件履历查询。

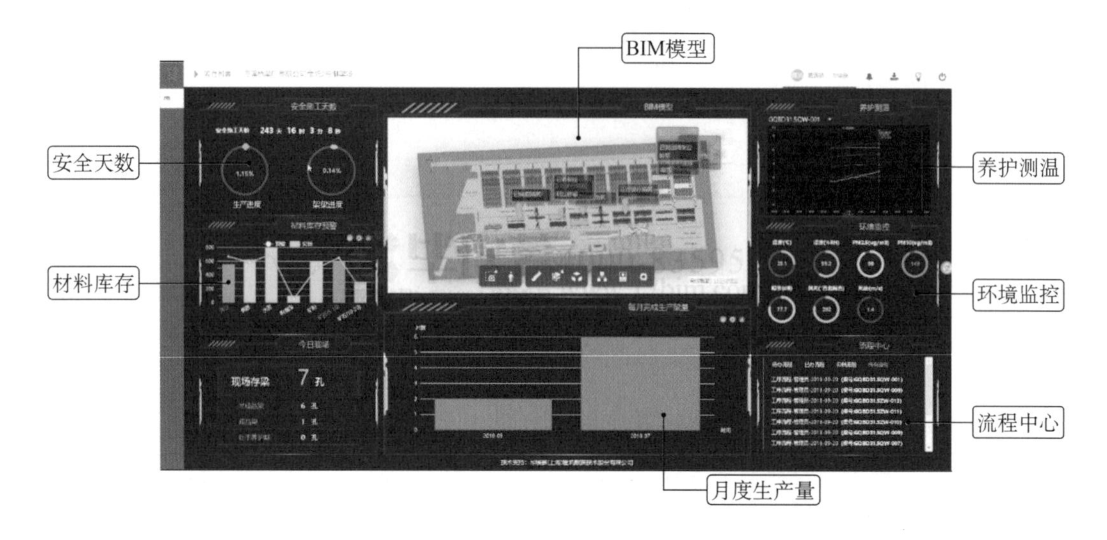

图 7-27 项目数据看板

7）移动端应用

支持移动端数据交互及 BIM 模型浏览，方便用户随时随地访问平台数据库，查看工作资料，办理流程审批，发起现场问题协作等，实现移动办公与管理，移动端界面如图 7-28 所示。

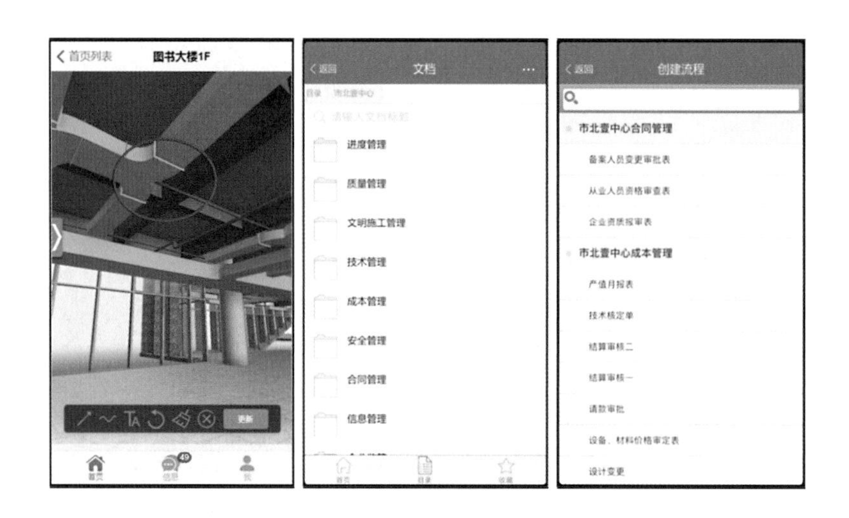

图 7-28 移动端应用

3. 基于 BDIP 平台的项目管控

BDIP 平台项目管理，主要包括 BDIP 协同管理平台框架和基于 BDIP 平台的应用成

果与价值分析两方面内容，下面将进行详细介绍。

1）BDIP 协同管理平台框架

BDIP 设计施工协同管理平台以 BIM 模型为基础，结合项目管理实践，融入物联网监测数据，是包含项目规划、设计、施工及竣工阶段的全生命周期建筑数据的集成平台。系统遵循面向服务结构（Service Oriented Architecture, SOA）体系和 B/S 的架构，支持 PC 端和移动端应用，且基于主流关系数据库进行数据存储，根据客户的使用和管理需求，支持定制化 UI 设计、灵活服务器部署和开放的数据接口。通过模型管理、文档资料管理、设计协作、进度管理、质量安全管理、物料管理和物联网（Internet of Things, IoT）设备集成监管等模块应用，将项目管理业务流数据汇总到驾驶舱，统一监测、统一预警和统一协调，最终实现多方高效协同、项目的精细化管控，大数据的分析应用。该平台的项目各方管理框架如图 7-29 所示。

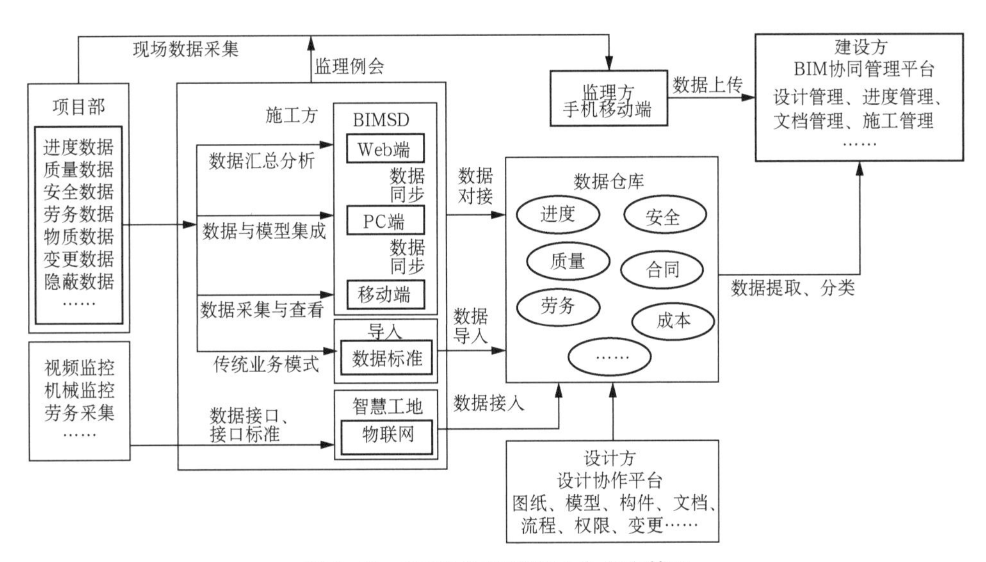

图 7-29 BDIP 协同管理平台各方管理

BDIP 设计施工协同管理平台能满足对项目建设的整体管控，以及项目各参与方对项目设计、施工、造价和竣工全生命周期的管理。促进 BIM 在项目实施过程中的系统应用，让项目的各参与方基于同一个平台，以 BIM 模型为中心进行所有信息应用的相互关联、使得基于 BIM 的项目应用系统化、结构化以及便捷化，辅助提升项目管理的效率。

2）基于 BDIP 平台的应用成果与价值分析

（1）全过程电子资料管理。

业主发文、设计提资、BIM 建模和施工资料等项目各方的资料归档在 BDIP 平台（图 7-30）上。平台支持文档编辑、上传、下载、分享和权限管理等，PNG，JPG，PPT，Word 以及 PDF 文档均可在平台中在线查看（包括 DWG 图纸）；项目管理的各类资料均能够批量与单个或多个构件进行资料挂接，实现资料与模型的关联反查。

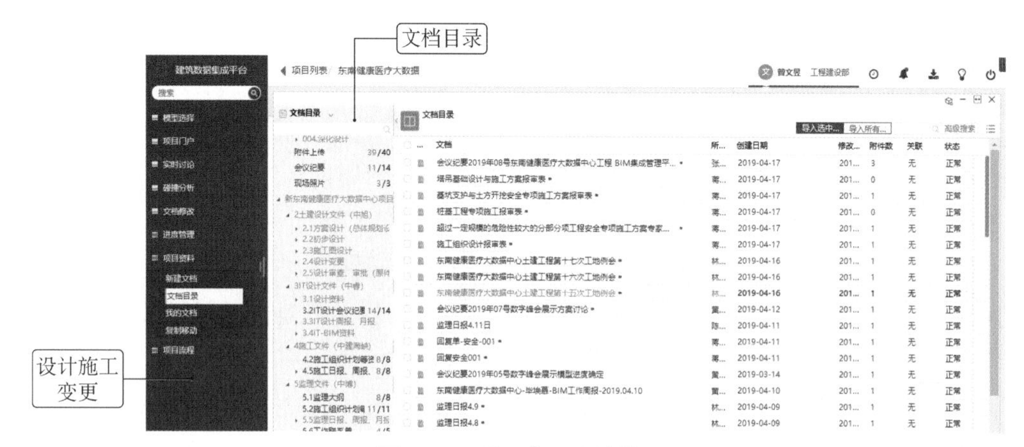

图 7-30　项目电子文档管理

BDIP 设计施工协同管理平台保证了项目文档资料的唯一性，确保图纸、签证等有唯一数据源。同时提高项目参与各方图纸分发、共享和查找效率以及检索审阅效率，为整个项目的竣工资料归档奠定基础，建立项目的文档管理库。

(2) BIM 模型浏览与图纸审查。

项目前期建模应统一样板文件的项目基点、方位、单位、系统配色方案和构件材质，确保项目管理的协调性。BIM 模型无损轻量化上传至云端，可在线操作轻量化的 BIM 模型，支持对 BIM 模型进行漫游(第一人称视角)、剖切、测量、标注视点和实时交流等基本操作。

BIM 模型的轻量化设计，导入的数据能够实现 BIM 模型与模型生成 CAD 图纸直接关联，位置联动，图模主次显示一键切换，能够实现 BIM 选中的实体在 CAD 图中显示位置，支持 2D/3D 联动查看(图 7-31)。

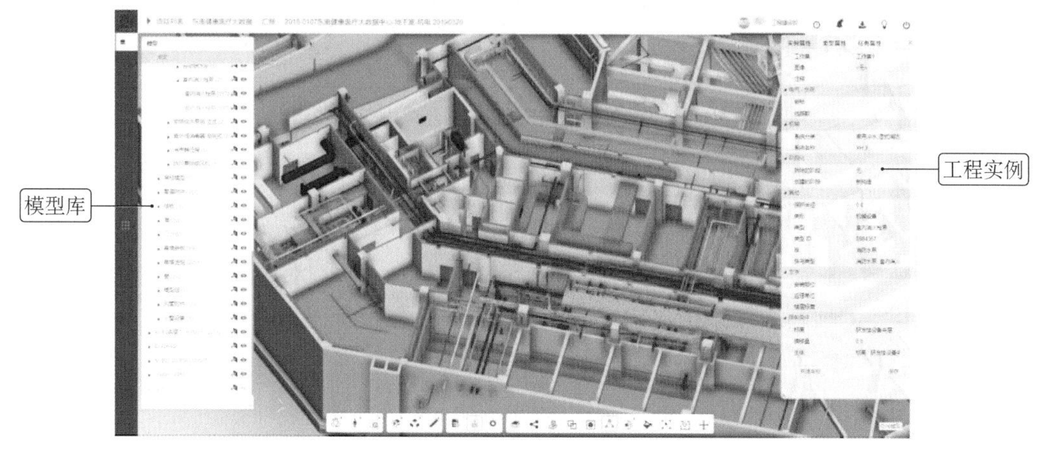

图 7-31　BIM 模型审查与浏览操作

BIM 模型轻量化能有效解决业主办公电脑和施工现场主机低配置的缺陷，并通过网页端可快速浏览模型，以第一人称的视角审视各专业整合三维可视化模型，将图纸复核和审查的效率提高 10 倍以上。

(3) 在线设计变更。

设计协同能够支持 BIM 的漫游、测量、净高分析、问题标记和碰撞，实现设计问题的推送、设计文档模型的实时管理及设计质量的有效追踪。基于模型创建视点，并在视点中进行涂鸦和文字标注。

问题协作建议流程是基于模型构件或者视点问题填写表格发起协作工作流，要求问题的相关方人员进行整改，并由问题发起人确认后关闭。问题发起人可现场扫描区间二维码，定位模型构件，然后拍照填写表格发起协作，对问题进行归类，并导出问题报表。

BDIP 平台也可轻量化 CAD 图纸，支持业主与设计方联合审图，多方参与对设计质量及缺陷审查并进行问题分类标注，分享和远程会议交流，如图 7-32 所示。

图 7-32 设计问题各方协作流程审批

通过 BDIP 平台可以在线发起设计变更流程确认闭环，变更前置，使施工过程因图纸错漏碰缺的问题得以解决。

(4) 施工现场会议。

发起施工现场会议，拟定会议纪要，平台归档并抄送项目参与各方。平台支持会议发起和管理模块，方便项目通知和安排管理会议，支持会前各时间段的自动提醒，含邮件提醒和短信提醒、App 通知等。

(5) 基于 BIM 可视化的进度管控。

基于 BIM 可视化的进度管控包括 4D/5D 进度模拟支持进度计划管理、实时进度可视化查看以及进度偏差可视化对比等，能够实现选择 BIM 模型的某个位置或者某个时间范围内进行模拟建造的过程展示。

基于 BIM 可视化的进度管控能够支持将 P6 或者 Excel 表格、project 进度编制的进度计划导入系统中，通过选择集与构件管理，进行施工工艺和安装工艺等进度的模拟。现场每日进度、质量和工料管理，在录入后，平台通过 4D/5D BIM 进度模拟可进行实时反馈，将进度计划与实际现场进度对比，能直观反映进度的偏差情况，如图 7-33 所示。

图 7-33 项目整体进度管理与预警分析

(6) 现场质量安全巡检。

利用移动设备配合各方对现场质量安全的管理控制，对技术交底、现场施工质量、安全等问题进行统一可追溯管理，并支持手机拍照、定位、录入等信息的采集和问题报告信息集成。其中，“质量检查”能够支持工程质量问题、模板定义及现场拍照、移动端的填报、追踪及分析等功能，可与 BIM 模型进行关联，通过 BIM 模型实时查看质量问题，支持质量现状的报表展示。“安全检查”能够支持工程安全问题、模板定义及现场拍照，移动端的填报、追踪及分析等功能，可与 BIM 模型进行关联，通过 BIM 模型实时查看安全问题，支持安全现状的报表展示。隐蔽验收支持现场影像资料、全景上传，并支持和 BIM 模型的关联反查，如图 7-34 所示。

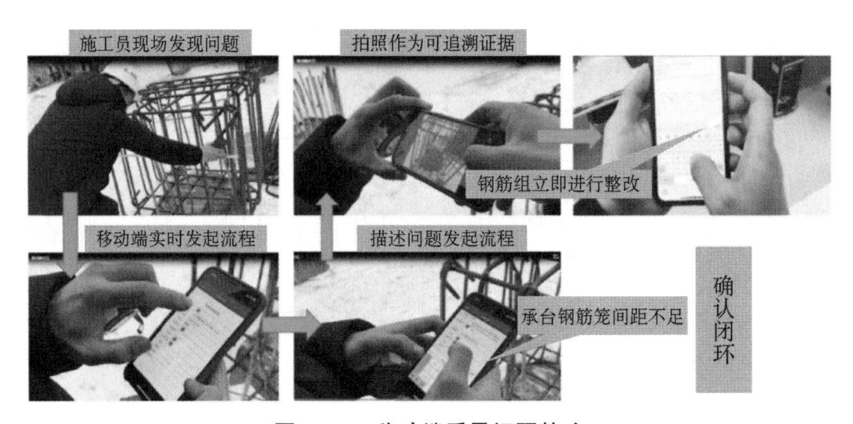

图 7-34 移动端质量问题整改

通过手机记录问题，发起问题协同，处理与应用者相关的流程问题(质量问题、安全问题、图纸分发、现场签证和设计变更等流程)，实现任务跟踪反馈及信息的汇总。

(7) 项目监管中心。

基于 BIM 的协同管理平台是一个关联的数据库，它可以快速准确地汇总、分析各类数据。通过项目展示大屏管控中心(图 7-35)，即可直观、便捷地查看整体三维场景、项目管理实时数据以及施工监控等。

图 7-35　项目监管中心驾驶舱

7.3.2　数据中心基础设施管理

数据中心基础设施管理(Data Center Infrastructure Management, DCIM),指的是将信息技术和设备管理结合起来对数据中心关键设备进行集中监控、容量规划等。通过软件、硬件和传感器等部分,DCIM 能够提供一个独立的管理平台,从而对数据中心 IT 设备和基础设施进行实时监控和管理。

1. DCIM 的重要组成部分

在众多的解决方案中,DCIM 主要包含以下几个重要的部分:资产管理、变更管理与配置管理,实时监控,工作流,分析与报告,物理和虚拟基础设施的可视化,用户界面,容量规划以及与其他数据中心管理解决方案集成等。具体介绍如下。

1) 资产管理、变更管理与配置管理

资产管理是 DCIM 的关键组成部分之一。从服务器、存储装置、互联网设备到电源和冷却基础设施,数据中心内包含成千上万的资产,对这些资产进行跟踪是一项持续且工作量极大的任务。数字房产信托公司在一项调查中发现,当有服务器停止工作时,仅有 26%的被调查者表示可以几分钟内找到发生故障的服务器;有 58%的被调查者表示可在 4 h 内找到该故障服务器;另有 20%的被调查者则表示需要至少 24 h 以上的时间找到发生故障的服务器。数据中心如果缺乏设备的定位功能,将会增加设备 MTTR,从而降低了设备的整体可用性。

资产管理包含的不仅仅是简单的资产定位功能,还包含了解资产配置详细信息的功能。例如,一台服务器可能由一个或多个机架电源插排进行供电,如果这些电源断开,将会导致服务器停机,而这台服务器可能连接一台或多台切换器或路由器。如果重新路由这些网络设备可能会无法找到相应的服务器。同时,服务器还可能是多台虚拟机的主机,若关闭该服务器，将会导致这些虚拟机无法工作。若不了解服务器配置的详细信息，这将使技术人员难以针对服务器及其他配套基础设施的具体情况来做出合理的决策。而且当任何配置发生了变化的时候，都可能导致服务器及其相关设施无法使用。

为了准确地管理资产及其相关配置，技术人员还必须对变更的情况进行管理。据估算，将近有80%的系统停机时间是由于变更导致的，而且近80%MTTR是用在查找发生了变更的具体位置。因此，变更管理同样也是DCIM解决方案的重要组成部分之一。在*The Visible Ops Handbook: Implementing ITIL in 4 Practical and Auditable Steps*一书中，作者在对多家高绩效IT组织调查时发现，故障排查经理仅仅需要查看资产的计划内变更和授权变更记录（即实际监测到的资产变更），就可以提出问题的解决方法的情况占据了八成以上，而且一次性故障修复率可以达90%以上。该作者还发现，那些实施了自动化变更审核的机构在了解到数据中心默默无闻地发生了多次变更后，都感到极为震惊和恐慌。能够对已授权的变更及监测到的变更（不需授权的变更）进行跟踪是DCIM的一项重要功能，这能够大大地缩短设备MTTR，从而提高系统的整体可用性。

2）实时监控

数据中心一共有三种类别的实时监控系统：楼宇管理系统（Building Management System，BMS）、网络管理系统（Network，Management System，NMS）以及数据中心监测系统（Data Center Monitor System，DCMS）。

（1）BMS：一般是使用了Modbus、BACnet、OPC、Lon Works或简单网络管理协议（Simple Network Management Protocol，SNMP）的基于硬件的一种系统。该系统主要用于监测控制建筑物内的机械和电气设备。BMS一般为定制的系统，其相关成本主要取决于要监测的数据点的数目（UPS上的输出负载或机房空调单元的回风温度等都属于此类数据点）。有时BMS系统也会延伸到数据中心中间，用于监测和控制电源与冷却设备。

（2）NMS：一般是使用SNMP的基于软件的一种系统，其功能是用于监控数据中心内的网络设备。对于网络设备而言，其一般可被自动发现，因此该系统在安装过程具有一定的自动性。

（3）DCMS：是用于监测数据中心和机房的基于硬件及（或）软件的一种系统。相关设备一般是通过SNMP进行通信。相较于有些数据中心监测系统，DCMS还可以通过Modbus、IPMI或其他协议进行通信。

在评估DCIM解决方案的实时监测能力时，有多项重要的特性需要进行考虑。其中一个关键要素就是在于用户想要自主选择监测什么设备，而这个自主选择的不确定性对所选解决方案的影响最大。例如，若用户选择想要监测的设备特点是要求包含使用SNMP通信的设备，也包含使用Modbus通信的设备，那么，所选择的解决方案一定要同时支持SNMP和Modbus两种协议，并且避免选用那些仅能监测某一供应商特定设备的解决方案。否则，将会对整个数据中心整体进行监测，用户可能就需要购买多个单独的系统，造成不必要的财力浪费。在理想状态下，应该要选择一款能够支持多种现成硬件的

DCIM 解决方案。换句话说，即所选用的解决方案不应具有供应商的独特定制性，而是所选的解决方案还要能够同 BMS 等其他已有的监测系统集成，从而最终满足用户的多种需求。

此外，还要考虑到该实时监测是否采用了硬件的部件。基于硬件的系统并非存在固有缺陷，事实上，与基于软件的系统相比，基于硬件的系统能够做到更快、更高频率地采集数据。但根据实际情况所需要的硬件部件的数目及各部件价格存在不同，有时硬件的成本可能会间接导致整个 DCIM 解决方案的价格过于高昂。

系统能否支持设备的自动发现功能也是需要考虑的另一个重要特性。自动发现功能有诸多优点，不仅能够让设备安装起来更快速、更轻松，同时也更不易出现用户手动配置设备时可能发生的错误，极大可能地避免了错误的发生。然而需要指出的是，由于自动发现功能取决于设备的配置及所使用的通信协议情况，支持不同协议的设备其具体自动发现情况也不同(例如，SNMP 设备一般可被自动发现，而 Modbus 设备通常无法被发现)。因此，并非所有设备都能够被自动发现。

3) 工作流

目前很多数据中心都在一定程度上实施了类似信息技术基础库(Information Technology Infrastructure Library, ITIL)的规程。DCIM 解决方案可帮助用户来协调这些流程的实现。例如，对于一台崭新服务器的安装一般包含多个步骤，这时可能需要数据中心的不同工作组来共同完成。DCIM 解决方案可对各步骤进行分别跟踪，各工作组可各自报告自己任务的完成状态，以验证是否所有的步骤均已完成良好。在这种情况下，工作流的功能可起到协调服务器安装的作用，从而确保在技术人员将服务器安装到机架前，各项准备工作均能圆满完成，简化了整个工作流程。更重要的是，DCIM 工具所提供的工作流功能可根据用户实际情况所定义的流程结构内的工作进行适当调节，而不需要用户来调节自己的流程，保证能够与预先定义的工作流相配合。

4) 分析与报告

DCIM 解决方案的另一项重要功能就是进行数据的分析和报告。由于数据中心内有数千台设备，而每台设备都会报告多项测量结果，因此，所采集到的数据量在很短的时间内就会变得无比庞大。所以，DCIM 工具必须能够快速对这些数据进行排序，并为管理团队提出可行性的建议。DCIM 工具可以通过报警信息、显示变更与变更时间的历史数据图片以及仪表板与报表等方式，提出可行性建议，甚至其可能提供有预定义的报表，但同时也需要支持基于用户所选参数的特别报告功能。

5) 物理和虚拟基础设施的可视化

DCIM 解决方案的一个重要组成部分就是用可视化的方式查看物理和虚拟基础设施。当今市场上各种 DCIM 工具的可视化功能各不相同，有些 DCIM 工具可与 Visio 或 Auto CAD 等可视化工具进行交互，而有些则提供了虚拟编辑器，用户可以根据实际情况在该工具内完整地对自己的基础设施进行布局。目前，大部分情况的解决方案提供的都是基础设施的俯视图，但有些解决方案还可以提供 3D 视图，让用户能够在数据中心内“漫游”；还有一些解决方案提供了数据中心的多层视图，可查看诸如温度、机架使用率和功率等各种参数。以上的这些可视视图一般能够延伸至机架等级，使用 DCIM 工具则可以提供机架内各类设备的可视视图。该视图会显示设备在机架或服务器内的真实位置，并且可以提供各位置机架内的温度以及机架内用电量等额外需要使用的数据。

6）用户界面

一款良好的 DCIM 用户界面要以便于使用为目标为用户提供信息，从而方便用户做出明智的决策。Kevin Malik 在 Uptime Institute 研讨会上介绍数据中心基础设施管理软件时，描述了 DCIM 用户界面的重要性，他指出，“数据中心操作系统拥有一个直观的界面，使用户能够快速地查看各项报警、环境条件及其他详细分析数据。”接着他还补充，“各公司应能够对机械数据、功率、冷却和用电量等实时数据的视图进行定制，以使决策者能够根据自己的职责范围查看所需数据，进而优化数据中心的运行情况。”

如同各种各样的可视化部件一样，DCIM 的用户界面在外观、感受和整体功能方面也各不相同。尽管大部分的 DCIM 产品都是基于 web 使用的，用户可以随时随地查看数据，但是用户界面的格式却大不相同，这其中包括仪表盘式、触摸屏式等多种形式，甚至有的用户界面格式还具有支持 iPad 及智能手机等手持设备的更为先进的功能。

7）容量规划

DCIM 应用程序采集数据的一项重要功能就是为数据中心容量规划提供丰富的信息。当数据中心能够最大程度地利用其关键资源时（尤其是对于电力和冷却资源），才能够实现最高的运行效率。通过持续记录资源的消耗量及分析增长的模式，数据中心管理人员能够更加准确地预测哪种资源将会被耗尽。有了 DCIM 工具的帮助，管理人员能够更为高效地管理各项关键的资源，甚至可以根据情况修改数据中心的扩建日程。

8）与其他数据中心管理解决方案集成

事实上，DCIM 解决方案可能永远无法像一些 DCIM 供应商所宣传的那样，能够替代数据中心内的其他管理工具，从而达到某种最强大的功能。现在，数据中心所使用的常见管理工具包括变更管理、CFD 建模、资产管理、BMS、维护管理及一些第三方或机构内部开发的工具。对于一款良好的 DCIM 解决方案而言，其能够与一些外部系统互相集成，具有从加载 Excel 电子数据表到直接与成熟的基于 web 的 API 进行数据库交互的综合性功能，使得 DCIM 能够从外部导入和从内部向外部导出数据。

2. DCIM 的功能及作用

1）DCIM 的功能

DCIM 工具可以助力公司组织规划基础设施并简化数据中心的管理。从某种程度上讲，DCIM 产品是在传统 BMS 的基础上进行改良而成的。这些工具用于提供整体设施中能源使用情况的相关信息，以便设施管理团队能够更好、更便捷地管理能源供应与冷却系统。一些 DCIM 工具可以采集基本的能耗信息，或通过 UPS 的输出收集“IT 总功耗”，同时将其与“设施总功耗”进行对比，从而获得 *PUE* 值。这些相关的基线信息可以用于改进数据中心站点的能源与冷却效率，同样也可以优化数据中心的管理[16]。

还有一些 DCIM 产品将功能目标锁定为帮助 IT 管理员进行监控机架级的能耗与环境变化。DCIM 工具提供商还将 IT 资产管理功能与能源利用监控进行了结合。许多 DCIM 生产商提供仪表板，仪表板的功能是用于展示独立机架、服务器或其他 IT 设备的功耗数据。DCIM 工具甚至可以提供关于每个机架与机架上独立 IT 设备的图形化地图，同时还包括了能源利用率、温度及湿度等数据。当然，没有 *PUE* 指标计算器的 DCIM 工具是不完整的。因此即使是面向 IT 的产品，也同样需要有监控设施能源利用率的相关功能。

目前，几乎没有 DCIM 工具被直接用于控制 IT 设备与运行。它们也同样无法自动扩展以及直接控制设施功耗与其他设备，例如用于大规模计算负载的冷却设施的情况。大部分 DCIM 工具被设计用于提供更好的展示功能，并帮助用户分析不同系统的能源利用率。当然，用户需要先购买和安装相关所需的能耗测量设备，才能够得到所需要的结果与 DCIM 的展示情况。

2）DCIM 的作用

DCIM 的作用主要包括数据监测、资产管理、建模预测、流程控制、管理报告、提升管理效率、快速响应业务需求、规划设备安装、避免错误决策、降低运营成本、简化管理工作和虚拟未来决策等，具体介绍如下。

（1）数据监测：DCIM 解决方案可以提供自动搜寻 IT 资产的功能，同时收集重要的数据，以便加快实施进度，并随时更新资产相关的记录，帮助管理人员进行及时有效的管理。

（2）资产管理：资产一旦清点完毕后，DCIM 解决方案就可将发现过程中收集的逻辑数据进行相关的映射，并建立全部数据中心资产的虚拟模型。

（3）建模预测：为了有效地管理资产，DCIM 会提供数据中心建模的功能，并且建立复杂的假设场景，以便在实际操作进行之前，了解移动、增添和变化方面的任何项目是如何影响数据中心的电力、制冷和场地情况的。

（4）流程控制：对虚拟的变化进行建模后，DCIM 提供了定义和控制执行服务请求流程的功能，通过使用图形化的工作流和自动化执行的机制，改进服务交付，缩短了服务器部署的时间，是执行 ITIL 和信息及相关技术的控制目标（Control Objectives for Information and related Technology, COBIT）方面的最佳实践。

（5）管理报告：DCIM 可实时收集电力和环境衡量标准所需的数据，可以提供商业智能工具，将相关信息交给管理人员进行进一步的审阅。

（6）提升管理效率：DCIM 解决方案包括了优化基础设施管理所需的全部功能，具有高可用性、安全性、资源优化以及高效率的特点，仅凭借单一的 DCIM 解决方案，用户就可以轻松地应对诸多挑战，从而降低日常管理数据中心的压力。

(7) 快速响应业务需求：通过 DCIM 解决方案，数据中心管理团队能够快速访问有关站点、地板区域、机架容量、电源消耗、热量输出、承重与网络连接等方面的详细信息，由此可以快速灵活地应对业务需求的变化情况。

(8) 规划设备安装：DCIM 解决方案可以生成数据中心的模型，并能够记录所有设备的相关需求。如果需要安装新设备，DCIM 解决方案将推荐安装的具体位置，从而大大缩短了规划与安装新设备所需要的时间。

(9) 避免错误决策：基于 DCIM 解决方案，数据中心管理者能够及时地掌握电源消耗、可用空间与环境支持等方面的确切信息，从而有效避免错误决策情况的出现。

(10) 降低运营成本：DCIM 解决方案能够使用户拥有准确的基础设施容量视图，从而帮助用户减少容量过剩的开支以及降低因容量不足而导致的风险，使用户能够更加深入地了解每一个设备的能源消耗情况，以便采取切实可行的措施，有效地节约能源等。

(11) 简化管理工作：DCIM 解决方案可将复杂的 IT 基础设施、数据中心机架和机架内所有 IT 元素以可视化的方式呈现给管理者，从而有序地进行数据中心的管理，提升管理的效率。

(12) 虚拟未来决策：数据中心运营方式的变革之一即虚拟化。虚拟化能够通过增加或者减少，来管理不断变化的负载容量，从而帮助数据中心优化网络与服务器硬件的使用。DCIM 能够将虚拟化推向下一个层面，为了优化数据中心的利用，提升数据中心的灵活性，DCIM 能够进行"虚拟化"地供电、热管理和扩大空间等，而这个技术是特有的，其他任何技术都无法做到这一点。

3. DCIM 的特征

DCIM 的特征主要有以下四点：

(1) DCIM 能够协助数据中心进行识别和处理影响 IT 系统可用性的关键设备的故障，从而提高数据中心的工作效率和稳定性。DCIM 将场地设施和 IT 基础设施相互关联起来，并通过关联关系告知管理人员数据中心设备的使用率，以及哪些设备是冗余的等具体情况，从而减少功耗的使用，提高能源的使用率。

(2) DCIM 能够协助数据中心管理人员更加准确地了解能源、空间、制冷等关键参数使用的情况，方便管理人员及时调配资源并进行匹配，提高资源使用率并降低运营的成本。根据高德纳咨询公司(Gartner)的研究报告显示，对 DCIM 进行充分有效地应用，能够节省数据中心 20%的总运营成本，并且通过其对气流的监控和管理，还能够大幅度地减少制冷系统的能耗成本。

(3) DCIM 能够根据电源、制冷系统和空间等所处的实际情况来最优化服务器的布局。

(4) DCIM 的智能软件能够根据实时监控电源的使用情况和设备使用率，来预测数据中心的电源使用效率和数据中心的设备使用效率，从而帮助数据中心进行未来规划。

4. 应用 DCIM 的管理方式

目前,应用了 DCIM 的管理方式主要分为以下五个部分:运维管理、资产管理、容量管理、能耗管理与可用性管理。各部分具体介绍如下。

1) 运维管理

运维管理是对基础设施出现故障前后的运维工作的管理,是提高数据中心基础设施可用性的基本管理功能,主要包括日常定期维保与定时巡检管理、事件(故障)管理、服务台、知识管理、服务合同与供应商管理、服务等级协议(Service Level Agreement, SLA)、值班管理和 KPI 等功能模块。

2) 资产管理

资产生命周期管理是数据中心 IT 管理者的日常基础性管理工作之一。资产管理主要包括对基础设施资产的"入库/出库""入机房/出机房""领用/退回""维修""盘点""报废"等资产生命周期中关键节点上的规范化、流程化和信息化管理等内容。

3) 容量管理

数据中心基础设施的容量主要是空间、电力、制冷(Space, Power, Cooling, SPC)的容量。通过采集机房空间、电力、制冷的数据与相关额定数据进行具体比较,数据中心管理人员能够更为全面地了解中心、大楼、楼层、物理机房、虚拟机房、列、机柜各层面的 SPC 容量信息,并将其作为容量的规划依据。

4) 能耗管理

通过能耗监控信息计算数据中心 *PUE*,准确了解机房的能耗构成和能耗变化的情况,实现数据中心能效指标的可视化监测,通过采用数据挖掘技术对数据中心的能耗数据进行更为深入地分析,获取数据中心的耗能模式和耗能规律,为数据中心提出合理的节能建议。

5) 可用性管理

可用性管理指的是可以根据实际情况建立基础设施的可用性模型,可精确计算可用性变化的情况,实时掌握可用性状况。当发生故障时,能够及时分析影响的范围、对可用性影响的程度大小,并定位故障点的位置,为灾备系统的迁移或启动数据中心的应急预案提供详细的依据。

8　基础设施高效运维

数据中心要实现高效运行，不仅仅取决于安装或配套了多少节能设备或系统，更取决于日常运维工作中的管理与操作。良好的运维工作能发挥节能设备的效果，而服务不到位的运维不仅无法发挥高能效系统的作用，甚至还会增加能耗。在以往的工作中，有不少变频系统定频运行和设备长时间空载运行等问题。在实际运维过程中，可采用模拟优化的形式来预判可能发生的问题，从而进行预防；也可应用模拟或测试的方法对现有的高能耗问题进行分析，进而实施改造；还可采用表格、制度等方式实现规范化的日常管理。在多方面措施的结合下，可实现规范运行管理、运行现状监督以及实施及时改造。

8.1　依托模拟强化运维管理

数据中心的全生命周期 CFD 仿真评估和预测管理涵盖了数据中心设备级、机柜级、房间级到园区级的多种 CFD 仿真，可对气流组织、空调设备以及冷却系统等运行状态进行细致的模拟仿真。依托此项功能，可实现精细化的日常管理。

8.1.1　机房内气流组织的运维

气流组织是机房冷却系统能效管理的核心。依托合理的气流组织，可以优化 IT 设备的进出风流量，实现对机房空调送回风温差的控制，确保送回风温差尽可能大且回风温度尽可能高。但在日常工作中，无法通过肉眼或简单的仪器实时监测气流组织。管理人员可以通过运行相对稳定的 IT 设备，观测其发热量与用电量存在的比例关系，从而可以间接实现对气流组织的监测。因此，可以根据 IT 设备用电量等数据，进行合理的气流组织模拟，分析在之前的运行过程中是否存在局部热点等风险问题，各个 IT 设备的进出风流量是否合理，温度是否与监测一致，从而调节、改善气流组织。

1. 机房模型设置

根据数据机房 CAD 图纸体现的建筑结构与设备布局情况，系统可直接生成 3D 机房虚拟模型，见图 8-1 和图 8-2。对于较为老旧的无 CAD 图纸的机房，或者近期进行了改造但并无改造图纸的机房，可参考第 7 章的内容，进行模型建设和校核。

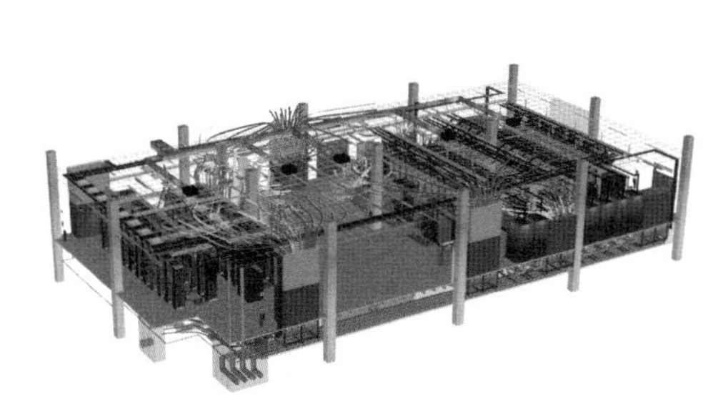

图 8-1　数据中心机房 3D 虚拟模型

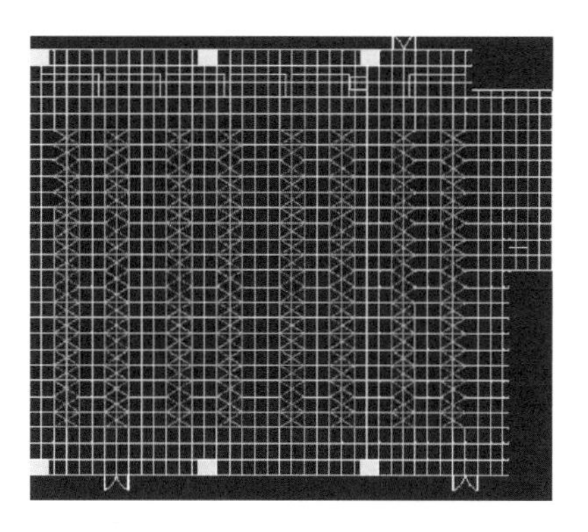

图 8-2　数据中心机房 CAD 平面图

2. 地板出风量分析

在日常运维过程中，应首先建立并核对送风量，同时分析数据中心空调在不同控制方式下产生的影响、地板出风量与风速。如图 8-3 所示，“空调送风流线”可以形象地显示出空调送风的流动状态，远离空调的机柜进风量较大。图 8-4 为地板出风口风量柱状图，柱形越高代表风量越大，从中可以看出，在靠近空调处的两个地板出风口的风量很小，这是由于设计的空调与这两个地板出风口的距离较短，而空调出风的风速较高，地板下静压小。因此，设计要注意尽量加大空调与地板出风口的距离。

图 8-3　机柜空调送风流线图

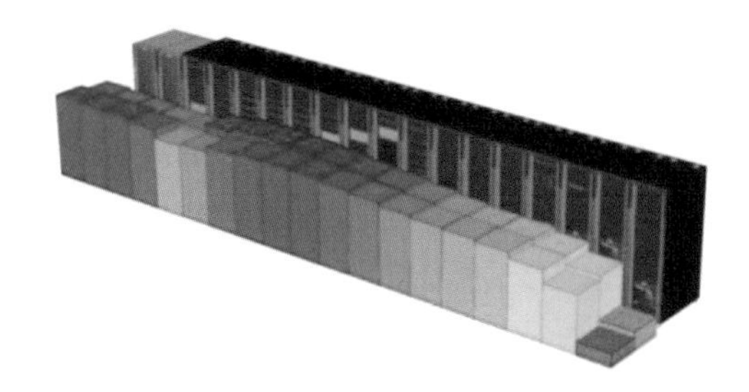

图 8-4　地板出风口风量柱状图

3. 局部热点问题运维管理

因为设计或者运维的缺陷会导致机房出现局部热点问题。其中机房空调的选型、冗余配置、部署位置和送回风形式等都会影响机房的气流组织，通道中没有注意到的缝隙和通过缝隙造成的泄漏情况都有可能导致局部热点问题。针对这种情况，良好的气流组织有助于提高单机柜的负载。局部热点问题模拟见图 8-5。

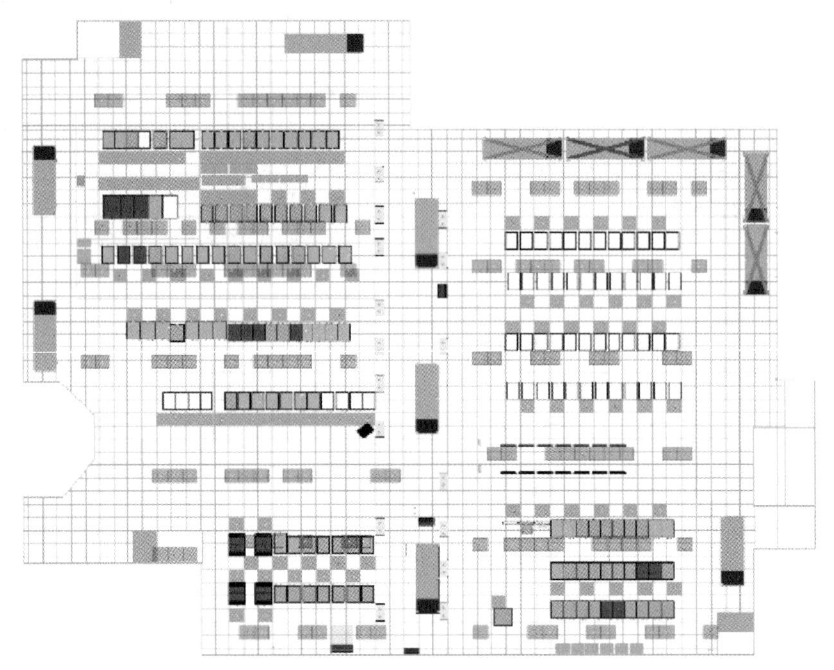

图 8-5　局部热点问题模拟

8.1.2　冷却系统运行效率分析

1. 空调利用率分析

在运维中，低能效往往是由于空调利用率过低或冗余过高导致的。当进行空调利用率以及节能分析、空调关停和冗余等方案分析时，可模拟关停或控制部分参数，来判断是否依然能保障运行。

对于相同的建筑结构可以采用不同的空调布置方案，如采用单侧空调或者双侧空调。对于具有相同建筑面积的房间，单侧空调布置可大大节省建筑空间，同时可以多布置一些 IT 设备，还能减少初期空调的投资成本，但是需要考虑这样的设计在实际情况下 IT 设备的安全问题。在图 8-6 所示案例中，图 8-6(a)的机柜最大进口温度低于图 8-6(b)的进口温度，单侧空调布置的时候大部分机柜最高温度超过了 30 ℃，显然这种方案不应被采纳。

图 8-7 为不同方案温度分布图，图 8-7(a)为冗余方式“5＋1”方案，图 8-7(b)为冗余方式“3＋3”方案，从中可以看出“3＋3”的冗余方式比较好，不仅房间内的温度较低，而且更为节能。

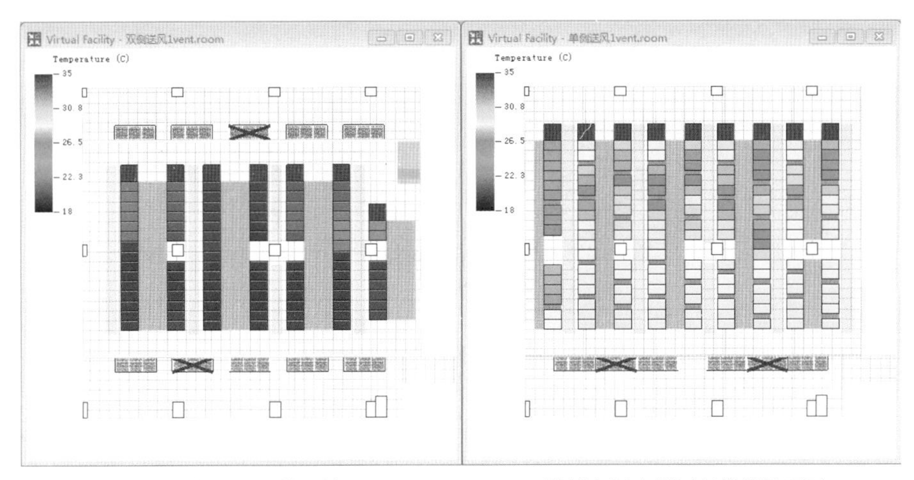

(a) 双侧空调布置运行模拟结果图　　(b) 单侧空调布置运行模拟结果图

图 8-6　空调布置方案图

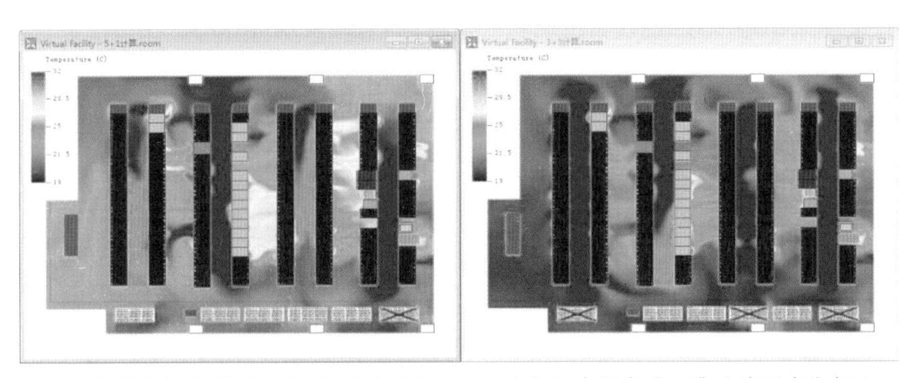

(a) 冗余方式“5+1”方案温度分布图　　(b) 冗余方式“3+3”方案温度分布图

图 8-7　不同方案温度分布图

2. 空调室外机热环境分析

当数据中心设置风冷空调(尤其是普通专用空调)时,往往在屋顶或外墙布置大量散热器。这些散热器的散热效果受室外温度的影响巨大,若存在局部窝风等问题,容易导致冷凝器温度过高。因此,要定期结合室外气象进行模拟,分析哪些散热器需要被特别关注和控制。

进行室外热环境分析时,需要考虑户外环境温度、太阳辐射以及风速等因素对冷却设备散热效果的影响,同时也要注意对室外机布局方案进行相关验证。进行室外机热环境分析的主要目的是分析室外机不同的布置形式是否会产生局部热岛效应,其评价的标准为外机入口的返混率以及机型的风冷形式。同时,在进行外机模拟时需要预先设置冬季或夏季的外部环境条件,还要考虑模型地点、太阳辐射和季风等因素的影响。户外热环境分析模拟示意如图 8-8 所示。

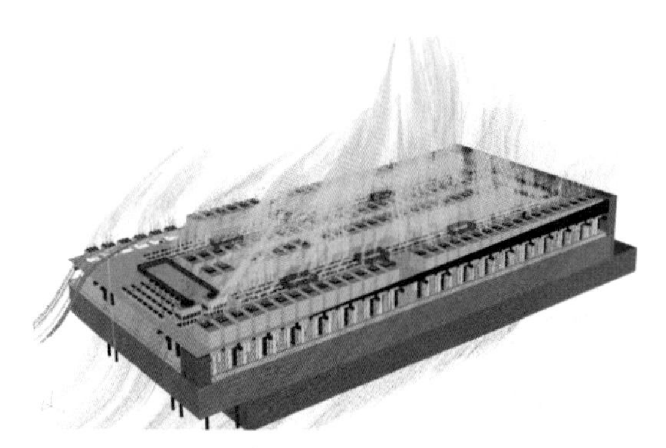

图 8-8　户外热环境分析流场模拟

在 CFD 软件中设置外机用空调的详细模型，添加换热器和风机等主要部件，并且将换热器设置成蒸发器，通过设置冷却剂的温度（冷凝温度）来具体表示换热器的冷凝能力。

对于室外机的模拟，其关键在于设置换热器冷却剂温度和风扇风量，并保证外机可以以最大负荷进行工作，同时外机排热量通过进出风温差和流量来具体确定。图 8-9 为室外机温度分布模拟结果，红色外机的进口温度较高，有出现局部热岛效应的可能性。

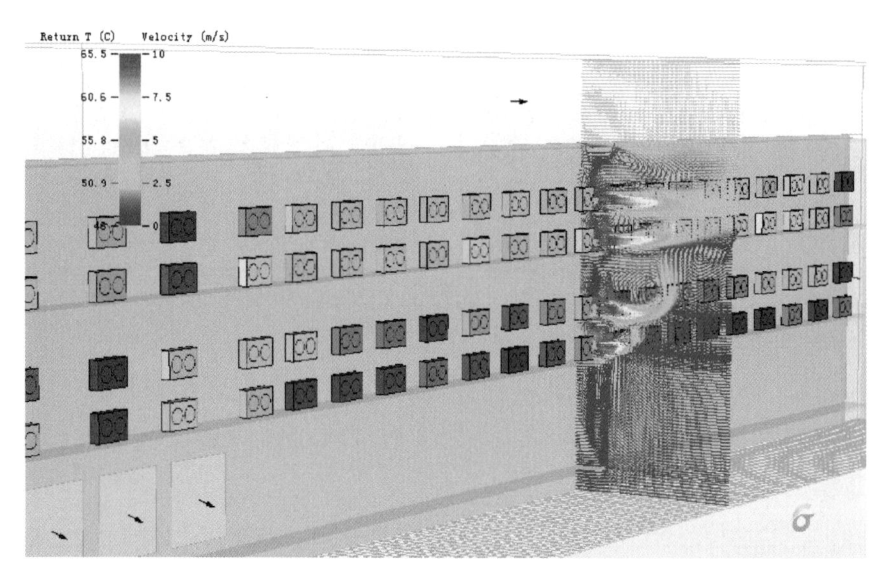

图 8-9　室外机温度分布模拟

3. 冷却塔的散热分析

冷却塔通常布置在楼顶或地面等通风条件良好的室外，要求进风口与排风口能够保持通畅。冷却塔的运行原理是用室外的空气冷却从空调流回的冷却水，冷却水与空气进行直接的接触，并通过蒸发和对流的方式把冷却水的热量散发到大气中去。其中，冷却塔运行的性能直接影响空调系统整体的运行效果，冷却塔的布局和安装方式也会影响冷却塔本身的性能。

冷却塔外部的风环境评价主要是评价实际运行时塔外的风场情况，需判断是否存在局部涡流，并需了解冷却塔进风口的气流状况，可以用返混率指标来评价冷却塔热回流情况。图 8-10 是某项目冷却塔的 CFD 模拟结果，从图中可以看出，底部和顶部冷却塔间黄色部分代表的温度较高，返混率较大。

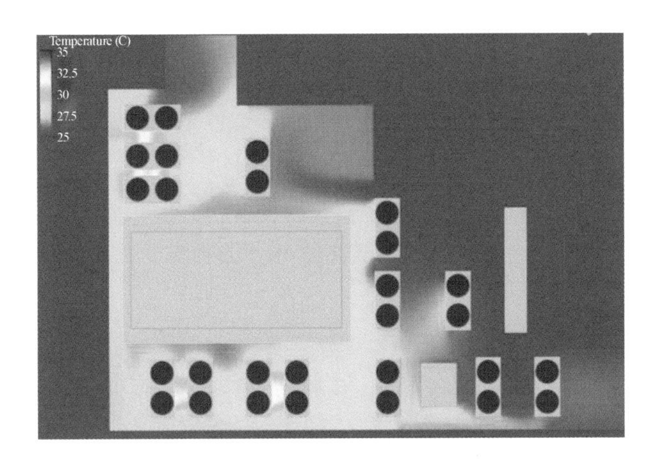

图 8-10　冷却塔室外温度模拟

4. 水力系统的日常模拟

水力系统在日常输配过程中，容易出现混水和小温差等问题，因此会影响免费冷却的使用或增加水泵能耗。在日常运维中，除了对温度及流量进行监测，还要结合监测数据对各末端和管网的输配情况进行模拟。结合各机房的 IT 用电量，分析管网是否在合理工况下运行，并进行优化。

对于复杂的水力或者风管系统，可以参照图 8-11 的 1D 流体网络绘制管路系统图，然后将 1D 流体网络进行数字孪生输出 3D 仿真模型。可以将图 8-12 的机房外部与空气处理机组相连的管路系统简化为类似图 8-11 的 1D 流体网络。该简化方法不仅降低了模型的复杂程度，同时还可以得到管路系统的流量分配与管路压降等多种模拟结果。

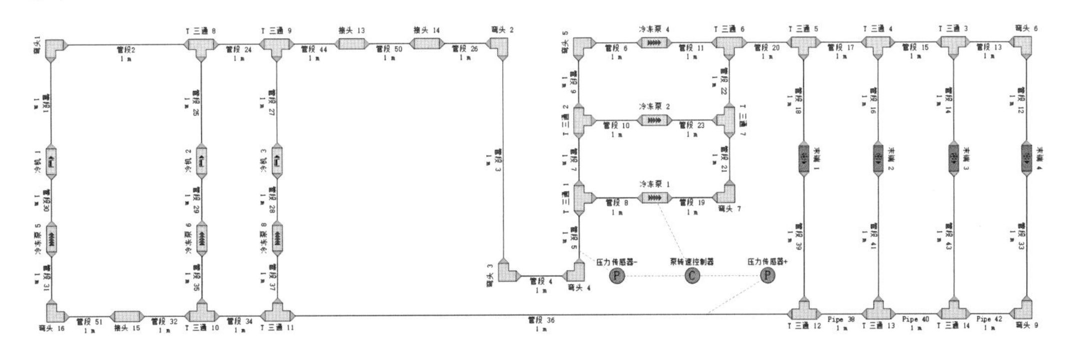

图 8-11　水力系统 1D 流体网络管路系统

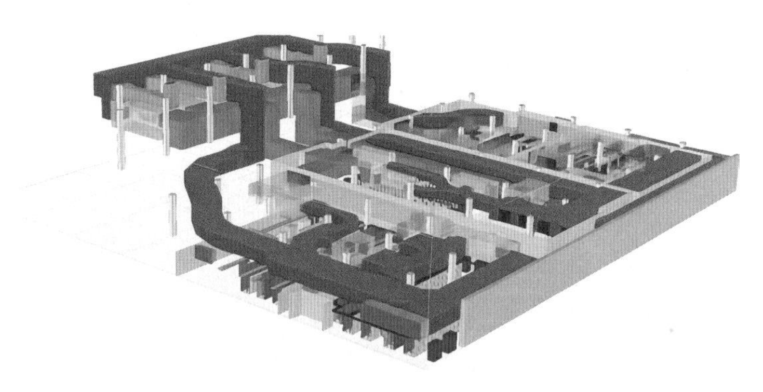

图 8-12　风管系统 3D 仿真模型

8.1.3　空调失效运维管理

空调失效是 IT 设备安全的最大隐患，在机房空调设计方面尤其需要注意。CFD 技术为机房提供了一个有效的空调失效仿真分析工具，通过在数据中心建设之前确定合理的空调冗余配置，来评估空调失效的影响，减少了 IT 设备的安全风险，能对 IT 设备在空调失效的情况下，温度上升到设定值的运行时长进行预估分析。图 8-13 表示应用 CFD 技术对空调失效进行的仿真分析，并预估在空调失效情况下 IT 设备温度上升到设定温度的运行时长。

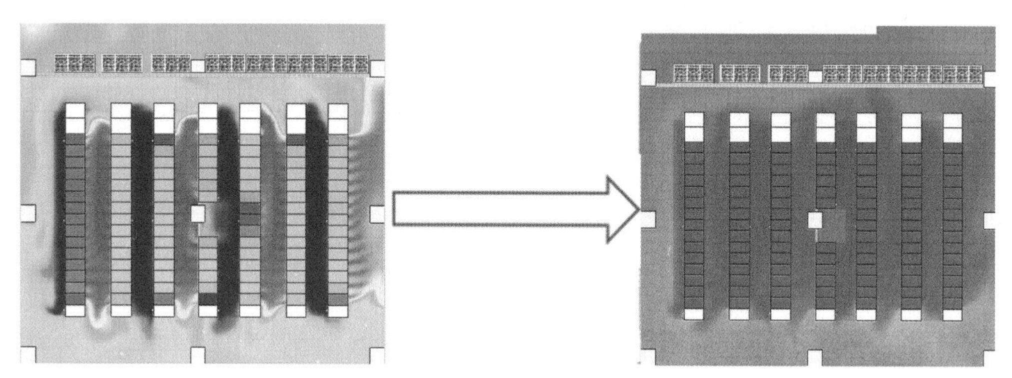

图 8-13　CFD 仿真分析空调失效及预估运行时长流程图

对于空调失效的实际情况，下文以一个案例具体进行解释：空调失效 5 min 后进行重启，评估在这段时间内 IT 设备进口温度从 24 ℃升到 40 ℃需要多长时间。此时，实际条件为空调不制冷，有风量，不封闭冷通道，且全部空调失效。

采用 CFD 技术进行模拟分析，图 8-14 为在第 155 s 时机柜最高进口温度云图，该图显示出此时 IT 设备房间中间部分机柜进口温度较高，两侧温度较低。图 8-15 为机柜进口温度随时间变化的曲线，图中曲线显示出随着时间的不断增加，IT 设备温度上升的趋势也在不断减缓，在第 155 s 时出现了机柜的最高进口温度，已达 40 ℃。

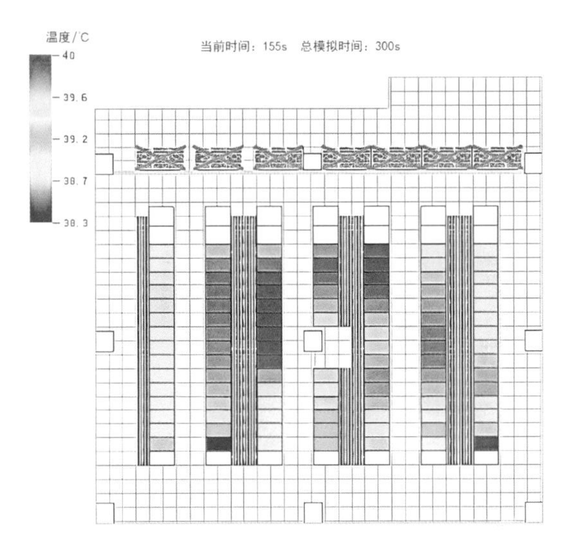

图 8-14 第 155 s 时机柜最高进口温度云图

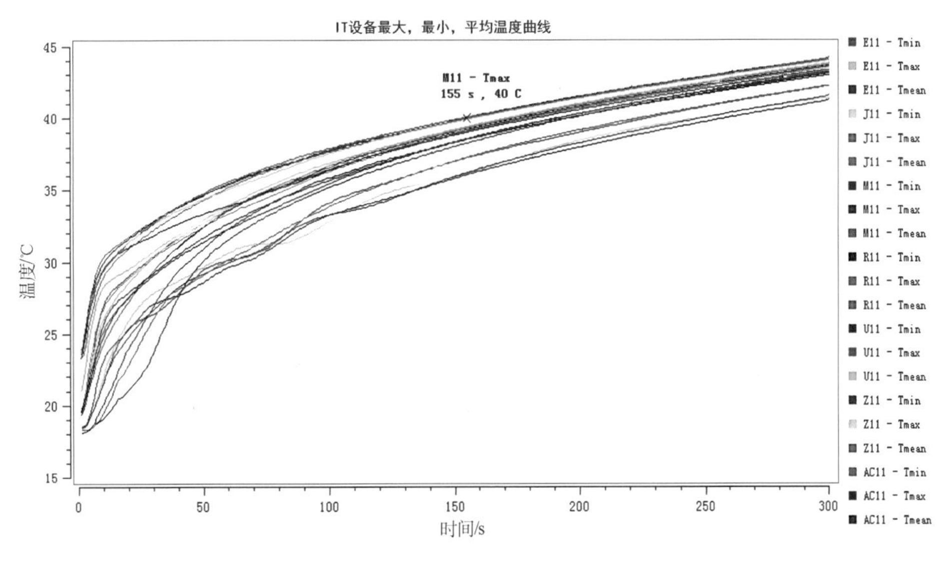

图 8-15 机柜进口温度随时间变化曲线

8.1.4 机房容量运维管理

机房容量包括空间、承重、电力、冷量和风量等方面，理想情况是在数据中心整个生命周期中这些容量能够维持均衡发展，最大化地延长数据中心的寿命。然而在实际运维过程中，经常会出现图 8-16(a)所示的情况，即当风量达到 100%时，已经无法继续增加机房容量，但电力、冷量却还有 14%的富余。通过 CFD 技术优化之后，电力、冷量和风量指标不仅同时达到 100%[图 8-16(b)]，而且对于空间可以提高 11%的有效利用率，进而可以延长数据中心的使用寿命。

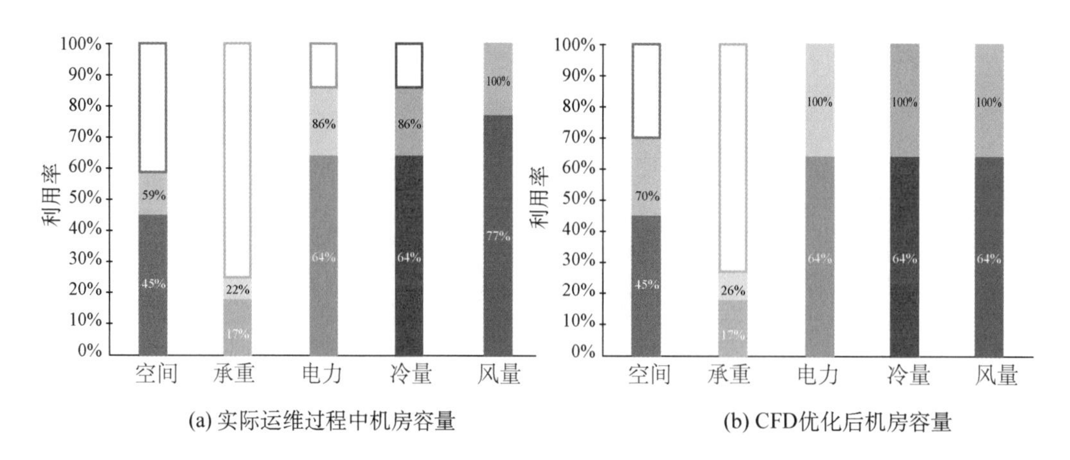

(a) 实际运维过程中机房容量　　(b) CFD优化后机房容量

图 8-16　机房容量运维利用

8.1.5　依托模拟优化监控

监控是数据中心运维的核心工具，仅仅依靠监控是无法克服最小化运维的风险，仅依赖监控无法解决以下几类问题。

1. 只能确定传感器所在位置的温度，不能确定传感器之间的温度分布

温度云图多采用数据中心智能运维系统（Data Center Infrastructure Management，DCIM）绘制。图 8-17 中机柜间的温度云图是通过传感器的监控值采用差值的方法计算出来的，近似表示整个机房中的热分布情况。

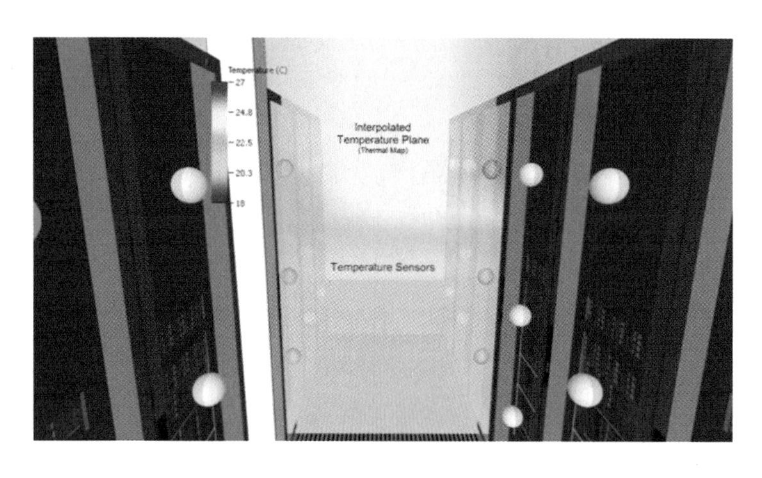

图 8-17　通过差值获得的热图（温度截面）

通过这些点的差值获得的热图并不能从根本上反映出设备过热的问题，而通过 CFD 模拟则能够真实地反映机房中的温度分布情况，不仅能够显示当前存在问题的区域，同时还能为未来 IT 部署提供决策依据。图 8-18 是通过 CFD 模拟得到的结果，可以清晰地看到与图 8-17 的差别，CFD 模拟的温度分布结果也更加准确。

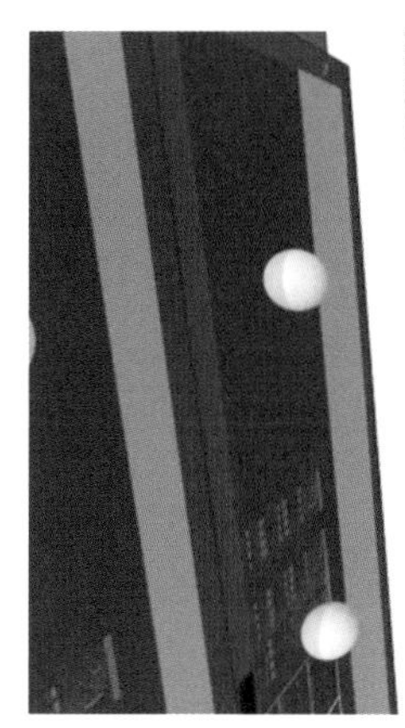
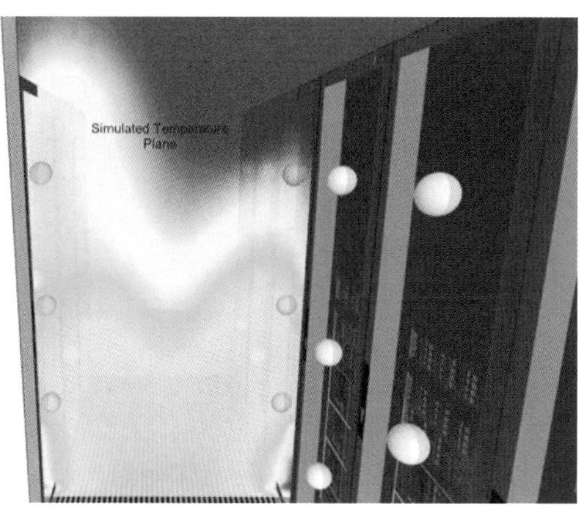

图 8-18　通过 CFD 模拟获得的热图(温度截面)

为了减少二者之间的差异,可以在所有 IT 设备的进出口与机柜前门布置更多的传感器,这样可以大幅度提高精度,但是需要考虑如何确定布置位置与数量才能真实反映数据中心的温度情况。如果在任何一个位置都布置了传感器,虽然能捕捉到每一点的温度,可以使得与 CFD 模拟情况的差异减至最小,但是在实际情况中,这种方法不仅复杂而且实现难度较大。

2. 不能捕捉部署设备时的风险

在现实情况中,布置的传感器可能不能显示 IT 设备的真实进口温度。为了解决这个问题,按照 ASHRAE 标准,可以在机柜前门处布置传感器,分别靠近顶部、底部和中部进行布置,如图 8-19 所示。

图 8-19　在机柜前门处布置传感器(靠近顶部、底部、中部)

图 8-20 显示的温度截面是由 CFD 生成的。尽管是按照规范要求布置的,但传感器也没有能够准确地反映机柜进口处的温度分布。就图 8-20 来说,可以看到一个小的热点在这个传感器的位置,但该热点并不能被监测到,所以这三个传感器生成的热图不能反映它们之间的温度梯度。

图 8-20 CFD 生成的机柜温度截面

相比较来看，图 8-21 是一个机柜传感器能够真实反映机柜进口温度分布的案例，这个例子中的传感器不仅捕捉到了机柜顶部的热点，同时传感器之间的温度分布预测的效果也很好。

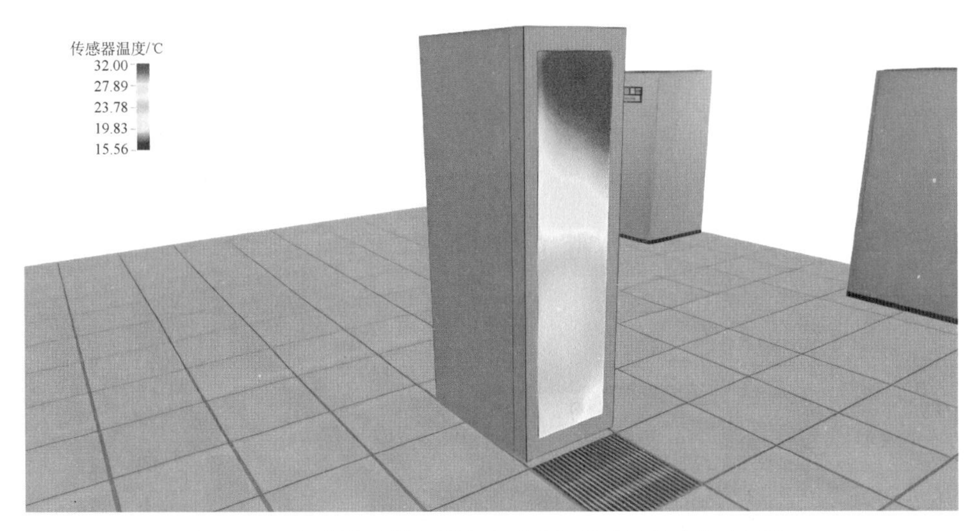

图 8-21 机柜传感器能够真实反映机柜进口温度分布示意

注意到 IT 设备的进口温度，并绘制 IT 设备的最大进口温度，可以发现过热 IT 设备反映在传感器上的温度仍处于绿色的区域，而这种现象并非不可能出现。如图 8-22 所示，注意 IT 设备进口的流线，可以看到机柜底部存在回流引起过热的情况，即使全部安装好盲板，泄漏仍会出现在导轨之间。

因为机柜安装导轨造成泄漏情况的出现，在机柜进口和 IT 设备进口之间会存在一定的温差，同时回流空气也会与冷空气混合。虽然传感器能够准确显示机柜进出口的温度，但是不能捕捉到混流的影响，这意味着传感器无法捕捉到运行设备过热的风险，因此此时的监控并没有起到保证设备安全的作用。

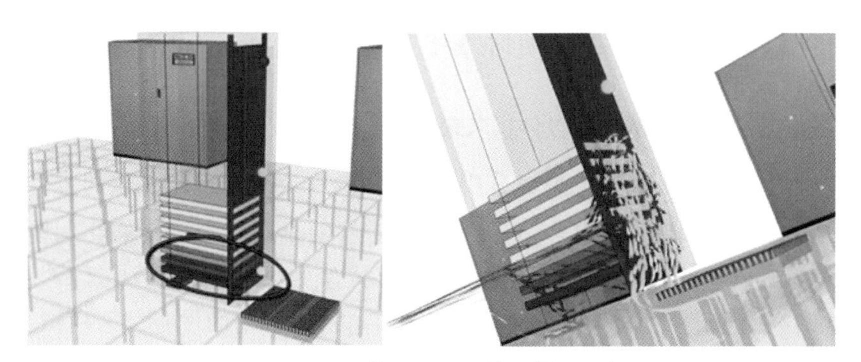

图 8-22　导轨之间泄漏情况模拟示意

3. 不能预测每次部署 IT 设备对冷空气分布的潜在影响

在图 8-23 这个案例中，IT 经理往仓库里增加了一台刀片服务器，并计划将其安装到机房里面，服务器为 7U，需要的安装功率为 500 W。按照符合 ASHRAE 标准的温度传感器来监控部署，通过环境监控系统得到所监控的机柜温度为 22.2 ℃。

图 8-23　安装刀片服务器通过传感器监控的示意

虽然得到监控的机柜温度为 22.2 ℃，看似没问题，但是实际上设备是过热的。通过用流线捕捉过热 IT 设备入口的空气流动，可以看出热空气流经机柜底部（图 8-24 和图 8-25），但这个问题在机柜监控系统中并没有被发现。

图 8-24　传感器监控机柜示意

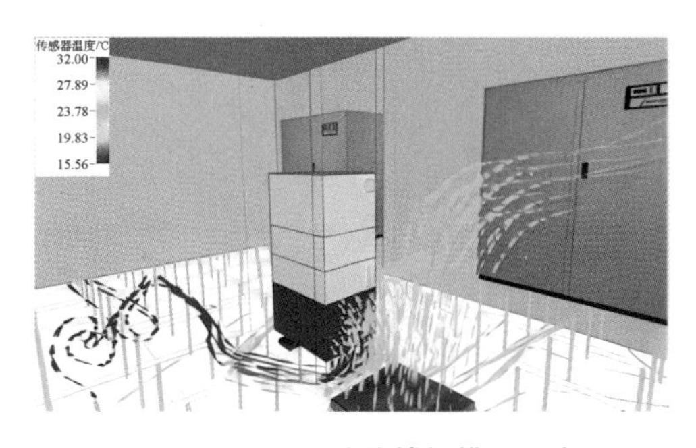

图 8-25　CFD 流线捕捉模拟示意

通过以上这个案例可以特别说明，部署 IT 设备时需要考虑冷空气分布的潜在影响。

4. 不能很好地进行设备部署以分析未来趋势

很多数据中心运维人员通过趋势分析做部署规划，从而实现最大化的容量。这个想法是通过使用监控系统来收集设备信息，从而进一步对未来设备变更的非期望影响做出趋势预测。如图 8-26 所示，示例的数据中心设计冗余为 $N+1$，配置 4 套 DCIM 监控系统，初始容量为 IT 设计负载的 20%。在案例中将进行一系列的设备部署模拟，在整个部署过程中将重点关注其中一个 IT 设备和距离它最近的传感器，并将设备进口温度和传感器的温度进行对比。其中，图 8-26 中的右侧图表显示每次部署或者不同时间两种温度的变化趋势。

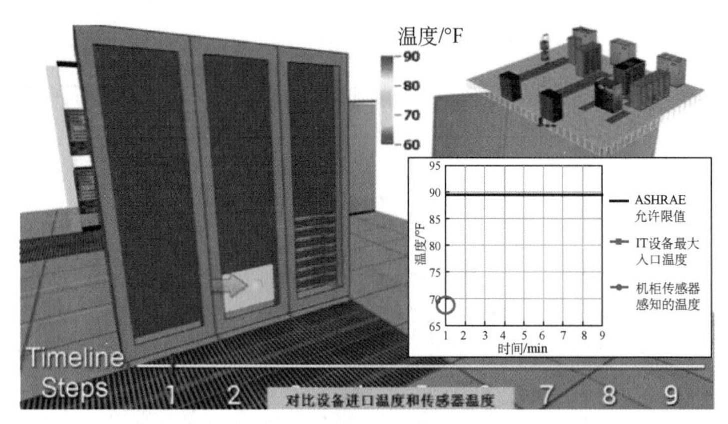

图 8-26　数据中心趋势分析温度监控初始状态

在运维时，监控系统捕捉机柜温度，通过监控来告知业主随着部署所导致的任何温度的上升情况。通过可能做出的部署来看，在图 8-27 中可以看出，该 IT 设备入口温度有一个凸起，但是机柜的传感器未能捕捉。

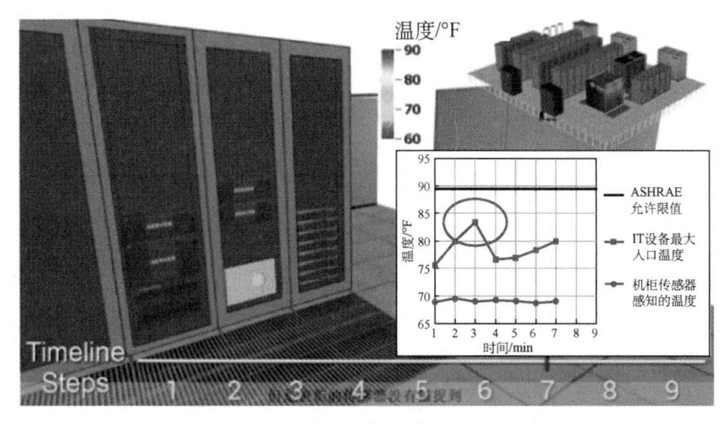

图 8-27　机柜传感器未能捕捉到某入口温度凸起示意

根据图 8-28 所示，在每次部署时 IT 设备入口温度都会有变化，到第 8 次部署 IT 设备时入口温度才随着每次部署稳步增长，然而在这个过程中，机柜传感器仍然没有较大变化，所以需继续下一次部署。当进行第 9 次部署时可以明显看出 IT 设备过热了，但监控系统却没有监测到。

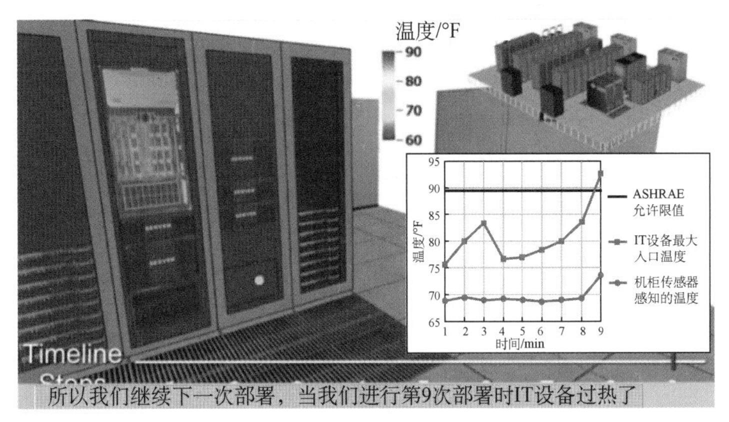

图 8-28　IT 设备入口温度随部署变化示意

同时对比分析温度趋势图(图 8-29)可以看到，当设备已经过热时，机柜传感器却刚刚感知温度开始上升，因而事实上它报告的温度比 IT 设备入口温度低了 19°F，这种不同步的现象一旦发生可能造成十分严重的后果。

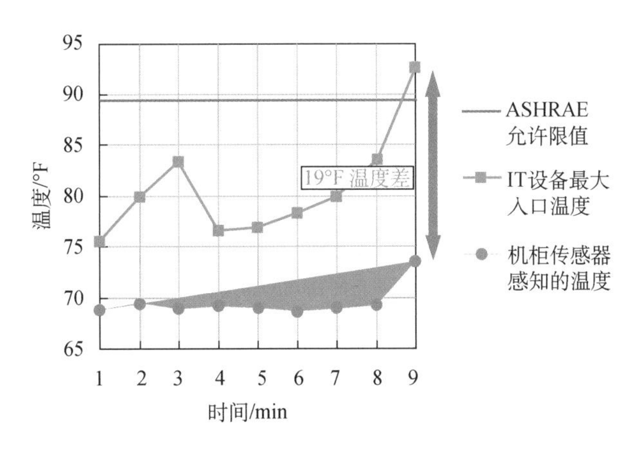

图 8-29　温度趋势对比

针对机柜传感器对于实际温度上升反应具有延迟的现象，假设再做一次相同的部署，通过 CFD 分析可以注意到每次部署时气流流动的变化情况，这种变化可能会受到机柜中 IT 变更的影响，或者受其他部分基础设施变化的影响。由于数据中心是一个动态变化的空间，每一种微小的变化都会影响周围的气流形式，在图 8-30 中右侧图表的第 6 次部署可以开始看到机柜底部有热空气流动，这些空气与地板出风口的冷空气进行混合，到了第 9 次部署时这些热空气会上升到足够高的温度，然后这个位置开始出现热点。

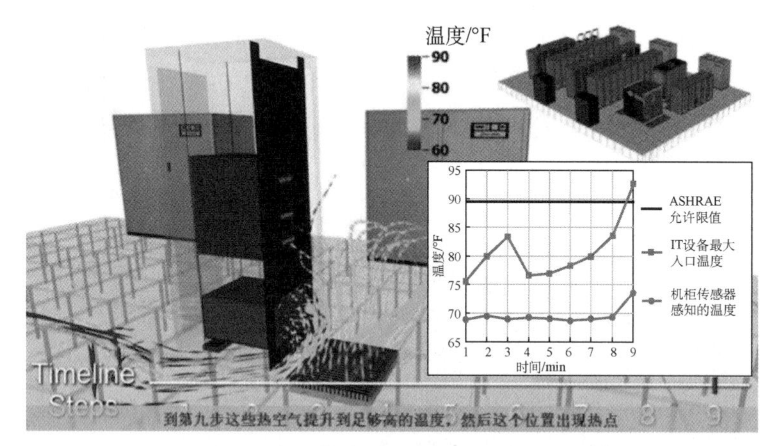

图 8-30　机柜热空气流动与空气混合 CFD 模拟

然而机柜传感器并没有监测到这个问题，这也是导致设备过热问题的主要原因。意识到这个问题后，应根据图示回到时间段的第 8 次部署，选择使用监控结果绘制趋势线来预测未来规划部署。但事实情况是，即使用保守预测，其趋势也不能给出过热的预先提示。

5. 不能很好地进行空调失效分析

当进入运行失效场景时，监控只能被动进行反应，在没有设备故障的情况下，无法获得在失效情况下数据中心出现的各种状况的数据。为了维持数据中心的弹性，模拟是测试数据中心极限的唯一无风险方法。举例来说，评测一个 $N+1$ 冗余方案且共 6 个冷却单元的数据中心，测试任意一个空调失效的场景，并评估冷却基础设施的弹性。为了强调关联失效空调预测的影响，选择跟踪 3 组机柜，通过查看机柜中安装的 IT 设备情况来判断其是如何被每种失效场景影响的，如图 8-31 所示。

图 8-31　三组机柜空调失效模拟

在图 8-32 所示的这个机柜中，绿色的 IT 设备表示运行安全，红色的 IT 设备表示运行过热(机柜的温度在 ASHRAE 标准允许的范围之外)。当所有空调全部开启时，所有设备均为绿色，设备安全运行。

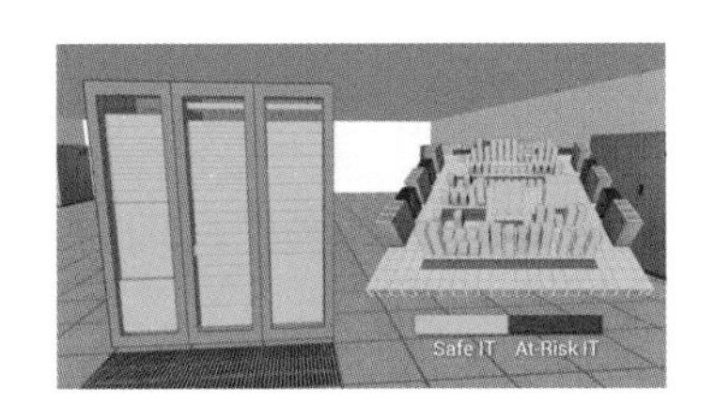

图 8-32 IT 设备运行安全与过热对比模拟分析示意

图 8-33 机柜空调失效时过热模拟分析示意

当模拟空调失效时，不同的 IT 设备将出现过热的情况，在实际情况中是不可能在运营的数据中心中进行这样操作的，否则将导致严重后果。因而在这种完全杜绝风险的环境中进行模拟是处理这种较为棘手场景的唯一方法，如图 8-33 所示。

通过使用 CFD 模拟可以清楚地知道哪个设备会因冷却失效而宕机，进而帮助业主能对数据中心实现更多有效的控制，然后通过实施改善措施重获冗余。通过模拟来实现任何潜在的改进措施，可以进一步量化性能，同时在实施前评估该结果是否能够满足要求。总的来看，监控从定义上来讲是被动反应(图 8-34)，只能体现当前正在发生的情况以及已经发生的情况。

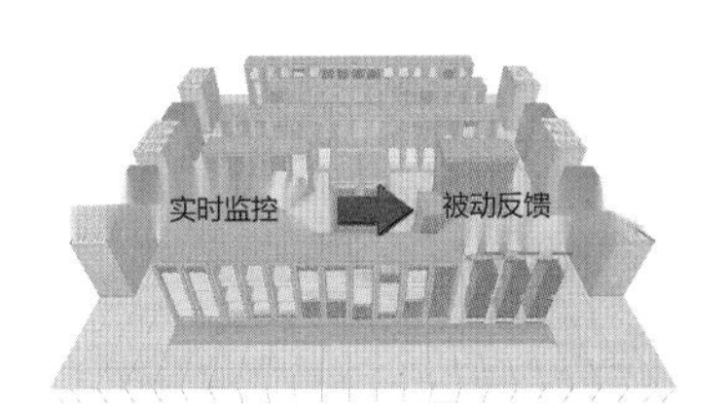

图 8-34 监控被动反应流程

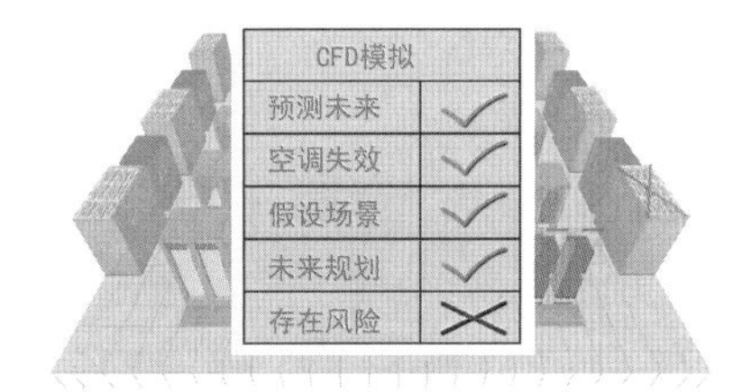

图 8-35 模拟预测的不同风险下的具体场景

而模拟才是真正可以实行预测的方法，它不仅可以对空调进行失效分析，营造出不同预测风险出现情况下的具体场景，并能通过模拟结果提出解决方案，还可以测试未来变更计划，避免风险等(图 8-35)。

8.2 冷却系统改造

冷却系统改造是当前数据中心节能改造的重点。应用各类改造技术的原则是提高回风温度、提升输配效率和增加自然冷源利用。在改造过程中，要充分做到实施的前后管理，在改造前开展测试分析和模拟计算，改造后及时进行测量评估和温度场模拟，确保在合理的条件下实现系统运行能效提升。

8.2.1 改造技术

为了达到数据中心更为节能的目的，可对数据中心冷却系统进行节能改造。在改造前，可对新系统或技术的应用结果进行模拟分析，如机柜水冷前门/热管后门形式、微模块数据中心和蒸发冷却系统等。

1. 机柜水冷前门/热管后门形式

因为IT设备排出的热量由机柜后门的水冷板或热管冷却，所以整个房间内都没有高温点出现。这种类型的冷却系统能够最大限度地增加IT设备的容量。图8-36和图8-37为机房俯视图和机房距地板1 m高度处的温度截面分布图。

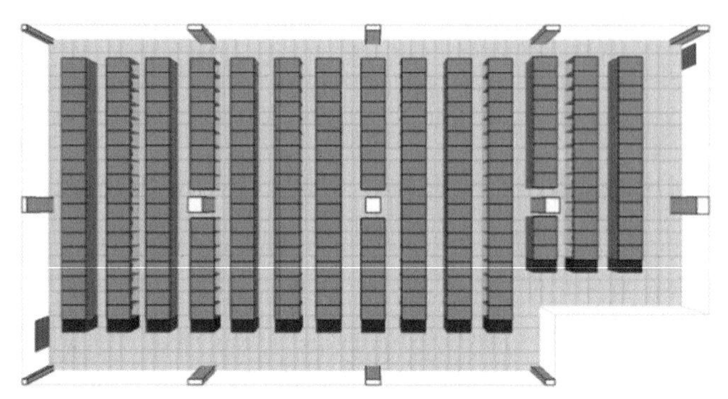

图8-36　机房机柜俯视图

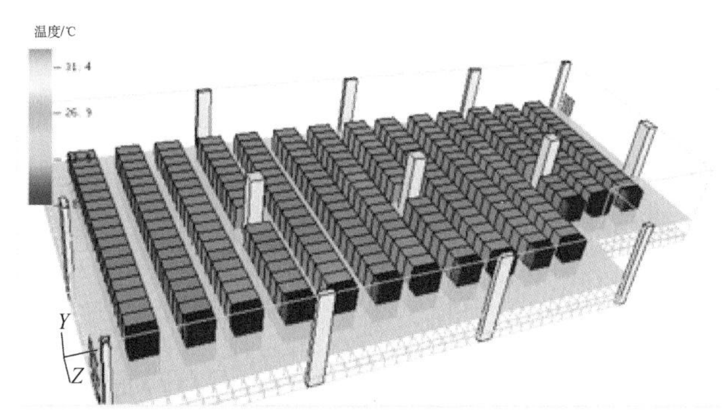

图8-37　机房距地面1 m处温度截面分布

2. 板换行级冷却

图8-38为某板换冷却系统，上部交叉放置两块板换，机柜排风从上部进入板换，空气被冷却后进入冷通道内。这个技术可通过隔离冷热空气来减少冷热空气混合的冷量损失，同时可以增加机房内布置IT设备的空间，从而提高空间的利用率。

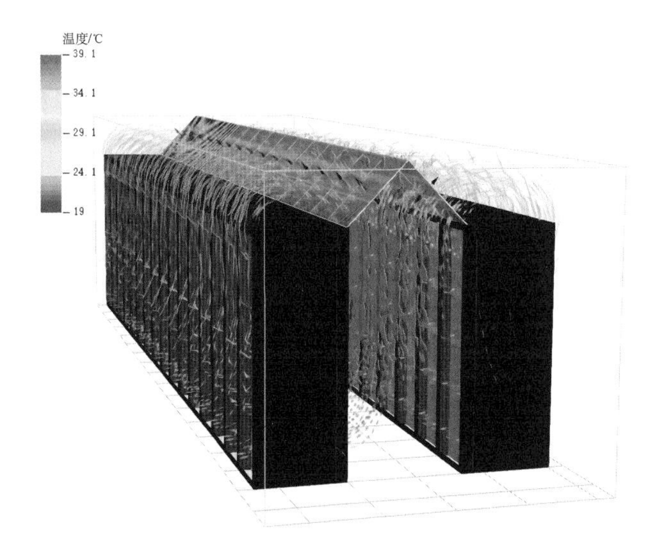

图8-38　板换行级冷却气流组织分布

3. 微模块数据中心

微模块数据中心可以实现按需供给，按需布置的功能，可以有效地提高机房整体的PUE。当模块数量增加的时候，模块间的相互影响也会相应加剧，图 8-39 为微模块数据中心平面布置图。图 8-40 为封闭冷通道条件下机柜温度分布图，图中显示随着模块间相互影响的加剧，即使是封闭冷通道的情况下，也有可能出现部分机柜过热的现象。

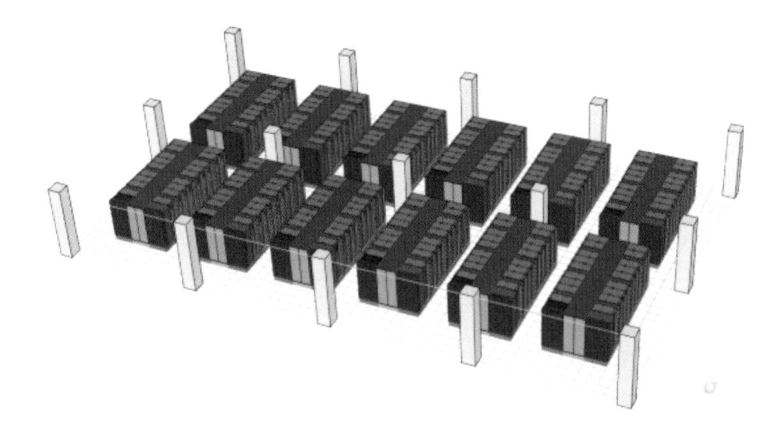

图 8-39 微模块数据中心平面图

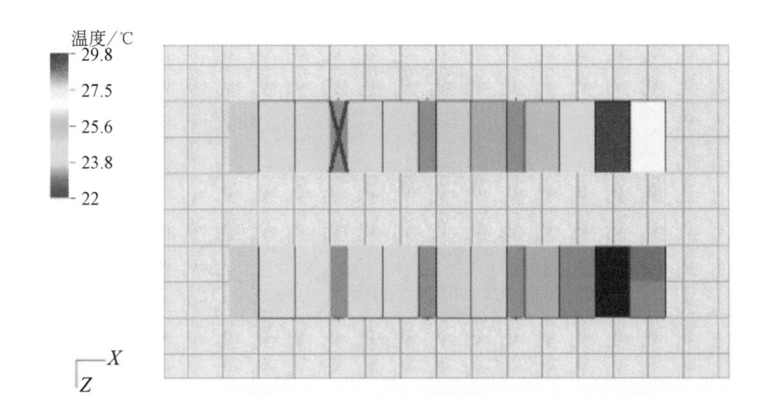

图 8-40 封闭冷通道下机柜温度分布

4. 全新风系统数据中心

图 8-41 为某全新风系统数据中心的气流组织分布图，其 *PUE* 在 1.2 以下，这种类型的数据中心建筑结构较为复杂，动力设备简单，在数据中心的内部设置了风扇墙，同时要考虑建立过滤系统，外部环境对其的影响也不能忽略。由于受到外部空气环境质量的限制，国内应用全新风系统的数据中心仍然较少。

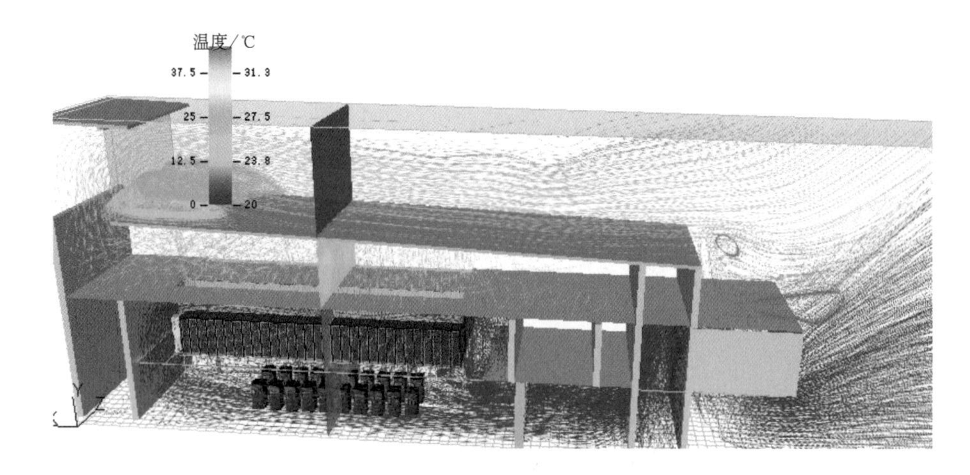

图 8-41　某全新风系统数据中心的气流组织分布

5. 液体冷却系统

如图 8-42 所示，在仿真模型中可以分析不同级别的液体冷却技术，其中包括机房级的直接蒸发冷却与间接蒸发冷却，机柜级的水冷冷却和热管背板冷却，设备级的通过冷板的间接蒸发冷却以及浸没式冷却等多种液体冷却方式。

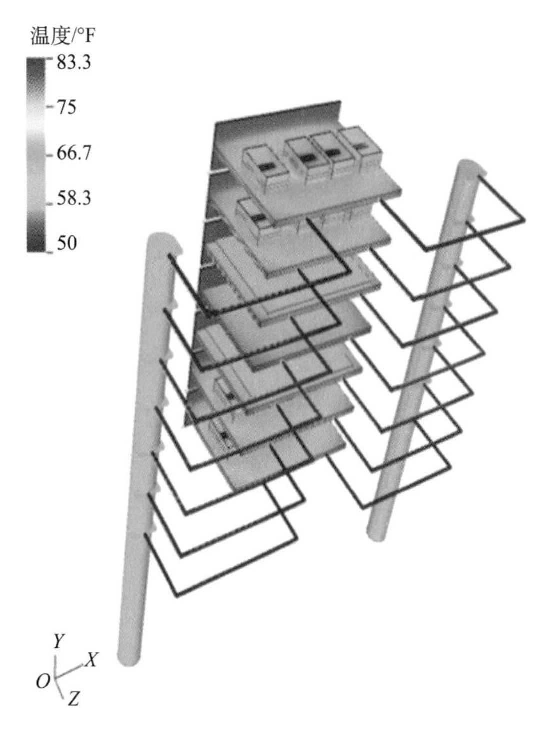

图 8-42　液体冷却模拟分析的温度分布

通过仿真模拟，可以实现管路的设计优化、水力平衡验证、水流量控制以及冷却介质温度控制等多种功能。

8.2.2 自然冷却和热回收

现代数据中心发展迅速，在较短的时间内，传统的冷却方式可以转换为各种冷却设计策略的组合，其中还包括大量的智能化设计。越来越多的电力被塞进不断缩小的部件中，这种趋势并没有显示出放缓的迹象，意味着散热过程的效率是至关重要的，这倒逼冷却设计朝着更新颖的方式发展。

自然冷却指的是通过热交换、对流以及热辐射等热传递形式由物体向环境介质排出热量，降低物体的温度，最终达到与环境温度相同的自发性过程。就各类冷却方法而言，自然冷却是一个明智的选择，很多先进的公司也正在转向这种设计。

许多厂家可以在空气侧设置经济器的空调，其中有部分厂家正在关注一个更为广阔的环境，即利用 IT 设备产生的热负荷来回收能源，也就是废热回收。

如图 8-43 所示，数据中心两侧的风墙使环境中的空气先流过服务器，再将设备排出的空气释放到室外环境中，设备排出的热空气释放到大气前首先要经过一组换热器，这些热交换器是存储能量的工具，热量通过换热器的翅片转移到水中，然后进行加压和加热，进一步变成蒸汽，通过使用蒸汽驱动涡轮机进行发电。

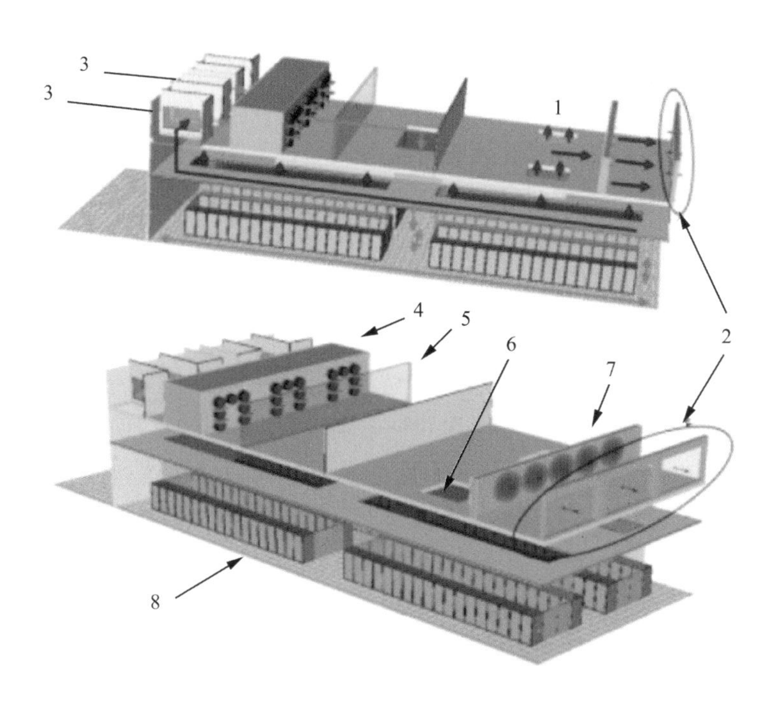

1—回风口；2—换热器；3—室外空气；4—风扇墙；5—湿度处理装置；
6—回风腔；7—排风扇；8—封闭热通道和吊顶风管

图 8-43 机房结构示意

上图充分说明了数据中心余热回收是如何通过回收设备排热来减少能量损失的过程。设计者设计的冷却策略创造了一个独特的流动路径，以确保整个过程中没有冷热空气混合，从而保证设备排出的热空气温度仍然较高，并确保保留最大数量的热量到换热器中，如图 8-44 所示。

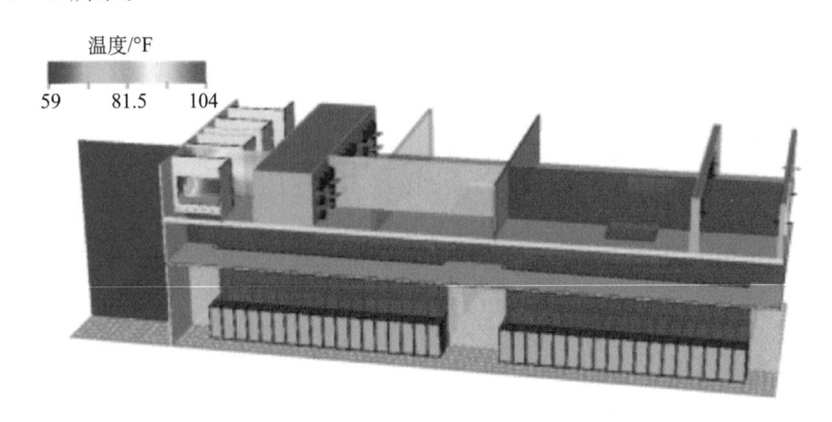

图 8-44　机房中部温度截面

举例来说，在给定的环境条件下，某个房间可以保留 250 kW IT 负载中的 135 kW 的热量。由外部空气来提供冷却能力，意味着除了机械损失，只有水加压和风扇负载，这有效降低了冷却系统消耗的电功率。

这样的设计方式与传统数据中心设计方案不同，其不仅能够达到 IT 设计负载要求，还能实现其他商业与工业目的。随着数据中心业务的不断增长，许多运维人员发现，随着数据中心的成熟，其负载容量达到设计能力的潜力却在不断减小。这通常是由业务驱动导致的 IT 设备部署不合理造成的，长期经营的成本增加了，但运维人员并没有发现这一点，只是认为机房中已经出现了热点，不能再进行设备布置了，且错误地以为如果还要部署 IT 设备就需要增加冷却设备。

传统数据中心遇到以上问题可以增加风扇、改善机房的气流组织或者增加冷却设备等，但这些解决方法不仅成本高，也不是有效解决问题的方案。

对于数据中心的热回收而言，不仅在其整个生命周期中可进行回收废热，而且，当其他运营商在可能需要考虑建立一个新的数据中心时，也可以考虑通过交换回收的热量从而获得更多的冷却能力。建立这样的数据中心可以使用 CFD 进行评估，这再一次凸显了 CFD 在此类设施设计中的必要性。通过 CFD 分析，所有者与运营商可以推断出长期运营的实际成本，并与传统的数据中心设计进行比较。

8.2.3　节能改造前后模拟分析

根据机房当前出现的各种问题，提出针对性的改造方案，并进行详细的模拟。通过模拟得到各项经济和技术数据，并进行比选，这有助于改造的实施。

例如,机房原始方案为变制冷剂流量多联式空调系统(Variable Refrigerant Volume, VRV)方案。但由于 VRV 方案存在局部热点问题,为了避免此类问题,选择对方案进行改造,改造方案为机房空调(Computer Room Air Conditioner, CRAC)方案和改进 VRV 方案两种,通过 CFD 验证改造方案的效果,并进行对比。对比结果如表 8-1 所列,图 8-45 展示了三种方案的 CFD 模拟分析图。对改造成本进行核算后可知,CRAC 方案节能 45.4%,改进 VRV 方案节能 35.42%,改进后的方案节能效果显著。

表 8-1　机房节能改造方案对比表

原始 VRV 方案	改进 CRAC 方案	改进 VRV 方案
使用 VRV 空调制冷	使用 CRAC 空调制冷	使用 VRV 空调制冷
柜空槽位不封闭	柜空槽位封闭	柜空槽位封闭
热通道不封闭	冷通道进行封闭	冷通道进行封闭
—	用风管进行上送风	调出风侧正对冷通道

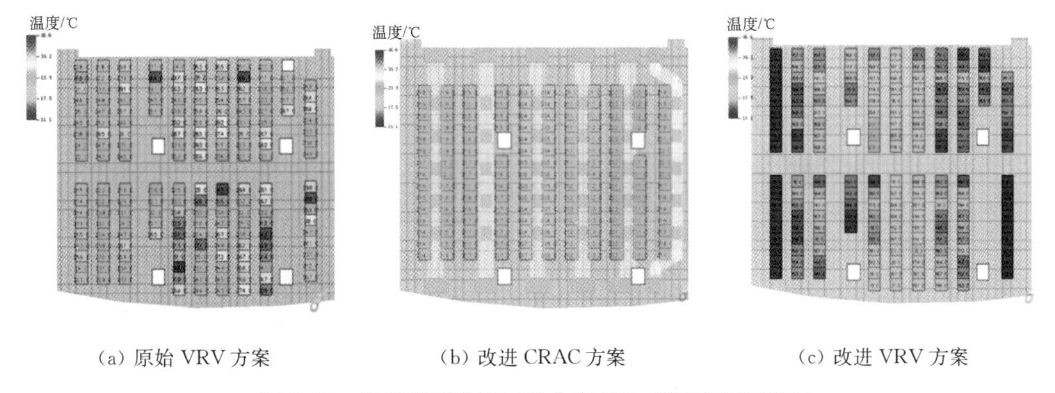

(a) 原始 VRV 方案　(b) 改进 CRAC 方案　(c) 改进 VRV 方案

图 8-45　机房节能改造三种方案 CFD 模拟分析对比图

8.3　冷却系统智能化控制

随着暖通空调系统的发展,空调的控制策略也更为先进,能更好地满足制冷和供热要求。但是,数据中心的空调控制方案在实际情况中更为复杂。不断变化的部署使数据中心在其生命周期中的不同时间段可能采取不同的控制策略。例如,第一天数据中心的某个位置还是空的,但是到第 90 天可能就已经摆放了一个高密度的机架,甚至在几年后又有一个列间冷却系统,这样不断变化的情况恰恰说明了实际的空调控制策略也应该随之变化。为此,可以通过使用 CFD 技术来设计和优化数据中心的冷却控制系统,而不是进行昂贵的测试或仅仅依靠经验来进行判断。

与常规的混成自动电压控制(Hybrid Automatic Voltage Control, HVAC)控制系统一样,数据中心的控制系统由三个主要部件组成:传感器、控制器和受控设备。其中传感器被放置在数据中心的不同位置上，例如 CRAC、送风或回风管道的不同位置上，进行测量变量如温度、压力和湿度等数据。读取传感器数据并发送到控制器，控制器将传感器数据与控制参数比较，产生控制信号，然后这些信号被传递到不同的终端设备，如风扇马达或泵等，用于调节风量和冷却剂流量等。

1. 温度控制

以一个简单的 3D 数据中心模型为例，包括 IT 设备、机柜、冷却单元和 PDU，以及架高地板下的管道和布线等内容。最上面的一排机柜负载为 7 kW/机架，其余的机柜负载为 2 kW/机架。在该模型中，温度是气流管理的控制参数之一，并对两种不同的控制策略分别进行了测试。第一种方案使用传统回风控制 78.8 ℉(图 8-46)，第二种方案控制送风 64.4 ℉(图 8-47)。

根据图 8-46 和图 8-47 所示的模拟结果，第一种方案的高架地板下空调送风有 4 ℃的温差。为了满足回风温度控制，机房低密度功率区的空调只需提供 2 kW/机架的冷量，所以空调送风温度高于高密机柜区的空调。理想情况下，一般希望看到高架地板内温度分布更均匀的情况。通过一个简单的 CFD 模拟可以帮助用户进行可视化控制系统，更好地帮助数据中心经理做出设计和操作决策。

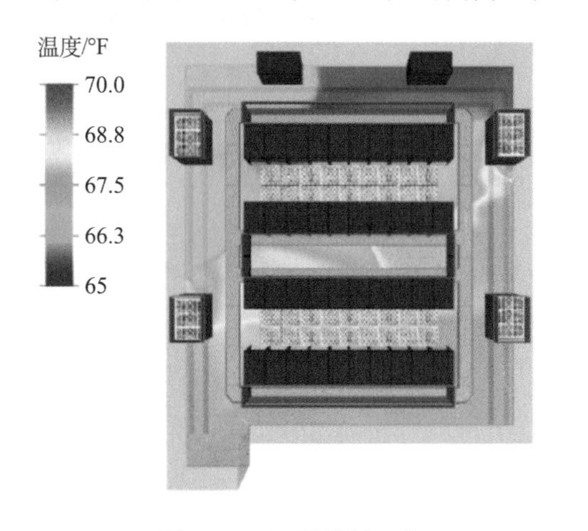

图 8-46 回风控制示意

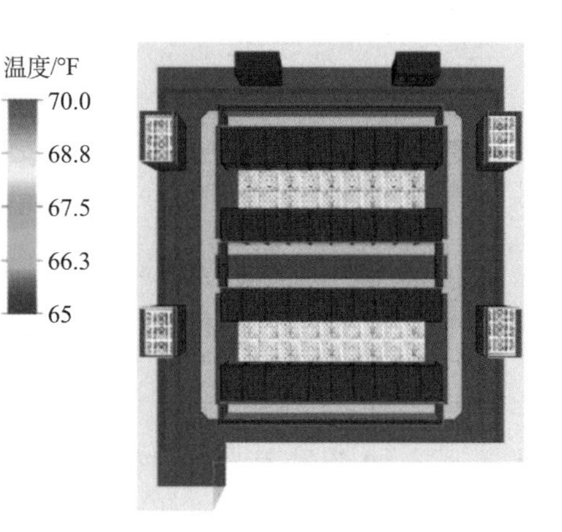

图 8-47 送风控制示意

2. 压力控制

压力是另一个重要的参数，因为有压差才会有空气流动。现在的数据中心冷却单元通常都是变频控制(Variable-frequency Drive, VFD)，通过设置控制压力输出的风量，动态地适应不断变化的负载，通过变频控制实现最佳效率运行。根据数据中心的实际情况配置，压力控制的方式可能也不同。例如，压力传感器可以被放置在高架地板下部，而对于通道封闭的数据中心，可以测量封闭通道内外的压力差，如图 8-48 所示。

然而，在保持效率的同时，选择理想的设定点来提供合适的风量具有一定难度，在这

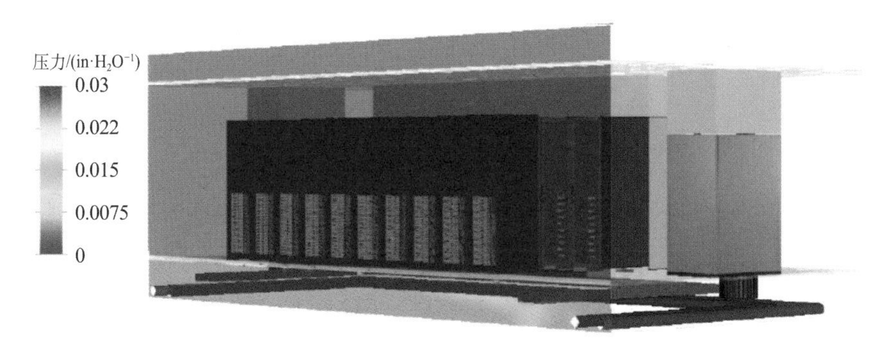

图 8-48　压力截面模拟示意

个过程中还需考虑多个因素，如空调类型及地板下的阻塞密度等，都有可能影响房间内的压力分布。为了更好地了解控制方案如何影响压力分布，可以修改先前使用的 CFD 模型。在这个模型中，气流控制值为从 4 个差压传感器读取的平均数。图 8-49 显示了数据中心控制系统的整体运行过程。

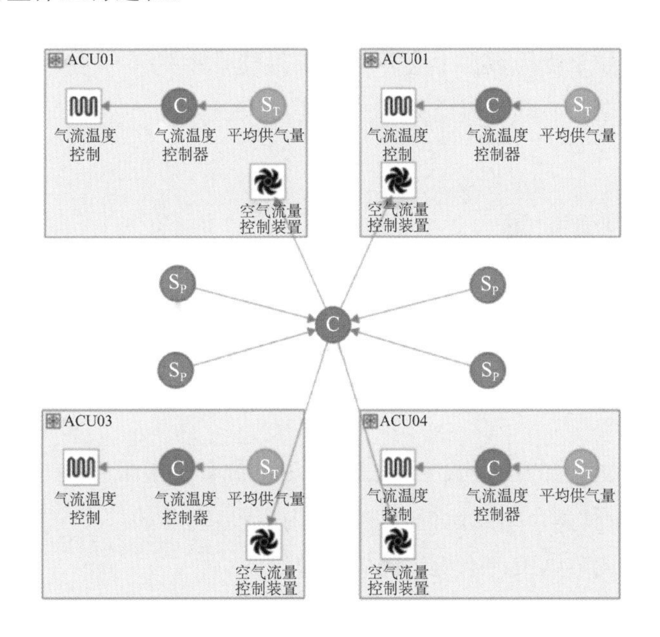

图 8-49　控制系统示意

最初，数据中心管理者可以根据经验设置压差为 0.05 in/H_2O(12.45 Pa)，见图 8－50。然而通过模拟发现 0.05 in/H_2O 的目标压力差使空调风扇运转速度达到了 2.40%。在这种情况下变频风机的节能设计并没有达到节能效果，且 IT 设备存在过冷的情况。

为了找到一个更合理、更节能的设定点，可以将设定值减至 0.03 in/H_2O(7.5 Pa)，见图 8－51。在这种情况下，空调输出额定风量的 88.6%，并且由于风量输出减少，IT 设备就没有出现过热问题，风扇转速降低从而实现节能。当然可依据实际情况试着进一步降低目标，使其最大限度地节能，但可能会影响数据中心的弹性。

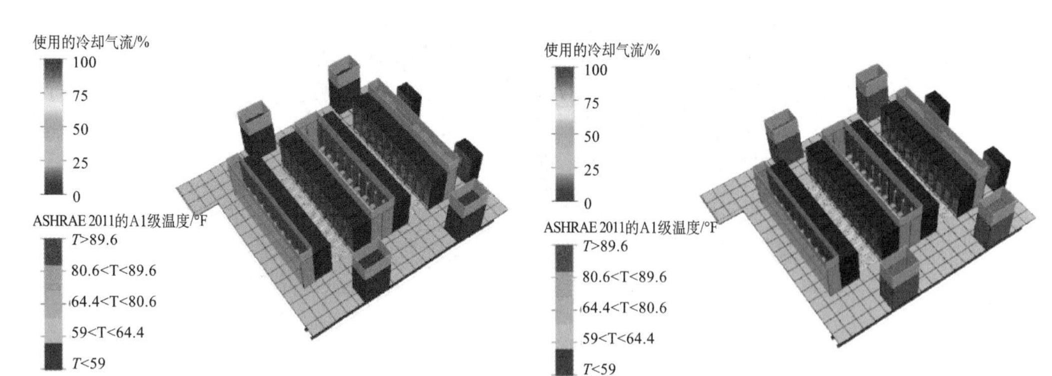

图 8-50　设置压差 0.05 in/H_2O 示意　　图 8-51　设置压差 0.03 in/H_2O 示意

在本章中只是看到了 CFD 如何用来评估数据中心中冷却单元的不同类型的控制系统，但它的能力并不仅限于此。6SigmaDCX 软件也允许用户根据温度、压力和湿度等参数控制各种对象，如换热器、安装在机架上的风扇、蒸发器、甚至是风阀等。

通过以上分析，如果要为数据中心环境寻求最佳效率的工作点，可在 6SigmaDCX 中建立控制系统，对数据中心的节能潜力进一步进行探索。

8.4　冷却系统日常运维

8.4.1　冷机日常运维

1. 运行管理要求

冷水机组是中央空调的冷源设备，也是中央空调系统中最重要也是最贵重的设备。下文主要从四个方面具体介绍其运行管理相关内容：启动前的检查与准备、冷水机组的启动、冷水机组的运行调节以及冷水机组的停机操作。

1）启动前的检查及准备

对于季节性使用的冷水机组来说，由于机组已经经历较长的不运行时间，需要经过必要的维护保养与检修。设备状态是否能达到重新投入使用的各项要求，在不经过严密的技术性能检查和充分的运行准备是无法确定的。因此，为了保证冷水机组的正常启动与更为经济安全地运行，经季节性停机（也称为年度停机）后的机组，在重新投入使用前必须做好运行前的检查与准备工作。冷水机组因开机前停机时间的长短不同和所处的状态不同而有日常开机和年度开机之分，这也决定了日常开机和年度开机前的检查与准备工作的侧重点。

（1）日常开机前的检查与准备工作。

冷水机组在开机前主要应做好以下几个方面的检查及准备工作：

① 检查机组油槽的油位是否达到规定要求，在油槽的油不足时应及时补充。

② 开启冷却水泵、冷却塔风机和冷冻水泵，并向机组供水，及时调整两泵水流量至规定值。

③ 检查机组的油槽油温是否符合规定温度，当油温过低时则应及时开启油温加热器，当油温过高时可以选择开大油路上冷却水管上的阀门进行降温。

④ 开启油泵调整油压至规定值。

⑤ 检查蒸发器视镜中的液位，并注意观察其是否达到规定值，如未达到规定值，就应及时补充，否则不允许开机运行。

⑥ 启动抽气回收装置运行 5～10 min，用于排除机组内不凝性气体。

⑦ 检查电压是否正常，同时三相电压应均在(380＋10)V 的范围内。

(2) 年度开机前的检查与准备工作。

冷水机组在年度开机前应主要做好下列几方面的检查及准备工作：

① 必须首先确认主电源、控制电源、控制柜之间的电气控制电路和控制管路连接正确无误。

② 控制系统中各调节项目、保护项目以及延时项目等的控制设定值符合技术说明书的要求。

③ 主电动机的相电压不超过额定电压的 2%。

④ 主电动机的旋转方向保持正确位置，同时油泵的旋转方向、油压差和制冷剂也符合规定要求。

⑤ 检查冷冻水泵、冷却水泵及冷却塔风机是否运行正常，冷凝器、蒸发器及相关管道需要重新进行排除空气、充满水等操作。

⑥ 确保机组和水系统中的所有阀门能够操作灵活，并且保证不存在泄漏或卡死的现象。

2) 冷水机组的启动

冷水机组在启动时需要按照下面步骤做好管理和调节：

① 闭合操作盘(柜)上的开关至启动位置。

② 在自动状态下，当油泵启动 20 s 后，主电动机启动，此时应该监听压缩机运转状态下是否会有异常情况，如果发现异常情况应立即对其进行调整和处理。

③ 当主电动机运转电流稳定后，可以缓慢开启导流叶片，等到蒸发器出口的冷水温度接近要求值时，则可以将导流叶片的手动控制改为针对温度的自动调节控制。在操作导流叶片开大的过程中需要注意：油压应不得低于 0.1 MPa 表压，并且主电动机的运转电流应限制在规定范围内。

3) 冷水机组的运行调节

当冷水机组启动后，并且在转入正常的运行状态时，必须认真观察冷水机组的运行情况，进行适时的调节，保证其在满足空调负荷变化需要的同时，冷水机组始终处于安全与高效的运行状态。

（1）冷水机组正常运行的标志。

冷水机组在运行中必须满足相关参数的具体要求。表 8-2 与表 8-3 列举了两种冷水机组正常运行的参数。

表 8-2　开利 19XL 型单级压缩离心式冷水机组正常运行参数

运行参数	正常范围
蒸发器压力	0.41～0.55 MPa 表压
冷凝器压力	0.69～1.45 MPa 表压
油温	43 ℃
油压差	0.1～0.21 MPa
轴承温度	60～74 ℃

表 8-3　YK 型单级压缩离心式冷水机组正常运行参数

运行参数	正常范围
蒸发器压力	0.19～0.39 MPa 表压
冷凝器压力	0.65～1.10 MPa 表压
油温	27.7～76.1 ℃
油压差	0.17～0.41 MPa

（2）冷水机组在运行中的巡检和相关注意事项。

当制冷机组投入运行后，值班人员应定时和不定时地对冷水机组运行状况（包括运转设备和运行参数）进行巡回检查和调整，以便及时发现问题并予以处理，从而避免事故的发生。但是巡检中需要注意：

① 注意听设备运转时各部位的声音是否正常（包括主机及冷却水系统以及冷冻水系统等），如发现压缩机出现喘振以及其他的异常声音时，则应迅速查明具体原因并进行调节和排除，否则应立即停机处理。

② 观察主电动机的运转电流及冷却情况，检查供电电压、油槽油位和温度、冷却水进出口温度、压力、导流叶片的开度、浮球室与蒸发器中制冷剂的液位等相关参数是否都处于正常范围内，如果有异常应予以调整处理或停机。

③ 确保主电动机的外壳、蜗壳出气管位置及冷凝器筒体表面不会出现过热情况，并将供油温度控制在 40～45 ℃。

④ 特别注意在真空状态下运转时不能对主电动机进行耐压试验，也不能启动油泵，并在主机停机后 30 min 内不得再次启动。

4）冷水机组的停机操作

对于冷水机组的停机操作主要分为正常停机与故障停机两部分。

(1) 正常停机。

正常停机一般是采用手动方式进行操作,机组的正常停机可以看作是正常启动的逆向过程。其具体操作程序如下:

① 手动操作,将进口导流叶片的开度关闭 30%,使机组处于减载运行状态。

② 按下“主机停止”按钮,使主电动机停止运转,同时运行电流应重新回到 0A。主机停机后,在延时 1~3 min(主电动机不同机组延时时间不同)后,油泵电动机停止转动。

③ 关闭油冷却器进出口管路的冷却水阀(手动或电磁阀动作)和为主电动机提供液态冷却剂的管路阀门。

④ 关闭冷冻水泵出口阀,则冷冻水泵停止工作,并不再向蒸发器进行供水。

⑤ 停机后关闭抽气回收装置和蒸发器、冷凝器连通的两个波纹管阀,及供小活塞式压缩机加油的加油阀。若在运行中,油回收装置前后的波纹管阀已打开,停机时则必须将其关闭,从而防止润滑油向压缩机内倒灌。在停机过程中仍需注意油槽的油位情况。停机后油位不宜过高也不宜过低,应与机组运行前油位进行比较,以检查机组在运行过程中是否有漏油情况,并采取相关的措施。在主机停机稳定后,需关闭回收冷凝器、油冷却器等供制冷剂的液体阀,以及关闭供冷凝室和再冷室的冷却水阀。同时停机后仍应保持正常向主电动机供油的状态,使回油管路保持畅通,中间各阀一律不得关闭。

⑥ 切断机组电源。同时检查蒸发器制冷液位的高度情况,与运行前相比较,检查浮球室内浮球回位和液位的情况,并进一步检查导流叶片关闭情况,且使之处于完全关闭的状态。

(2) 故障停机。

制冷机组的故障停机是指当机组在运行过程中某控制部位出现故障,电气控制中的保护装置动作使机组正常自动保护停机。在机组停机时会有报警(声、光)显示,运行人员据此可先消除声响,再按下控制柜上的显示按钮,从而进一步观察故障的具体内容,并在停机后将其排除。如果故障指示器无显示,则表示故障已自动排除,则可以在机组停机 30 min 后按正常启动程序再次启动机组。

2. 维护保养要求

维护保养的好坏会严重影响到冷水机组的使用寿命和运行状态。正确的维护和及时的维修有利于保证冷水机组时刻能够处于最佳的状态、保持最高的效率,同时延长机组的寿命。维护指的是对机组的预防性保养。维修指的是对产生故障的冷水机组所做的修理。对冷水机组的维护应做到以下几点:运行记录、日常维护、定期维护和运行管理。

1) 运行记录

机组在运行过程中必须要时刻关注机组的运行状态。机组的运行状态是指机组运行过程中的很多参数被及时有效地记录,以反映冷水机组运行状态。在日常工作中,操作要求应该负责记录运行机组的工质蒸发压力(一般在 3~5 kg)和冷凝压力、水冷式冷却水流量、压力或窄冷式风扇转速、空气温度、冷冻水温度、流量或制冷介质温度、压缩机的冷冻机油油位以及运行时间等多项内容。在经过运行记录的操作后，可以根据记录的数据进行更为详细的分析，从而找出设备存在的问题，并及时提出解决方案。

2）日常维护

日常维护分为检查制冷剂过滤干燥器与检查油箱中的油位两部分。

（1）检查制冷剂过滤干燥器。

如果发现过滤干燥器出口位置有结霜的现象，则说明存在堵塞。这个现象通常伴随着蒸发压力过低以及蒸发温度与冷冻水出水温度的差值增大的现象，因此需注意及时更换制冷剂过滤干燥器。

（2）检查油箱中的油位。

正常的油位一般应在视镜的中部位置。如果观察后发现油位有较大的下降情况，应及时添加冷冻油。在日常的维护中也能发现很多设备存在隐患和故障，因此需要提前进行处理，从而防止设备突然损坏而造成的生产中断。

3）定期维护

首先，要定期清洗冷凝器，每周用风吹净一次，每三个月用清水冲洗一次；其次，注意及时检查压缩机运转时冷冻油和电流是否正常；最后，还要注意每月清理电器箱灰尘，检查电器元件是否正常。

4）运行管理

在冷水机组运行过程中要进行专人的操作。所有的压力表等相关器件必须要进行检验，特别在冬天或者温度较低的时候，这些器件会停止运行或长时间闲置，要注意在这种情况下必须放空蒸发器和冷凝器内的介质，以防止介质结冰造成冷水机组的损坏。

3. 日常管理表格

为了保证空调系统的正常运行，空调维护人员必须对空调系统设备设施进行日常管理，安排例行维护与预防性维护工作，主要包含以下管理工作内容：

① 对不同种类的机房空调建立故障应急处理预案，明确故障时的应急处理流程，即空调应急场景维护。

② 制冷主机应按周/月和季/年的时间区间进行例行维护和预防性维护。

③ 冷却塔应按周/月和季/年的时间区间进行例行维护和预防性维护。

④ 空调水系统应按周/月和季/年的时间区间进行例行维护和预防性维护。

⑤ 换热器应按周/月和季/年的时间区间进行例行维护和预防性维护。

⑥ 空调风系统应按周/月和季/年的时间区间进行例行维护和预防性维护。

⑦ 精密空调系统应按周/月和季/年的时间区间进行例行维护和预防性维护。

8.4.2 其他冷却系统运维

其他冷却系统运维管理主要分为以下几个部分：通风系统的运行维护，冷却塔的运行维护，水系统的维护，末端设备的维护与保养。具体介绍如下。

1）通风系统的运行维护

首先，要对空气输送系统进行定期、全面的检查，从而降低空气输送系统发生泄漏的概率，在保证最小进风量的同时，能够有效控制室外新风；其次，选择合适的设备来清洗风管，一般小型的风管可以采用清洗机进行清洗，大型的风管则需要采用风管钻来清洗，圆形风管则要采用风管爬行器来进行清洗；最后，要注意经常更换过滤网，注重巡查工作，从而保证较高水平的维护与保养，使其系统经济、稳定性运行，进而实现节能的目标。

2）冷却塔的运行维护

对冷却塔运行维护主要分为运行检查工作与清洁工作两部分。

（1）运行检查工作。

需要检查的内容包括：

① 圆（方）形塔布水装置的转速是否能够保持均匀、稳定，是否出现减慢或有部分出水孔不出水的情况，若存在这种现象说明管内有污垢或微生物附着。

② 集水盘中的水位是否合适，浮球阀开关是否灵敏，若有问题应及时进行调整或修理。

③ 检查配水槽内是否有杂物堵塞，若有堵塞应及时进行清除。

④ 检查塔内各部位是否存在污垢或微生物繁殖的情况，如有污垢或微生物附着，应具体分析其原因，并采取相应的处理措施。

⑤ 冷却塔工作时是否有异常噪声或振动声，如有应迅速查明原因并进行清除。

⑥ 检查布水装置各管道的阀门与连接部位是否漏水，如有漏水现象应查明原因，并采取相应措施堵漏。

⑦ 对于使用齿轮减速装置的，应注意齿轮箱是否出现漏油现象。

⑧ 检查风机轴承的温升（不能大于 35 ℃），温度最高不超过 70 ℃。

（2）清洁工作。

需要清洁的部分包括：

① 外壳的清洁。对于当前常用的矩形和圆形冷却塔，以及在出风口与进风口处加装消声装置的冷却塔来说，它们的外壳都是采用玻璃钢或高级 PVC 材料，能够抵抗化学物质的侵蚀和紫外线的辐射，不易褪色，密实耐久，且表面光亮。因此，当冷却塔的外观不洁时，需用水或清洁剂清洗。

② 集水盘的清洁。清洗前要堵住冷却塔的出水口，在清洗时要及时打开排水阀，让清洗的脏水从排水口排出，避免清洗时的脏水进入冷却水的回水管。

③ 填料的清洁。填料是空气和水在冷却塔内进行充分热湿交换的媒介，一般是由高级 PVC 材料加工制成的，当发现填料内部有污垢或微生物附着时，可用水或是清洁剂进行加压冲洗，或者从塔中拆出分片进行刷洗。

④ 吸声垫的清洁。吸声垫是疏松纤维型的，由于吸声垫是长期浸泡在集水盘中的，

因而易附着污物，需要清洁剂配合高压水来进行冲洗。

⑤ 圆形塔布水装置的清洁。要将支管从旋转头上拆卸下来进行仔细清洗。

3）水系统的维护

中央空调机的水系统在运行的过程中，由于水质问题很容易会出现水垢以及腐蚀的现象，同时所形成的青苔会严重影响到制冷系统的稳定运行，从而导致空调能耗的增加，使冷却系统加速腐蚀。如果水系统的腐蚀严重，则会导致水系统停止运行，此时需要对相关设备进行更换。此外，在具体的水系统维护工作中，为了能有效预防和解决水系统的结垢、腐蚀问题，还可以利用溢流排污和化学清洗的方法来解决。同时，还应该提前做好预防工作，定期对系统进行维护，有效控制结垢的厚度，从而保证水系统的换热效率，避免增加电能的损耗。

4）末端设备的维护与保养

中央空调的末端主要由表冷器、阀门、风口、消声器以及风机机组等多个部分组成。风机机组和盘管共同组成了空调系统的出风口，并将经过净化的空气输入室内，这是空调的重要组成部分，也是对空调进行维护和保养的关键部位。因而对于出风口和回风口需要定期清理，对空调过滤网定期清洗并及时进行放水，对电机机组定期检查。对于空调的风机盘管，应该定期清洗回风过滤网，同时需注意在清洗时应将保温棉打开并取出过滤网，通过导流管将水源和过滤网进行连接，并打开回水阀门进行冲洗。在完成全面清洗之后，将过滤网的系统安装好，打开放气阀门和供水阀门，排出内部气体后，将放气阀门关闭，最后包好保温棉，完成整个对末端设备的维护过程。

8.4.3 冷却系统日常运维管理

冷却系统日常运营管理包括计划与体系、人员管理以及容量管理三个方面，下面将对这三个方面进行详细介绍。

1. 计划与体系

计划与体系主要分为以下十个部分进行具体说明。

（1）设施运维团队应与业主管理层、IT 部门及相关业务部门共同进行讨论，从而确定能效管理目标，制订能效管理规定，制订考核指标和考核办法，以及制订工作流程。在此标准颁布之后，数据中心应将能效管理目标确定为上海市政府相关政策要求目标值，不达标的数据中心应进行改造或退网。

（2）应基于数据中心及其基础设施的合理生命周期，结合风险的评估，来制订空调设备的较大修整、更新和改造计划及其他设备的维护、升级或更换的计划，并制订预算。在计划中应明确要求不能使用低于国家效率标准及明文淘汰的设备。

（3）应制订维护工作计划和故障处理管理制度。维护工作计划应包括日常维护、定期维护和应对特殊情况的应急维护，共计三项工作内容。应根据系统设备的实际情况与供应商进行沟通，按照供应商的建议提前制订年度、季度、月度的预防性维护计划。

(4) 应建立完整及实时更新的资产数据库。数据库应包括所有关键基础设施设备的清单，还应记录设备设施的运行情况、事件情况、变更情况和维护保养频次等多项信息。

(5) 应制订数据中心能效提升的工作计划，开展主要能耗设备的能效性能验证、报废技术评估及售后评估。并由专人负责各类原始记录和技术档案资料整理及管理工作。

(6) 应每年对空调系统、照明系统等进行综合调适，使数据中心的空调设备、照明系统能效符合国家及行业等相关的用能产品经济运行标准要求，达到经济运行的状态。

(7) 应建立水资源使用管理制度及节水管理办法，进行水资源使用自查，并撰写阶段性报告。

(8) 应建立能效提升技术路线，不定期地收集整理相关行业的信息，积极推广新技术和先进经验。

(9) 应按国家标准要求建立质量管理体系、职业健康安全管理体系、环境管理体系和能源管理体系等相关管理体系，宜通过第三方体系进行认证。

(10) 定期分析各项能耗数据，提出优化并逐年降低能耗的具体措施。

2. 人员管理

首先，设施运维团队应有清晰的能效管理组织架构，建立运维巡检团队、技术管理和能效提升团队，并且对各岗位有明确的岗位职责。对于自身人员配备不足的数据中心，宜委托有相应专业能力的第三方公司进行人员管理。其次，对于500个机架以上的数据中心需按照7×24 h提供不间断服务的运行要求配置运维人员。宜综合考虑数据中心内机架的数量及智能管理水平，据此配备相应人数的运维人员。最后，配备的运维人员应包含具有电力、暖通、弱电相应的上岗证或资格证书的专业人员以及具有数据中心运维经验的管理人员。

同时，数据中心要建立运维团队的组织结构图。数据中心运维工作的所有角色及职责应书面记录并可随时查看。每个运维人员都应了解报告链、个人角色及责任，组织结构应设置所有角色的互备性，以确保在人员个体异常时的补位。另外，要应定期组织维护团队内人员的交流和培训。培训内容应包括且不限于数据中心主要用能系统的工作原理、运维管理方法、能效提升方法以及前沿技术等多项内容。

3. 容量管理

容量管理主要分为空间及电力容量管理和热点及冷量容量管理两部分。

1) 空间及电力容量管理

首先，应建立机房容量管理系统，对各机柜空间容量、电力容量进行动态管理和调度。宜包括承重容量及网络端口容量的管理。其次，所用容量管理系统应包括容量参数展示、容量分析和 IT 设备部署容量匹配计算等功能，并展示各独立空间域额定容量、使用率、剩余容量及其历史曲线，可确定容量计量监测的阈值，并实现动态监测告警，提供容量及其趋势分析报告。同时，对于 IDC 机房，容量管理宜与销售管理、财务管理相关联。最后，应加强电源设备维护管理，提高部分负载条件下配电系统的整体效率，通过调整优化实现带载 UPS 设备的负载率提升。

2）热点及冷量容量管理

首先，应对机房和电力室内温度进行实时监测，监测数据采集间隔不宜大于 15 min。其次，在机房内对大规模的 IT 设备改动或空调系统改动前，应对改动后机房内气流组织及温度场进行评估并制订应对方案，宜结合 CFD 模拟软件开展评估。还要注意在空调系统改造前后应做节能监测。最后，宜采用动态监测数据与数值模拟结合技术进行冷量管理，预测冷量需求以避免因调整信息设备布置而产生的热点情况。

参考文献

REFERENCES

[1] 中华人民共和国住房和城乡建设部. 数据中心设计规范:GB 50174—2017[S]. 北京:中国计划出版社，2017.

[2] 孙良贻,徐雪鹏. 中等职业学校计算机网络技术专业试验教材:网络产品销售与服务[M]. 北京:中国铁道出版社,2012.

[3] 周金海. 医药物联网概论[M]. 北京:电子工业出版社,2014.

[4] 工业和信息化部信息通信发展司. 全国数据中心应用发展指引(2020)[M]. 北京:人民邮电出版社,2021.

[5] 周世杰,陈伟,钟婷. 网络与系统防御技术[M]. 成都:电子科技大学出版社,2007.

[6] 沈巍,丁聪. 浅谈数据中心工艺要求的演进[J]. 邮电设计技术,2019(05):89-92.

[7] 路宗雷. 数据中心基础建设中应注意的要点[J]. 智能建筑,2011(04):57-59.

[8] 朱利伟. 浅谈微模块技术及实现[J]. 智能建筑与城市信息,2013(11):33-35.

[9] 孙洪峰,齐雄. 浅析集装箱式数据中心系统[J]. 智能建筑与城市信息,2013(11):18-23.

[10] 中国电源学会. 中国电源行业年鉴 2019[M]. 北京:机械工业出版社,2019.

[11] 钟景华. 数据中心供配电系统架构及备用电源的选择[J]. 建筑电气,2018(1):3-7.

[12] 李山. 无功动态补偿装置 SVG 在煤矿企业电网中的应用[J]. 电工技术,2008(09):35-36.

[13] 钟景华. 中国数据中心技术指针[M]. 北京:机械工业出版社,2014.

[14] 朱华,曾宪龙. 数据中心高压直流系统的设计及实践[J]. 工程建设标准化,2018(12):74-78.

[15] 朱洪波. 数据中心集中冷源空调系统设计综述[J]. 电信网技术,2014(10):15-26.

[16] 中国建筑节能协会建筑电气与智能化节能专业委员会,中国勘察设计协会建筑电气工程设计分会. 中国建筑电气节能发展报告 2018[M]. 北京:化学工业出版社,2019.